·食品配方精选·

饮品加工技术与配方

李祥睿　陈洪华　主编

国家一级出版社　中国纺织出版社　全国百佳图书出版单位

内 容 提 要

本书系统介绍了饮品的概述、原料知识、制作工具和设备、制作技术、饮用与服务，以及茶类饮品、碳酸类饮品、咖啡类饮品、蔬菜类饮品、水果类饮品、乳类饮品、冷冻饮品、其他饮品等1100多种饮品的配方案例。每个品种包括原料配方、制作工具或设备、制作过程、风味特点等。内容翔实，可操作性强。

本书可供饮品店从业人员、自制饮品爱好者阅读、参考。

图书在版编目(CIP)数据

饮品加工技术与配方 / 李祥睿，陈洪华主编. — 北京：中国纺织出版社，2017.9（2024.10重印）
ISBN 978-7-5180-3534-2

Ⅰ.①饮… Ⅱ.①李… ②陈… Ⅲ.①饮料—配方
Ⅵ.①TS27

中国版本图书馆CIP数据核字(2017)第086943号

责任编辑：国帅　闫婷　　责任设计：品欣排版　　责任印制：王艳丽

中国纺织出版社出版发行
地址：北京市朝阳区百子湾东里A407号楼　邮政编码：100124
销售电话：010—67004422　传真：010—87155801
http://www.c-textilep.com
E-mail:faxing@c-textilep.com
中国纺织出版社天猫旗舰店
官方微博 http://weibo.com/2119887771
三河市宏盛印务有限公司印刷　　各地新华书店经销
2017年9月第1版　2024年10月第9次印刷
开本：880×1230　1/32　印张：14　插页：4
字数：365千字　定价：42.00元

前言

以前，我国饮品市场的大众消费是以“解渴”为主要目的，但随着经济的发展和生活水平的提高，人们对饮品的选择也开始注重其营养与保健功效以及口味、视觉体验。近几年来，我国饮品行业发展迅猛，饮品店如雨后春笋般出现，饮品种类也逐渐增多，发展趋势十分喜人。

《饮品加工技术与配方》分为十三章，在第一章中概述了饮品的概念及分类；第二章介绍了饮品的原料知识；第三章介绍了饮品的制作工具和设备；第四章介绍了饮品的制作；第五章介绍了饮品的饮用与服务；第六章介绍了茶类饮品配方案例；第七章介绍了碳酸类饮品配方案例；第八章介绍了咖啡类饮品配方案例；第九章介绍了蔬菜类饮品配方案例；第十章介绍了水果类饮品配方案例；第十一章介绍了乳类饮品配方案例；第十二章介绍了冷冻饮品配方案例；第十三章介绍了其他饮品配方案例等。对每种饮品案例都给出了原料配方、制作工具或设备、制作过程和风味特点等介绍。在编写过程中，本书力求浅显易懂，以实用为原则，理论与实践相结合，注重理论的实用性和技能的可操作性，便于读者掌握，是广大饮品爱好者的必备读物，同时，本书也可作为食品相关企业从业人员及广大食品科技工作者的参考资料。

本书由扬州大学李祥睿、陈洪华主编，李佳琪、李治航、陈婕、陈辉、华寿红、陈艳兰、陈丽娟、高正祥、陈建红、姚磊、张荣明等提供了部分配方素材。另外，本书在编写过程中，得到了扬州大学旅游烹饪学院（食品科学与工程学院）领导以及中国纺织出版社的大力支持，并提出了许多宝贵意见，在此，谨向他们一并表示衷心的感谢！由于本书涉及的学科多、内容广，加之编者的水平和能力有限，书中难免有疏漏和不妥之处，敬请同行专家和广大读者批评指正。

李祥睿　陈洪华

目录

第十二章 冷冻饮品

第一章 饮品概述

GB/T 10789—2015《饮料通则》规定:饮品,是指经过定量包装的,供直接饮用或按一定比例用水冲调或冲泡饮用的,乙醇含量(质量分数)不超过0.5%的制品,也可为饮料浓浆或固体形态。

在我国,根据饮品的饮用习惯进行分类,可分为以下几种。

一、茶类饮品

茶类饮品是指以茶叶或茶叶的水提取液或其浓缩液、茶粉(包括速溶茶粉、研磨茶粉)或直接以茶的鲜叶为原料,添加或不添加食品原辅料和(或)食品添加剂,经加工制成的液体饮料,如原茶汁(茶汤)/纯茶饮料、茶浓缩液、茶饮料、果汁茶饮料、奶茶饮料、复(混)合茶饮料、其他茶饮料等。

二、碳酸类饮品

碳酸类饮品是指以食品原辅料和(或)食品添加剂为基础,经加工制成的,在一定条件下充入一定量二氧化碳气体的液体饮料,如果汁型碳酸饮料、果味型碳酸饮料、可乐型碳酸饮料、其他型碳酸饮料等,不包括由发酵自身产生二氧化碳气体的饮料。

三、咖啡类饮品

咖啡类饮品是指以咖啡豆和(或)咖啡制品(研磨咖啡粉、咖啡的提取液或其浓缩液、速溶咖啡等)为原料,添加或不添加糖(食糖、淀粉糖)、乳和(或)乳制品、植脂末等食品原辅料和(或)食品添加剂,经加工制成的液体饮料,如浓咖啡饮料、咖啡饮料、低咖啡因咖啡饮料、低咖啡因浓咖啡饮料等。

四、蔬菜类饮品

蔬菜类饮品是指以蔬菜(包括可食用的根、茎、叶、花)等原料,经加工或发酵制成的液体饮料。

五、水果类饮品

水果类饮品是指以水果等原料,经加工或发酵制成的液体饮料。

六、乳类饮品

乳类饮品是指以乳或乳制品为原料添加或不添加其他食品原辅料和(或)食品添加剂,经加工或发酵制成的制品。如配制型含乳饮料、发酵型含乳饮料、乳酸菌饮料等。

七、冷冻饮品

冷冻饮品通常指经过冷冻制作或利用冷冻原料制作而成的饮品,包括冰沙、圣代、奶昔、冰淇淋等。

八、其他饮品

一般指以食、药两用或新资源食材为主加工而成的饮品。

随着世界各国经济的发展和生活水平的提高,人们对饮品的选择开始讲究营养和口味。目前中国、日本、美国和欧洲等国家和地区开发饮品新产品呈如下趋势。

第一,重视天然成分。例如,在传统的碳酸饮料中加入鲜果汁、绿茶、薄荷等调味调色食材,改善饮品的风味。

第二,重视研制具有热带风味的水果汁。传统的果汁大多为橘汁、橙汁、苹果汁等为主。而现在具有热带风味的饮品,如椰子汁、芒果汁、菠萝汁、西番莲汁、凤梨汁等,深受消费者欢迎。

第三,重视开发蔬菜类饮品。蔬菜汁是由各种蔬菜所榨的汁,富含抗氧化物,而且新鲜水果蔬菜汁能有效为人体补充维生素以及钙、磷、钾、镁等矿物质营养素，可以调整人体功能协调，增强细胞活力以及肠胃功能，促进消化液分泌、消除疲劳。因此，蔬菜类饮品得到了许多国家重视，近年来，开发的此类饮品有胡萝卜汁、芦笋汁、白菜汁、白萝卜汁等，此外，复合菜汁和发酵菜汁也在开发之中。

第四，重视开发保健瘦身类饮品。德国研制了一种果皮芳香饮品；日本人研制了香菇饮品和茶类饮品；美国研制了大米发酵饮品；中国香港上市的减肥可乐等碳酸饮品，均受到消费者的喜爱。

总之，饮品的发展与社会经济的发展水平息息相关，经济发展好了，人们的生活水平就自然而然地提高了，同时对饮品的消费要求也就越来越高了。

第二章　饮品的原料知识

第一节　茶类

茶,以茶树新梢上的茶叶嫩梢(或称鲜叶)为原料加工制成,又称茗。就茶叶品名而言,从古至今已有数万种之多,但目前国内外尚无统一规范的茶叶分类方法。按照制作方法不同和品质上的差异,常将茶叶分为绿茶、红茶、乌龙茶(即青茶)、白茶、黄茶和黑茶六大类;根据精制加工,常见的成品茶可分为绿茶、红茶、乌龙茶、白茶、黄茶、黑茶等基本茶类以及以这些基本茶类作原料进行再加工后的茶类,主要包括花茶、紧压茶、萃取茶、果味茶、药用保健茶和含茶饮料等;根据茶的饮用方式分热茶、冰茶等。

一、绿茶

绿茶是我国产量最多的一类茶叶,我国 18 个产茶省(区)都生产绿茶,且绿茶花色品种之多占世界首位。绿茶以保持大自然绿叶的鲜味为原则,特点是自然、清香、鲜醇而不带苦涩味。其制作大都经过杀青、揉捻、干燥等工艺流程。根据其最终干燥方式不同,又将绿茶分为炒青绿茶、烘青绿茶、晒青绿茶和蒸青绿茶。

(一)炒青绿茶

炒青是我国绿茶中品种及产量最多的,包括长炒青、圆炒青和细嫩炒青。

1. 长炒青

长炒青绿茶是经过精制加工后的产品,统称眉茶。其呈长条形、外形粗壮、色绿、香高、味醇。主要品种有江西婺源的“婺绿炒青”、安徽屯溪、休宁的“屯绿炒青”、舒城的“舒绿炒青”、浙江杭州的“杭绿炒青”、淳安的“遂绿炒青”、温州的“温绿炒青”、湖南的“湘绿炒青”、河南的“豫绿炒青”、贵州的“绿炒青”等。外销眉茶分特珍、珍眉、凤眉、秀眉、贡熙、片茶、末茶等花色品种。

2. 圆炒青

圆炒青绿茶主要代表性品种为珠茶，其外形紧结浑圆如绿色珍珠，香高味浓、耐冲泡。珠茶是浙江省的特产，产于绍兴一带，故又称“平水珠茶”、“平绿”、“平绿炒青”。

3. 细嫩炒青

细嫩炒青又称特种炒青，因其选择细嫩芽叶加而成，且产量稀少、品质独特，故而得名。其外形有扁平、尖削、圆条、直针、卷曲、平片等多种，冲泡后，多数芽叶成朵，清汤绿叶，香气浓郁，味鲜醇，浓而不苦，回味甘甜。

主要品种有杭州的“西湖龙井”、苏州的“碧螺春”、南京的“雨花茶”、安徽六安的“六安瓜片”、休宁的“杜萝茶”、歙县的“老竹大方”、湖南安化的“安化松针”、河南信阳的“信阳毛尖”、江西的“庐山云雾茶”、四川峨眉山的“峨眉峨蕊”、江苏金坛的“茅山青峰”等。

（二）烘青绿茶

烘青绿茶的特色为条形完整，常显峰苗，白毫显露，色泽多绿润，冲泡后茶汤香气清鲜，滋味鲜醇，叶底嫩绿明亮。

烘青绿茶依原料老嫩和制作工艺不同分为普遍烘青和细嫩烘青两类。

普遍烘青通常用来作为窨制花的茶坯，窨花以后称为烘青花茶。没有窨花的烘青称为“素茶”或“素坯”。主产地为福建、浙江、江苏、江西、湖南、湖北、贵州等省。

细嫩烘青主要采摘细嫩芽叶精工制作而成。名品有安徽黄山的“黄山毛峰”、太平县的“太平猴魁”、舒城的“舒城兰花”、浙江天台的“华顶云雾”、乐清的“雁荡云雾”，江苏江宁的“翠螺”等。

（三）晒青绿茶

晒青绿茶是利用日光晒干的，一部分晒青以散茶就地销售，一部分晒青被加工成紧压茶。主要品种有“滇青”、“陕青”、“川青”、“黔青”、“桂青”等。

(四)蒸青绿茶

蒸青绿茶是制茶第一道工序——杀青时用热蒸汽处理鲜叶,使之变软,而后揉捻、干燥而成。我国唐宋时已盛行,并经佛教途径传入日本,日本茶道饮用的茶叶就是蒸青绿茶中的一种——抹茶。

蒸青绿茶具有“色绿、汤绿、叶绿”的三绿特点,美观诱人。蒸青绿茶除抹茶外,还有玉露、煎茶、碾茶。我国现代的蒸青绿茶主要有煎茶、玉露茶。煎茶多产于浙江、福建、安徽三省,产品大多出口日本。玉露茶有湖北的“恩施玉露”,另外还有江苏宜兴的“阳羡茶”,湖北当阳的“仙人掌茶”等。

二、红茶

红茶又名全发酵茶,其特点为红茶、红叶、红汤。因为在发酵过程中,原先茶叶中无色的多酚类物质,在多酚氧化酶的作用下,氧化成了红茶色素,这种色素一部分能溶于水,冲泡后形成了红色茶汤,另一部分不溶于水,积累在叶片上,使叶片变成了红色。

红茶的主要种类有小种红茶、功夫红茶等。

(一)小种红茶

小种红茶是福建特产,红汤红叶,含松香味,味似桂圆汤。主要品种有崇安“正山小种”,政和、建阳的“烟小种”等。

(二)功夫红茶

功夫红茶是红茶中的珍品,主要产地是安徽、云南、福建、湖北、湖南、江西、四川等省,其中以安徽祁门一带的“祁红”,云南的“滇红”品质最佳。功夫红茶适宜多次冲泡清饮,也宜加工成“袋泡茶”饮用。

三、乌龙茶

乌龙茶属于半发酵茶,既有绿茶鲜浓之味,又有红茶甜醇的特色。由于乌龙茶外观色泽青褐,也称为“青茶”。乌龙茶冲泡后,叶片中间是绿色,叶缘呈红色,素有“绿叶红镶边”之美称。

乌龙茶主产于福建、广东、台湾三地,福建乌龙茶又分为闽南乌龙茶和闽北乌龙茶。所以,乌龙茶根据品种品质上的差异分为闽南乌龙茶、闽北乌龙茶、广东乌龙茶、台湾乌龙茶四类。例如:闽北乌龙茶采用"重晒轻摇重火功",闽南乌龙茶则采用"轻晒重摇轻火功",从而形成各自不同的品质风格。

(一)闽南乌龙茶

闽南是乌龙茶的发源地,乌龙茶名品有"铁观音"与"黄金桂",此外还有佛手、毛蟹、奇兰、色种等。例如:铁观音又名香橼、雪梨,系乌龙茶类中风味独特的名贵品种之一。其鲜叶似铁观音柑叶,叶肉肥厚丰润,质地柔软绵韧,嫩芽紫红亮丽,制好后外形如海蛎干,条索紧结,粗壮肥重,色泽沙绿油润,冲泡时,香气馥郁悠长、沁人肺腑,其汤色金黄透亮,滋味芳醇,生津甘爽,可谓"此茶只应天上有,人间哪得几回尝"。

(二)闽北乌龙茶

出产于福建北部武夷山一带的乌龙茶都属于闽北乌龙茶,主要有武夷岩茶和闽北水仙,以武夷岩茶最为著名。武夷山位于福建省崇安县西南,山多岩石。自唐代开始产茶,清末开始制造乌龙茶,采制成的乌龙茶,叫作武夷岩茶,是闽北地区品质最优的一种。因为自然环境适于茶树生长,各岩所产茶品质极佳,驰名中外。武夷岩茶花色品种较多,用水仙品种制成的叫"武夷水仙",以菜茶或其他品种为原料制成的岩茶,称为"武夷奇种"。除素有"岩茶王"之称的"大红袍"外,还有肉桂、铁罗汉、半天腰、白鸡冠、素心兰、水金龟、白瑞香、奇种、老枞水仙等多个珍贵品种,其香气、汤色、滋味无不各具风韵,世界名山武夷山也因此成了"茶树品种王国"。

(三)广东乌龙茶

广东乌龙茶主要产于广东汕头地区,其主要代表在原产于广东省潮安县凤凰山的凤凰水仙、梅占等。凤凰水仙根据原料优次,制作工艺的不同和品质,分为凤凰单枞、凤凰浪菜和凤凰水仙三个品级,潮安县的凤凰单枞以香高味浓耐泡著称。它具有天然的花香,卷曲紧结而肥壮的条索,色润泽青褐而牵红线,汤色黄艳带绿,滋味鲜爽浓郁甘醇,叶底绿叶红镶边,耐冲泡,连冲十余次,香气仍然溢于杯外,甘为久存,真味不减。

(四)台湾乌龙茶

台湾乌龙茶源于福建,但是福建乌龙茶的制茶工艺传到台湾后有所改良,依据发酵程度和工艺流程的区别可分为:轻发酵的高山茶;文山型包种茶;冻顶型包种茶和重发酵的台湾乌龙茶。

台湾乌龙茶呈铜褐色,汤色橙红,滋味醇和,尤以馥郁的清香冠台湾各种茶之上。台湾乌龙茶中的夏茶因为晴天多,品质最好,汤色艳丽,香烈味浓,形状整齐,白毫较多,因此更是成为乌龙茶中的翘楚。

四、白茶

白茶属轻微发酵茶。因制作时选取细嫩、叶背多茸毛的茶叶,经过晒干或文火烘干,使白茸毛在茶的外表完整地保留下来,使之呈白色而得名。其特点为毫色银白、芽头肥壮、汤色黄亮、滋味鲜醇、叶底嫩匀。白茶的鲜叶要求"三白",即嫩芽及两片嫩叶均有白毫显露。成茶满披茸毛,色白如银,故名白茶。白茶因茶树品种、采摘的标准不同,分为芽茶(如白毫银针)和叶茶(如贡眉)。采用单芽为原料加工而成的为芽茶,称之为银针;采用完整的一芽二叶,叶背具有浓密的白色茸毛加工而成的为叶芽,称之为白牡丹(大白茶品种树,以采自春茶第一轮嫩梢者品质为佳)。

白茶主产地为福建的福鼎、政和、秋溪和建阳,台湾也有少量生产。其主要品种有白毫银针、白牡丹、贡眉、寿眉等。

五、黄茶

黄茶的特点是"黄叶黄汤",别具一格。黄茶的制作与绿茶有相似之处,不同点是多一道闷堆工序。这个闷堆过程,是黄茶制法的主要特点,也是它同绿茶的基本区别。绿茶是不发酵的,而黄茶是属于发酵茶类。这道工序有的称之为"闷黄"、"闷堆",或称之为"初包"、"复包"和"渥堆"。

黄茶,按鲜叶的嫩度和芽叶大小,分为黄芽茶、黄小茶和黄大茶三类。黄芽茶主要有君山银针、蒙顶黄芽和霍山黄芽;黄小茶主要有北港毛尖、沩山毛尖、远安鹿苑茶、皖西黄小茶、浙江平阳黄汤等;黄大茶有安徽霍山、金寨、六安、岳西和湖北英山所产的黄茶和广东大叶青等。

其中,黄芽茶之极品是湖南洞庭君山银针。其成品茶,外形茁壮挺直,重实匀齐,银毫披露,芽身金黄光亮,内质毫香鲜嫩,汤色杏黄明净,滋味甘醇鲜爽。

此外,安徽霍山黄芽亦属黄芽茶的珍品。霍山茶的生产历史悠久,从唐代起即有生产,明清时即为宫廷贡品。霍山黄大茶,其中又以霍山大化坪金鸡山的金刚台所产的黄大茶最为名贵,干茶色泽自然,呈金黄,香高、味浓、耐泡。

六、黑茶

黑茶属于后发酵茶,是我国特有的茶类,生产历史悠久,以制成紧压茶边销为主,主要产于湖南、湖北、四川、云南、广西等地。主要品种有湖南黑茶、湖北佬扁茶、四川边茶、广西六堡散茶,云南普洱茶等。其中云南普洱茶古今中外久负盛名。

黑茶采用较粗老的原料,经过杀青、揉捻、渥堆、干燥四个初制工序加工而成。渥堆是决定黑茶品质的关键工序,渥堆时间的长短、程度的轻重,会使成品茶的品质风格有明显差别。如湖北老青茶渥堆,是在杀青后经二揉二炒后进行渥堆,渥堆时将复揉叶堆成小堆,堆紧压实,使其在高温条件下发生生化变化。当堆温达到60℃左右时,进行翻堆,里外翻拌均匀,再继续渥堆。渥堆总时间7～8天。当茶堆出现水珠,青草气消失,叶色呈绿或紫铜色,并且均匀一致时,即为适度,再进行反堆干燥。

黑茶压制茶的砖茶、饼茶、沱茶、六堡茶等紧压茶,主要供边区少数民族饮用,也称边销茶。

七、再加工茶

(一)花茶

花茶,又称熏花草,熏制茶、香花茶、香片。花茶是采用加工好的绿茶、红茶、乌龙茶茶胚及符合食用需求、能够散发味儿的鲜花为原料,采用特殊的窨制工艺制作而成的茶叶。花茶的主要产区包括福建、广西、广东、浙江、江苏、湖南、四川、重庆等。

用于窨制花茶的茶胚主要是绿茶,少数也用红茶和乌龙茶。绿茶中又以烘青绿茶窨制花茶品质最好。花茶因为窨制时所用的鲜花不同而分为茉莉花茶、白兰花茶、珠兰花茶、桂花花茶、玫瑰花茶、金银花茶、米兰花茶等,其中以茉莉花茶产量最大。

花茶香气鲜灵,香味浓郁、纯正,汤色清亮艳丽,滋味浓醇鲜爽。茶味与花香融为一体,茶引花香,花增茶味,相得益彰。既保持了醇厚浓郁爽口的茶味,又具有了鲜灵馥郁芬芳的花香。冲泡品啜,花香袭人,甘芳满口,令人心旷神怡。

(二)紧压茶

紧压茶,是以黑毛茶、老青茶、做庄茶及其他适制毛茶为原料,经过渥堆、蒸、压等典型工艺过程加工成的砖形或其他形的茶叶。由于该类茶的大宗品种主要销往边疆少数民族地区,成为边疆地区各民族的生活必需品,故商业上习惯称之为边销茶。其品种较多,原料、加工方法也不尽相同。多数品种配用的原料比较粗老。干茶色泽黑褐,汤色橙黄或橙红。其中六堡茶、普洱茶、沱茶等花色品种,不仅风味独特,且具有减肥、美容的效果。

紧压茶,根据采用散茶种类不同,可分为绿茶紧压茶、红茶紧压茶、乌龙茶紧压茶及黑茶紧压茶。根据堆积、作色方式不同,分为湿坯堆积作色、干坯堆积作色、成茶堆积作色等亚类。我国紧压茶产区比较集中,主要有湖南、湖北、四川、云南、贵州等省。其中茯砖、黑砖、花砖茶主产于湖南;青花砖主产于湖北;康砖、金尖主产于四川、贵州;普洱茶之紧茶主要产于云南;沱茶主要产于云南、重庆。

(三)萃取茶

萃取茶是以成品茶或半成品茶为原料,用热水萃取茶叶中的可溶物,滤渣取汁,再加工而成。主要品种有罐装饮料茶、浓缩茶及速溶茶。

1. 罐装饮料茶

罐装饮料茶是用成品茶加一定量热水提取过滤出茶汤,再加一定量的抗氧化剂(维生素C等),不加糖、香料,然后装罐、封口、灭菌而制成,其浓度约为2%,开罐即可饮用。

2. 浓缩茶

浓缩茶是用成品茶加一定量热水提取过滤出茶汤,再进行减压浓缩或反渗透膜浓缩,到一定浓度后装罐灭菌而制成。直接饮用时只需加水稀释,也可作罐装饮料茶的原汁。

3. 速溶茶

速溶茶(又称可溶茶)是用成品茶加一定量热水提取过滤出茶汤,浓缩后加入糊精,并充入二氧化碳气体,进行喷雾干燥或冷冻干燥后即成粉末状或颗粒状的速溶茶。加热水或冷水冲饮十分方便。

(四)果味茶

茶叶半成品或成品加入果汁后制成,这类茶叶既有茶香,又有果香味,风味独特。目前生产的果味茶有柠檬茶、荔枝红茶、猕猴桃茶、椰汁茶、橘汁茶、山楂茶、薄荷茶、苹果茶等。

(五)药用保健茶

药用保健茶是在茶叶中调配某些中草药,使之具有营养保健作用的茶。主要品种有:减肥茶、戒烟茶、枸杞茶、杜仲茶、绞股蓝茶、菊花茶、八宝茶、辅助降压茶等。

(六)含茶饮料

将茶汁融化在饮料中制成各种各样的含茶饮料。主要品种有茶可乐、奶茶、多味茶、茶汽水、茶棒冰、茶冰淇淋及各种茶酒等。含茶饮料是茶叶产品的扩展,市场前景十分广阔。

第二节 咖啡类

咖啡饮料是以咖啡豆的提取物制成的饮料。咖啡树是热带植物,属茜草科常绿灌木,它的果实初生时显暗绿色,历经黄色、红色、最后成为深红色的成熟果实。正常的果实里包含着一对豆粒,即为咖啡豆。经过干燥、焙煎、研煮,再加上各种调味料,可配制成各式各样的咖啡饮料。

咖啡从非洲移植到世界各个国家,根据各国所特有的地壤性质,改良栽培,于是产生了不同品种的咖啡。常见名品咖啡如下。

一、蓝山咖啡

蓝山咖啡是咖啡中的极品,产于牙买加的蓝山。这座山得名于因反射加勒比海蔚蓝的海水而发出的蓝光。这种咖啡拥有很多好咖啡的特点,被誉为咖啡圣品。不仅口味浓郁香醇,而且由于咖啡的甘、酸、苦三味搭配完美,所以完全不具苦味,仅有适度而完美的酸味,一般都单品饮用。

蓝山咖啡的独特风味与蓝山的地理位置和气候条件有关。一般来讲,北回归线以南、南回归线以北,这一片地带适合种植咖啡,称为“咖啡带”。牙买加正处于北回归线以南。蓝山山势险峻,空气清新,没有污染,终年多雨,昼夜温差大,有着得天独厚的肥沃的新火山土壤。最重要的是,每天午后,云雾笼罩整个山区,不仅为咖啡树天然遮阳,还可以带来丰沛的水汽。优越的地理和气候条件,令蓝山咖啡的口感与香味出类拔萃,得以傲视其他同类。

除了出众的自然条件外,蓝山咖啡从种植、采摘,到清洗、脱壳、焙炒等,每道工序都十分讲究,有着严格的标准。比如在哪个成长期需要使用什么有机肥料都有明文规定,采摘以及后续的许多程序都靠手工来完成,参与其中的大部分是女工。为了保证咖啡在运输过程中的质量,牙买加是最后一个仍然使用传统木桶包装运输咖啡的国家。

二、哥伦比亚咖啡

此咖啡产于南美洲。1808 年,这种咖啡首次引入哥伦比亚(Colombia),是由一名牧师从安的列斯(Antilles)经委内瑞拉带来的。目前,该国是继巴西之后的第二大生产国。

哥伦比亚咖啡是少数冠以国名在世界上出售的原味咖啡之一。哥伦比亚也是世界上最大的水洗咖啡豆出口国。与其他生产国相比,哥伦比亚更关心开发产品和促进生产。正是这一点再加上其优越的地理条件和气候条件,使得哥伦比亚咖啡质优味美,誉满全球。

该国的咖啡生产区位于安第斯(Andes)山麓,那里气候温和,空气潮湿。哥伦比亚有三条科迪耶拉(Cordilleras)山脉(次山系)南北向纵贯,正好伸向安第斯山。沿着这些山脉的高地种植着咖啡。山脉提供了多样性气候,这意味着整年都是收获季节,在不同时期不同种类的咖啡相继成熟。

哥伦比亚咖啡经常被描述为具有丝一般柔滑的口感,在所有的咖啡中,它的均衡度最好,微酸甘醇香、柔软香醇,为咖啡中的上品,常被用来调配综合咖啡。

三、巴西咖啡

巴西咖啡种类繁多,主要品种分为三类,即大粒咖啡、小粒咖啡和脱壳樱桃咖啡。由于受市场价格影响,巴西正调整咖啡品种结构,将小粒咖啡面积减少,大粒咖啡面积扩大,而樱桃咖啡将是发展的重点,咖啡布局有向东北延伸的趋势。

绝大多数巴西咖啡未经清洗而且是晒干的。巴西有 21 个州,17 个州出产咖啡,但其中有 4 个州的产量最大,加起来占全巴西总产量的 98%,它们是:巴拉那(Parana)州、圣保罗(SaoPaulo)州、米拉斯吉拉斯(MiraGilardino)州和圣埃斯皮里图(EspiritoSanto)州,南部巴拉那州的产量最为惊人,占总产量的 50%。

虽然咖啡具有多样性,但巴西咖啡却适合大众的口味,它们最适于鲜嫩的时候饮用,因为越老酸度越浓。比如:北部沿海地区生产的咖啡具有典型的碘味,饮后使人联想到大海。这种咖啡出口到北美、中东和东欧。

四、曼特宁咖啡

在苏门答腊中西部,靠近巴东(Padang)山区出产的曼特宁(Mandheling)是世界上质感最丰厚的咖啡,这些豆子是半水洗的,也就是先干燥处理,再用热水洗掉干果肉,这使得豆子既有干燥处理豆的迷人土味,又能保持整齐的品质。其中有黏稠的质感,深埋在复杂滋味里的酸味,阴暗浓烈的药草或野菇气息,以及深入喉咙绕梁三日的回甘余韵。它们可以用于调配混合咖啡,单品饮用尤佳。

五、摩卡咖啡

此咖啡产于衣索比亚高原,其味酸醇香,带润滑的甘酸品质,常用来辅助其他咖啡的香味。

摩卡(Mocha)这个字有着多种意义。公元600年前后,第一颗远离故乡衣索比亚的咖啡豆在红海对岸的也门生根落户,从此开展了全世界的咖啡事业。由于早期也门咖啡最重要的出口港是摩卡港,所以也门出产的咖啡也就被叫作“摩卡”豆;日子一久,有些人便开始用“摩卡”来当作咖啡的昵称,和现在“爪哇”的情况类似。后来,由于摩卡咖啡的余韵像巧克力,“摩卡”一词又被引申为热巧克力和咖啡的混合饮品。因此,一样是“摩卡”,摩卡豆、摩卡壶和意式咖啡中的摩卡咖啡,代表的却是三种含义。

六、爪哇咖啡

其原料最初为印度尼西亚的爪哇岛生产的少量Arabica(阿拉比卡)原种咖啡豆。它颗粒小,是一种具酸味的良质咖啡豆。此岛上的Arabica原种,曾是世界级的优良品,但1920年因受到大规模病虫害,而改种Robusta(罗布斯塔)原种。到如今它所产的Robusta原种咖啡豆,堪称世界首屈一指,具个性化苦味的“爪哇”被广泛用于制作混合咖啡。

第三节 碳酸类

碳酸类饮料是指在一定条件下充入二氧化碳气体的饮料制品，一般是由水、甜味剂、酸味剂、香精香料、色素、二氧化碳及其他原辅料组成。其特点是饮料中充有二氧化碳气体，当饮用时，其泡沫丰富，清凉解渴，风味独特。通过搭配调制之后，可以形成特色鲜明的其他综合饮料。常见的碳酸类饮料主要有以下几种。

一、苏打水

苏打水属于碳酸饮料，是在经过纯化的饮用水中压入二氧化碳，并添加甜味剂和香料的饮料。

在欧美国家，冰镇后的苏打水是很受人们欢迎的饮品之一，原因在于苏打水是含有二氧化碳的最清爽的消暑饮料，不像其他碳酸饮料含有糖的甜腻，但也不像白水一样平淡。可以冰镇后直接饮用或用来调制饮料。

二、汤力水

汤力水是TonicWater的音译，又叫奎宁水、通宁汽水，是苏打水与糖、水果提取物和奎宁调配而成的。

早期的汤力水只是单纯的含有苏打水与奎宁，而且奎宁的剂量较高，被用来当作抵抗疟疾这种热带传染病的药物使用。但因为汤力水味道实在太苦，难以下咽，因此当时被派往非洲与印度等热带地方作战的英国士兵，发明了将汤力水与金酒（松子酒）混合之后饮用的变通方法，以便降低其苦味。这个新发明被带回英国本土后，成为目前非常常见的热门鸡尾酒配方——金汤力（Gin and Tonic）的原型。

然而，目前市面上的汤力水已经与当初的有很大差异。其中，为了改善汤力水的适饮性，许多制造厂商在里面加入了糖、具有柠檬等水果气味的成分，并大幅降低了奎宁的含量。如此低的剂量已经不具有有效的医疗作用，其主要的目的是想获得奎宁那种微微甘苦的特殊口感。但奎宁毕竟是一种药物,不易过量饮用。

三、干姜水

生姜又名姜、黄姜。生姜以肉质根供食,除含碳水化合物、蛋白质外,还含有姜辣素等成分。因具有特殊的香味,可做香辛调料,亦可加工成姜干、糖姜片、咸姜片、姜粉、姜汁、姜酒和糖渍、酱渍,还可作药材。姜有健胃、除湿、祛寒的作用,在医药上是良好的发汗剂和解毒剂。

干姜水又名姜汁汽水,是以生姜为原料,加入柠檬、香料,再用焦麦芽着色制成的碳酸水。干姜水可以冰镇后直接饮用或用来调制饮料。

四、七喜

七喜饮料是一种碳酸化柠檬苏打水。1920 年商人查尔斯·格里格(Charles. Grigg)创办了豪迪(Howdy)公司,生产橘子水,在美国各地销售。后来,他又向市场推出了一种叫作柠檬酸苏打水的新饮料,命名为“常饮牌柠檬酸矿泉水”,尽管汽水味道不错,但由于它的名称太长,太难记,几乎引不起人们的购买欲望。于是,格里格试图另取一个简短而又富特色的新名称。几经斟酌,最终更改为“7 - Up”。

关于“7 - Up”这一名字的来源众说纷纭,最流行的一说是这种饮料里含有 7 种不同的味道,“Up”则是从另一种饮料“BubbleUp”借过来的,用它来表明该饮料的提神作用。

“7 - Up”这个名字简洁清晰,含义丰富,一经上市,便受到顾客的青睐。因为“7”在西方国家是一个吉祥而又神圣的数字,且赌博时得 7 为赢。而中文译为“7 喜”更为“7 - Up”开拓中国市场锦上添花。

五、可乐

可乐类饮料因为可口可乐公司而闻名于世。后来又有百事、非常等可乐公司加入竞争,是肯德基、麦当劳等快餐主打饮料。

可乐是典型的碳酸饮料,其主要特点是在饮料中加入了二氧化碳。根据国家饮料分类标准,在碳酸饮料中专门有一种类型就是可乐型,它是指含有焦糖色、可乐香精或者类似可乐果、果香混合而成的碳酸饮料。

第四节　蔬菜类

蔬菜汁饮料是指以新鲜蔬菜为原料,经过物理方法(如压榨、浸提等)提取而得到的汁液,或以该汁液为原料,加入水、糖、酸及香精色素等而制成的产品。蔬菜汁饮料之所以受到越来越多的人们喜爱,是因为它具有区别其他饮料的特点,如色泽自然、香气清雅、口味清新、营养丰富。常见用于调制饮料的蔬菜品种主要有以下几种。

一、番茄

番茄又名西红柿,为茄科植物番茄的新鲜果实。一年生或多年生草本。番茄中含有糖类、维生素 C、维生素 B_1、维生素 B_2、胡萝卜素、蛋白质以及丰富的磷、钙等。其维生素 C 的含量高,相当于苹果含量的 2.5 倍,西瓜含量的 10 倍,一个成年人若每天食用 300 克的番茄,便可满足人体一天对维生素及矿物质的需求。番茄内含的茄红素,是最佳的抗氧化剂,有延缓衰老的作用。调制饮料时,可使用现榨番茄汁或番茄汁产品。

二、胡萝卜

胡萝卜,又称红萝卜或甘荀,是伞形科胡萝卜属二年生草本植物。以肉质根作蔬菜食用。它是一种质脆味美、营养丰富的家常蔬菜,素有“小人参”之称。胡萝卜富含糖类、脂肪、胡萝卜素、维生素 B_1、维生素 B_2、花青素、钙、铁等营养成分。

三、黄瓜

黄瓜,也叫青瓜、刺瓜,葫芦科一年生草本植物。黄瓜栽培历史悠久,种植广泛,是世界性蔬菜。口感上,黄瓜肉质脆嫩、汁多味甘、芳香可口；营养上，它含有蛋白质、脂肪、糖类，多种维生素、纤维素以及钙、磷、铁、钾、钠、镁等丰富的营养成分。调制饮料时，可使用现榨黄瓜汁或黄瓜汁产品。

四、西芹

西芹性凉、味甘，含有多种维生素、矿物质等，有促进食欲、辅助降血压、健脑、清肠利便、解毒消肿、促进血液循环等功效。调制饮料时，可直接榨成汁饮用或与其他蔬果搭配榨成汁饮用。

五、冬瓜

冬瓜，葫芦科冬瓜属，一年生草本植物；瓜形状如枕，又叫枕瓜；大小因果种而不同，小的重数千克，大的数十千克；皮绿色，多数品种的成熟果实表面有白粉；果肉厚，白色，疏松多汁，味淡，嫩瓜或老瓜均可食用。为什么夏季所产的瓜，却取名为冬瓜呢？这是因为瓜熟之际，表面上有一层白粉状的东西，就好像是冬天所结的白霜，也是这个原因，冬瓜又称白瓜。可配合其他蔬果榨成汁饮用。

六、萝卜

十字花科、萝卜属。一年生或二年生草本。根肉质，长圆形、球形或圆锥形，根皮绿色、白色、粉红色或紫色。原产我国，各地均有栽培，品种极多，常见有红萝卜（下萝卜）、青萝卜、白萝卜、水萝卜和心里美等。根供食用，为我国主要蔬菜之一。可以榨汁饮用或用于调制部分饮料。

七、荸荠

莎草科荸荠属浅水性宿根草本，以球茎作蔬菜食用。古称凫茈（凫茈），俗称马蹄，又称地栗，因它形如马蹄，又像栗子而得名。称它马蹄，仅指其外表；说它像栗子，不仅是形状，连性味、成分、功用都与栗子相似，又因它是在泥中结果，所以有地栗之称。荸荠皮色紫黑，肉质洁白，味甜多汁，清脆可口，自古有地下雪梨之美誉，北方人视之为江南人参。荸荠既可作为水果,又可算作蔬菜,是大众喜爱的时令之品。

八、莲藕

莲藕微甜而脆,可生食也可榨汁,而且药用价值相当高,它的根根叶茎,花须果实,无不为宝,都可滋补入药。用莲藕制成粉,能消食止泻,开胃清热,滋补养性,预防内出血,是妇孺童妪、体弱多病者上好的流质食品和滋补佳珍。

藕的营养价值很高,富含铁、钙等微量元素,植物蛋白质、维生素以及淀粉含量也很丰富,有明显的补益气血,增强人体免疫力作用。故中医称其:“主补中养神,益气力”。

九、生菜

生菜,叶用莴苣的俗称,又称鹅仔菜、唛仔菜、莴仔菜,属菊科莴苣属。为一年生或二年生草本作物,叶长倒卵形,密集成甘蓝状叶球,可生食,脆嫩爽口,略甜。

十、丝瓜

丝瓜,夏季蔬菜,所含各类营养在瓜类食物中较高,所含皂苷类物质、丝瓜苦味质、黏液质、瓜氨酸、木聚糖和干扰素等物质具有一定的特殊作用。

十一、韭菜

韭菜,别名起阳草、懒人菜、长生韭、壮阳草等;属百合科多年生草本植物,具特殊强烈气味,叶、花葶和花均作蔬菜食用。

十二、白菜

白菜原产地为地中海沿岸和中国,现各地广泛栽培。白菜其性微寒,有清热除烦、解渴利尿、通利肠胃、清肺热之效。

十三、茄子

茄子是茄科茄属一年生草本植物，热带为多年生。其结出的果实可食用，颜色多为紫色或紫黑色，也有淡绿色或白色品种，形状上也有圆形、椭圆、梨形等各种。

十四、香菜

香菜，原名芫荽；别名香荽、胡荽，一年生或二年生，有强烈气味的草本，茎叶作蔬菜和调香料，并有健胃消食作用。

十五、菠菜

菠菜，又名波斯菜、赤根菜、鹦鹉菜等，一年生草本植物。富含类胡萝卜素、维生素 C、维生素 K、矿物质等多种营养素。

十六、芦笋

芦笋，又名石刁柏。富含多种氨基酸、蛋白质和维生素，其含量均高于一般水果和菜蔬，特别是芦笋中的天冬酰胺和微量元素硒、钼、铬、锰等，具有调节机体代谢，提高身体免疫力的功效。

十七、薄荷

薄荷，多年生草本。茎直立，高 30 ~ 60 厘米，清爽可口。常以薄荷代茶，可清心明目。

十八、茴香

茴香菜又原名小怀香，嫩叶作菜蔬，是小茴香的茎部，含有丰富的维生素 B_1、维生素 B_2、维生素 C、烟酸、胡萝卜素以及纤维素。导致它具有特殊的香辛气味的是茴香油，可以刺激肠胃的神经血管，具有健胃理气的功效。

十九、牛蒡

牛蒡，菊科二年生草本植物，含菊糖、纤维素、蛋白质、钙、磷、铁等人体所需的多种营养物质。

第五节 水果类

果汁饮料是指以新鲜水果为原料，经过物理方法（如压榨、浸提等）提取而得到的汁液，或以该汁液为原料，加入水、糖、酸及香精色素等而制成的产品。

由于果汁饮料来自于天然原料，其营养丰富，色彩诱人，同时成本低廉，制作方便，且易于消化吸收。经过近半个世纪的发展，现已成为食品行业的重要支柱之一。常见用于调制饮料的水果品种主要有以下几种。

一、柳橙

柳橙果实长圆形或卵圆形，较小，单果重 110 克左右，果顶圆，有大而明显的印环，蒂部平，果蒂微凹；果皮橙黄色或橙色，稍光滑或有明显的沟纹；果皮中厚，汁胞脆嫩汁少，风味浓甜，具浓香，品质较好。

柳橙汁具有滋润健胃，强化血管，预防心脏病、中风、伤风感冒的功效。调制饮料时，可使用现榨柳橙汁、鲜柳橙汁或浓缩柳橙汁。

二、菠萝

菠萝又称凤梨，属于凤梨科凤梨属多年生草本果树植物，生长迅速，生产周期短，年平均气温23℃以上的地区终年可以生长。

菠萝果实营养丰富，果肉中除含有还原糖、蔗糖、蛋白质、粗纤维和有机酸外，还含有人体必需的维生素 C、胡萝卜素、维生素 B_1、烟酸等维生素。以及易为人体吸收的钙、铁、镁等微量元素。调制饮料时，可使用现榨菠萝汁或菠萝汁产品。

三、柚子

柚子又名文旦,是中秋节前后盛产的水果。它含有丰富的维生素 C、维生素 P、钙、磷、钠、铁等营养物质。柚汁具有降低胆固醇,预防感冒、牙龈出血的功效。

四、葡萄

葡萄含有大量的葡萄糖和果糖,能够迅速被人体消化吸收,而且葡萄中还含有丰富的维生素和铁质,可以补气、养血、滋润发肤。调制饮料时,常常用其加工品。

五、芭乐

芭乐又称拔子,也叫番石榴,为桃金娘科番石榴属果树,其果形有球形、椭圆形、卵圆形及洋梨形,果皮普通为绿色、红色、黄色,果肉有白色、红色、黄色等。肉质非常柔软细嫩,肉汁丰富,味道甜美,几乎无籽,风味接近于梨和台湾大青枣之间,清脆香甜、爽口舒心、常吃不腻,而且其果肉含有大量的钾、铁、胡萝卜素等,营养极其丰富,是养颜美容的最佳水果,也是一种很好的减肥水果。

芭乐果实可生食,鲜果洗净(免削皮)即可食用,有些人喜欢切块置于碟上,加上少许酸梅粉或盐巴食用,风味独特。又可加工制汁,如使用家庭式果汁机,自制原汁、原味芭乐果汁。

六、苹果

苹果中含有整肠作用的食物纤维,以及有利尿作用的钾质。其中的食物纤维具有消除下痢以及便秘的双效作用。而苹果中所含的维生素 C,则可以抑制黑色素的沉淀,所以女性常吃苹果,会有助肌肤变得健康红润。苹果汁具有调理肠胃,促进肾机能,预防高血压的功效。调制饮料时,除了现榨取汁外,主要用加工品。

七、草莓

草莓，又叫洋莓，红莓，原产欧洲。草莓外观呈心形，其色鲜艳粉红，果肉多汁，酸甜适口，芳香宜人，营养丰富，故有"水果皇后"之美誉。

据分析，草莓富含氨基酸、果糖、蔗糖、葡萄糖、柠檬酸、苹果酸、果胶、胡萝卜素、维生素 B_1、维生素 B_2、烟酸及矿物质钙、镁、磷、铁等。饭后吃一些草莓，可分解食物脂肪，有利消化。

草莓的食法比较多，常见的是将草莓冲洗干净，直接食用，或将洗净的草莓拌以白糖或甜牛奶食用，风味独特，别具一格。随着食品工业的发展，草莓已制成各种果酱、果冻、果脯、糖水罐头、果汁等。草莓汁具有利尿止泻，强健神经，补血的功效。调制饮料时，常用草莓与基酒、碎冰等用搅拌机搅打均匀。

八、杨桃

杨桃，又名"阳桃"、"羊桃"，学名"五敛子"。杨桃果实形状特殊，颜色呈翠绿鹅黄色，皮薄如膜，肉脆滑汁多，甜酸可口，又因横切面如五角星，故国外又称之为"星梨"，是素负盛名的岭南佳果之一。

杨桃鲜果含糖量在各种鲜果中居首位，并含苹果酸，柠檬酸，草酸及维生素 B_1、维生素 B_2、维生素 C，微量脂肪、蛋白质等营养成分，对于人体有助消化，滋养、保健功效。我国台湾居民自古以来即知用杨桃煮汤或浸渍汁作茶饮，称为杨桃汤、杨桃茶；生榨的杨桃汁，有自制，有商品制，随处可见，调制饮料使用十分方便。

九、椰子

椰子是棕榈科植物椰树的果实，又名胥椰、胥余、越子头。椰子形似西瓜，外果皮较薄，呈暗褐绿色；中果皮为厚纤维层；内层果皮呈角质。果内有一大储存椰浆的空腔，成熟时，其内储有椰汁，清如水、甜如蜜，晶莹透亮，含有丰富的营养，是极好的清凉解渴之品。调制饮料时，多用其椰奶制品。

十、柠檬

柠檬属于柑橘类的水果。柠檬果实椭圆形，果皮橙黄色，果实汁多肉脆，闻之芳香扑鼻，食之味酸微苦，一般不能像其他水果一样生吃鲜食，而多用来制作饮料。我国中医认为，柠檬性温、味苦、无毒，具有生津止渴、祛暑安胎、疏滞、健胃、止痛等功效。

柠檬果实中含有糖类、钙、磷、铁及维生素 B_1、维生素 B_2、维生素 C 等多种营养成分，此外，还有丰富的有机酸和黄酮类、挥发油、橙皮苷等，对促进新陈代谢、延缓衰老及增强体质等方面都十分有帮助。柠檬汁具有止咳化痰，排除体内毒素的功效。调酒中可以使用鲜榨柠檬汁或浓缩柠檬汁等。

十一、梨子

梨称为“百果之宗”，绞梨为汁，名曰“天生甘露饮”。梨鲜嫩多汁、酸甜爽口，且含有丰富的营养素，例如：梨子含有大量果糖，很容易被人体吸收；其所含钾可以维持人体细胞与组织的正常功能，可辅助调节血压；所含维生素 C 可保护细胞、增强白细胞活性，有利铁质吸收，加速伤口愈合，保持皮肤弹性和光泽；其所含果胶是可溶性纤维，有助于降低胆固醇。

十二、荔枝

荔枝为无患子科植物荔枝的果实，其果实心脏形或球形，果皮具多数鳞斑状突起，呈鲜红、紫红、青绿或青白色，假果皮新鲜时呈半透明凝脂状，多汁，味甘甜。

荔枝含有丰富的糖分、蛋白质、多种维生素、脂肪、柠檬酸、果胶以及磷、铁等，是有益人体健康的水果。

荔枝原产于我国南部，以广东、广西、福建、四川、台湾、云南等地栽培最多。每年 6 ~ 7 月果实成熟时采收，剥去外壳，取假种皮（荔枝肉）鲜用或榨汁后备用。

十三、香蕉

香蕉为芭蕉科植物甘蕉的果实。原产亚洲东南部，我国台湾、广东、广西、福建、四川、云南、贵州等也均有栽培，以台湾、广东最多。

香蕉是人们喜爱的水果之一，欧洲人因它能解除忧郁而称它为“快乐水果”，而且香蕉还是女孩子们钟爱的减肥佳果。香蕉又被称为“智慧之果”，传说是因为佛祖释迦牟尼吃了香蕉而获得智慧。香蕉营养高、热量低，含有称为“智慧之盐”的磷，又有丰富的蛋白质、糖、钾、维生素 A 和维生素 C，同时膳食纤维也多，是相当好的营养食品。秋季果实成熟时采收，经处理脱涩后，去皮食用。用于调制饮料品种时，常与其他水果原料搭配。

十四、木瓜

木瓜为蔷薇科落叶灌木植物贴梗海棠或木瓜的成熟果实。作为水果食用的木瓜实际是番木瓜，果皮光滑美观，果肉厚实细致、香气浓郁、汁水丰多、甜美可口、营养丰富，有“百益之果”、“水果之皇”、“万寿瓜”之雅称，是岭南四大名果之一。木瓜含水分 90%、糖 5% ~ 6%、少量的酒石酸、枸橼酸、苹果酸等，富含氨基酸及钙、铁等，还含有木瓜蛋白酶、番木瓜碱等。半个中等大小的木瓜可供成人整天所需的维生素 C。木瓜在中国素有“万寿果”之称，顾名思义，多吃可延年益寿。木瓜榨汁可以调配许多饮料品种。

十五、柑橘

柑橘属芸香科柑橘亚科植物，其果实营养丰富，色香味兼优，既可鲜食，又可加工成以果汁为主的各种加工制品。柑橘含有多种维生素以及钙、磷、铁等营养元素。

十六、西瓜

西瓜为葫芦科植物西瓜的果实。我国南北皆有西瓜栽培。瓜呈圆形或椭圆形，皮色有浓绿、绿、白或绿色夹蛇纹等。瓤多汁而甜，呈浓红、淡红、黄或白色。

西瓜堪称“瓜中之王”，味道甘美多汁，清爽解渴，是盛夏佳果。西瓜除不含脂肪和胆固醇外，含有大量葡萄糖、苹果酸、果糖、氨基酸、番茄素及丰富的维生素 C 等物质，营养价值高。

十七、桑葚

桑葚为桑科植物桑的成熟聚合果，又名桑果，可生食或加工果浆、饮料。含有丰富的活性蛋白、维生素、氨基酸、胡萝卜素、矿物质、葡萄糖、蔗糖、果糖、鞣质、苹果酸、钙、维生素 B_1、维生素 B_2、维生素 C、烟酸等成分，具有增强免疫力、延缓衰老、美容养颜的功效。

十八、樱桃

樱桃属于蔷薇科落叶乔木果树。樱桃成熟时颜色鲜红，玲珑剔透，味美形娇，营养丰富，医疗保健价值颇高，又有“含桃”的别称。我国作为果树栽培的樱桃有中国樱桃、甜樱桃、酸樱桃和毛樱桃。樱桃成熟期早，有早春第一果的美誉。樱桃汁具有美容效果。

十九、芒果

芒果果实呈肾脏形，色、香、味俱佳，有果王之称。果实营养丰富，含糖量高达 12% ~20%，含蛋白质 5. 56%，脂肪 16. 1%，碳水化合物 67. 29%，还含有丰富的维生素 A、B 族维生素、维生素 C，此外还含有少量的钙、磷、铁及其他矿物质。果实既宜鲜食，又适加工，可满足消费者对果品多样化的需要。

芒果果肉多汁，鲜美可口，兼有桃、杏、李和苹果等的滋味，能生津止渴，消暑舒神。

二十、哈密瓜

哈密瓜有“瓜中之王”的美称，含糖量在 15% 左右，形态各异，风味独特，有的带奶油味，有的含柠檬香，但都味甘如蜜，奇香袭人，享誉国内外。在诸多哈密瓜品种中，以“红星脆”、“黄金龙”品质最佳。

哈密瓜不仅好吃，而且营养丰富，药用价值高。

二十一、猕猴桃

猕猴桃浆果一般是椭圆形的，墨绿色并带毛的表皮一般不食用，而其内则是呈亮绿色的果肉和一排黑色的种子。猕猴桃的质地柔软，味道有时被描述为草莓、香蕉、凤梨三者的混合。

二十二、水蜜桃

水蜜桃属于球形可食用水果类，水蜜桃有美肤、清胃、润肺、祛痰等功能。它的蛋白质的含量比苹果、葡萄高1倍，比梨子高7倍；铁的含量比苹果高3倍，比梨子多5倍，素有"果中皇后"的美誉。富含多种维生素，其中维生素C最高。

二十三、石榴

石榴为落叶乔木或灌木；果皮厚；种子多数，浆果近球形，果熟期9~10个月。外种皮肉质半透明，多汁；内种皮革质。性味甘、酸涩、温，具有收敛、涩肠、止痢等功效。

二十四、百香果

百香果，俗称"巴西果"、"鸡蛋果"，原产于巴西，属西番莲科。因其果汁营养丰富，气味特别芳香，可散发出香蕉、菠萝、柠檬、草莓、番桃、石榴等多种水果的浓郁香味而被举为"百香果"，又有"百香果""果汁之王"之美称。

第六节　蛋奶类

蛋奶类原料用于饮料的制作时，可以增加饮料营养成分，赋予饮料以奇特的奶香味，形成饮料的质感。常见的用于制作饮料的蛋奶类原料如下。

一、牛奶

牛奶营养丰富、容易消化吸收、物美价廉、食用方便,是“接近完美的食品”,人称“白色血液”,是理想的天然食品。

奶中的蛋白质主要是酪蛋白、白蛋白、球蛋白、乳蛋白等,所含的20 多种氨基酸中有人体必须的 8 种氨基酸,奶蛋白质是全价的蛋白质,它的消化率高达 98%。乳脂肪是高质量的脂肪,品质最好,它的消化率在 95% 以上,而且含有大量的脂溶性维生素。奶中的乳糖是半乳糖和乳糖,是最容易消化吸收的糖类。奶中的矿物质和微量元素都是溶解状态,而且各种矿物质的含量比例,特别是钙、磷的比例比较合适,很容易消化吸收。在饮料的调制中,主要用鲜奶及其产品。

二、奶油

奶油是从经高温杀菌的鲜乳中经过加工分离出来的脂肪和其他成分的混合物,在乳品工业中也称稀奶油。奶油是制作黄油的中间产品,含脂率较低,分别有以下几种:①淡奶油(Lightcream),亦称稀奶油,乳脂含量为 12% ~30%;②掼奶油(Whippingcream),亦称双奶油,很容易搅拌成泡沫状,乳脂含量为 30% ~40%;③厚奶油(Heavycream),乳脂含量为 48% ~50%,这种奶油用途不广,因为成本太高,通常情况下为了增进风味时才使用厚奶油。在酒吧中,调酒主要采用的是掼奶油,如浮露冰咖(Icecreamonthecoffee)等饮料的调制中就用到此种奶油。

三、酸奶

酸奶,一般指酸牛奶,它是以新鲜的牛奶为原料,经过巴氏杀菌后再向牛奶中添加有益菌(发酵剂),经发酵后,再冷却灌装的一种牛奶制品。目前市场上酸奶制品多以凝固型、搅拌型和添加各种果汁、果酱等辅料的果味型为多。酸奶不但保留了牛奶的所有优点,而且某些方面经加工过程还扬长避短,成为更加适合于人类的营养保健品。在酒吧中,酸奶可以调出口味酸甜的各种适合女士饮用的饮料。

四、冰淇淋

冰淇淋是一种以饮用水、乳制品、蛋品、甜味料、香味料、食用油脂等为主要原料，加入乳化稳定剂、色素等，通过混合配制、杀菌、均质、老化（成熟）、凝冻，再经成型、硬化等工序加工的体积膨胀的冷冻饮品，可以直接用于调制饮料。

五、鸡蛋

鲜鸡蛋含的蛋白质中，主要为卵蛋白（在蛋清中）和卵黄蛋白（主要在蛋黄中）。其蛋白质的氨基酸组成与人体组织蛋白质最为接近，因此吸收率相当高，可达99.7%。鲜鸡蛋含的脂肪，主要集中在蛋黄中。此外蛋黄还含有卵磷脂、维生素和矿物质等，这些营养素有助于增进神经系统的功能，所以，蛋黄是较好的健脑益智食物。鸡蛋用于调制饮料，可增加饮料的泡沫效果和营养价值。

第七节　水类

水是饮料的生命和载体，通常饮料用水只要符合国家饮用水标准即可，在特殊情况下，也可以用到以下几种水或水的其他形态——冰块。

一、纯净水

所谓纯净水是指其水质清纯，不含任何有害物质和细菌，如各类杂质、有机污染物、无机盐和任何添加剂，可有效避免各类病菌入侵人体。其优点是能有效安全地给人体补充水分，具有很强的溶解度，因此与人体细胞亲和力很强，有促进新陈代谢的作用。从科学角度讲，任何事物都具有双重性。纯净水经过多层过滤、反渗透将水中主要的杂质，液体雾滴、水中悬浮物、固体颗粒及微生物等处理掉，虽然同时也去除了水中的营养物质，但是从长远来看，纯净水不失为一种安全的日常饮用水。在酒吧调酒中，主要用于制作冰水或稀释浓缩果汁等。

二、矿泉水

矿泉水是一种特殊的地下水，与普通地下水是不同的。国家标准对天然矿泉水规定是：从地下深处自然涌出的或经人工开发的、未受污染的地下矿水；含有一定量的矿物盐、微量元素或二氧化碳气体；在通常情况下，其化学成分、流量、水温等动态在天然波动范围内相对稳定。真正的矿泉水区别于其他饮用水的特点是：地表水经历千百年的渗透、过滤、地下深部循环才形成的，通过天然净化而不含有致癌化合物、农药、重金属、细菌、病毒、寄生虫等对人体有害的成分。水中含有多种人体必需的微量元素。矿泉水在酒吧中可以加入冰块单独饮用或直接用于调制饮料。

三、蒸馏水

蒸馏水是利用大自然净化水的原理，将水过滤后加热变成蒸汽，再冷却凝结为水后，消除所有杂质而成。所以经过蒸馏程序的水，特别清纯。蒸馏水在酒吧中可以加入冰块单独饮用或直接用于调制饮料。

四、冰块

调制饮品时常常用到冰块，事实上，冰在饮品中的作用，不仅是使之降温，饮用时有凉爽感，还有促进饮料液体澄清的功能。

1. 方冰（Cubes）

一般指用制冰机制作的立体冰块，约3立方厘米。

2. 圆冰（RoundCubes）

一般指用制冰机制作的圆柱体冰块，大约3立方厘米。

3. 棱方冰（CounterCubes）

1千克以上的大块方冰，常常用于聚会时放在无酒精宾治（Punch）中。

4. 薄片冰(Flakeice)

一般指片状冰块,大约3立方厘米。

5. 碎冰(Crusher)

粒状细小碎冰,常用于Frappe类饮料的调制。一般制作时可以用干净的口布包住小方冰,然后用木槌或坚硬的空瓶子敲碎。

6. 细冰(Cracked)

用刨冰机刨制的细小冰晶,莹白如雪。

第八节　糖类

糖类是饮料调制时常用的甜味剂,它可以调节饮料的最佳甜酸比例,使之获得最佳口味,同时也使饮料的口感柔和。常见的用于制作饮料的糖类原料有以下几种。

一、白糖

白糖是由甘蔗和甜菜榨出的糖蜜制成的精糖,白糖色白,干净,甜度高。酒吧饮料调制中主要用到的品种为幼砂糖和方糖。

幼砂糖是以优质原蔗糖为原料,采用目前国际先进制糖生产工艺(离子交换法),脱硫精炼而成的高级食用纯正幼砂糖,具有纯净洁白,即冲即溶,卫生方便等特点,是牛奶、咖啡等高级饮料的最佳伴侣。

方糖亦称半方糖,是用细晶粒精制砂糖为原料压制成的半方块状(即立方体的一半)的高级糖产品,在国外已有多年的历史。它的消费量会随着人们生活水平的提高而迅速增大。方糖的特点是质量纯净,洁白而有光泽,糖块棱角完整,有适当的牢固度,不易碎裂,但在水中快速溶解,溶液清晰透明。

二、蜂蜜

蜂蜜是由蜜蜂采集植物蜜腺或分泌物,加入自身消化道的分泌液后酿制而成的。蜂蜜几乎含有蔬菜中的全部营养成分。蜂蜜是人体能源的最好来源,易消化吸收。现代医学临床应用证明,蜂蜜可促进消化吸收,增进食欲,镇静安眠,提高机体抵抗力。饮料调制中也常常用到它。

三、葡萄糖浆

葡萄糖浆因清亮透明,甜度随浓度的升高而被广泛用于高级奶糖、水果糖中。在调制中用于调节饮料的口味。

第九节　其他类

其他类原料主要是一些调味调色的原料,常见的用于制作饮料的其他类原料有以下几种。

一、红石榴汁

石榴汁是以药用价值极高的石榴为原料,采用先进的生产工艺,保持了石榴原有的营养成分制成的纯天然石榴饮品。

二、薄荷蜜

薄荷亦称苏薄荷、鱼香草,唇形科薄荷属,多年生草本。薄荷富含芳香油,茎、叶均可提取薄荷油、薄荷脑,除在医药上有广泛的用途外,在调酒中,常常与糖浆一起调配成薄荷蜜,色泽碧绿,口味清凉。

三、辣椒汁(Tabasco Sauce)

美国 Tabasco 是以生产调味品而著名全球的品牌。"Tabasco"一词在中美洲的印第安语中,是指炎热而潮湿的土地,而这种辣酱所用的辣味指天椒,也需要炎热而潮湿的气候来生长,所以取了"Tabasco Sauce"作为产品名称。其成分主要由指天椒、醋及其他调味料制成,储藏于橡木桶内 3 年才于装瓶发售。在酒吧调酒中常常以"滴"(Dash)为计量单位添加。

四、李派林喼汁（Lea&Perrins Sauce）

喼汁这种调味品原产印度，让它成为液汁状的基础材料是醋，其他必要材料还有丁香、茴香、八角、桂皮和糖。19 世纪后叶，由原籍苏格兰 WorcesterShire（乌斯特郡）的英国人把该种印度特产带回英国，经改进配方，在乌斯特郡设厂生产，正式品名为乌斯特沙司（沙司是 sauce 的音译，意译即调味汁），用作西餐佐汁，也可以用于饮料的制作。

五、橙味汁

橙味汁（Curacao）是一个在加勒比岛库拉索做的橙味利口酒的一般用语。由苦涩橘子干果皮制成。颜色有橘子色的橙味汁、蓝色的橙味汁、绿色的橙味汁或白色的橙味汁。不同品种有着同样味道，细小变化在于苦涩程度的不同。饮品调制中经常使用蓝色和绿色橙味汁调配颜色的。

六、豆蔻粉

豆蔻粉又称玉果粉，由姜科多年生草本小豆蔻的果实碾压而成，主要产于印度。此外，危地马拉、斯里兰卡、坦桑尼亚等地亦产。有浓厚的温和香气，略有辣味，浓时有苦味，用以增加饮品的香气。

七、盐

在酒吧饮品制作中主要采用粉洗盐。粉洗盐是将原盐经粉碎、洗涤、脱水等多道加工工序精制而成。产品色白、粒均、质优、干净卫生、食用方便，也是家庭饮品调制的理想原料。

第三章　饮品的制作工具和设备

第一节　饮品的制作工具

一、果汁制备器具

制备果汁时，可按照水果的种类、用量、大小等采用不同的方法，如挤汁、压汁和榨汁等。经常使用到的器具为榨汁器（Squeezer）。

常用的榨汁器是塑料制品，用法简单，只要切开的水果放在榨汁头上用手一拧即可出汁。但不可用力太大，以免果皮细胞的成分也被挤出来，使果汁出现苦涩味。如果要榨苹果汁、西瓜汁、哈密瓜汁或雪梨汁之类的，就要使用电动榨汁机。

二、冰用器具

1. 滤冰器

在投放冰块用调酒杯特制饮料时，必须用滤冰器过滤，留住冰粒后，将混合好的饮料倒进载杯。滤冰器通常用不锈钢制造。

2. 冰桶

冰桶为不锈钢或玻璃制品，为盛冰块专用容器，便于操作时取用，并能保温，使冰块不会迅速溶化。

3. 冰夹

不锈钢制，用来夹取冰块。

4. 冰铲

舀起冰块的用具，既方便又卫生。

5. 碎冰器

把普通冰块碎成小冰块时使用的器具。

6. 冰锥

用于锥碎冰块的锥子。

此外，还有刨冰器，制作冰块用的冰盒、冰盘等。

三、调配器具

（一）载杯

饮料常用酒杯如下：

1. 海波杯

海波杯，又叫“高球杯”，为大型、平底或有脚的直身杯，多用于盛载饮料，一般容量为 5 ~9 盎司。[1]

2. 哥连士杯

哥连士杯，又称长饮杯，其形状与海波杯相似，只是比海波杯细而长，其容量为 10 ~14 盎司，标准的长饮杯高与底面周长相等。哥连士杯常用于调制饮料，饮用时通常要插入吸管。

3. 库勒杯

形状与哥连士杯相似，只是杯身内收，容量为 14 ~16 盎司，主要用来盛载饮料类品种。

4. 森比杯

森比杯如烟囱一样的直筒杯，容量为 14 ~18 盎司，主要用来盛载饮料类长饮品种。

5. 比尔森杯

杯身上大下小，收腰，容量为 12 ~14 盎司，主要用来盛载啤酒或饮料类品种。

6. 啤酒杯

矮脚，成漏斗状，容积大致 10 盎司以上。主要用来盛载啤酒或饮料类品种。

7. 暴风杯

风暴杯，得名于杯子的形状像风灯（英文叫风暴灯）的罩。适合

---

[1] 1 盎司≈28.41 毫升。

于装盛饮料类品种。

8. 鸡尾酒杯

鸡尾酒杯是高脚杯的一种。杯皿外形呈三角形，皿底有尖型和圆形。脚为修长或圆粗，光洁而透明，杯皿的容量为2～6盎司，其中4.5盎司怀用的最多。专门用来盛放各种短饮。

9. 玛格丽特杯

玛格丽特为高脚、宽酒杯，容量为7～9盎司；其造型特别，杯身呈梯形状，并逐渐缩小至杯底，用于盛装“玛格丽特”鸡尾酒或其他饮料类品种。

10. 香槟杯

香槟杯用于盛装香槟酒，用其盛放鸡尾酒也很普遍。其容量为4.5～9盎司，以4盎司的香槟杯用途最广。香槟杯主要有三种杯型。

(1)浅碟型香槟杯：高脚、宽口、杯身低浅的杯子，可用于装盛鸡尾酒或饮料，还可以叠成香槟塔。

(2)郁金香型香槟杯：高脚、长杯身，呈郁金香花造型的杯子，可用来盛放香槟酒，细饮慢啜，并能充分欣赏酒在杯中产生气泡的乐趣。

(3)笛型香槟杯：高脚、杯身呈笛状的杯子。

(二)调制用具

1. 调酒壶

调酒壶，又称雪克壶(Shaker)。调酒壶有两种型式：一种称波士顿式调酒壶；另一种标准型调酒壶。常用于多种原料混合的鸡尾酒或加入蛋、奶等浓稠原料的饮料。通过调酒壶剧烈的摇荡，使壶内各种原料均匀地混合。

标准型调酒壶又叫摇酒壶，通常用不锈钢、银或铬合金等金属材料制造。目前市场常见的分大、中、小三号。调酒壶包括壶身、滤冰器及壶盖三部分组成。用时一定要先盖滤冰器，再加上盖，以免液体外溢。使用原则，首先放冰块，然后再放入其他料，摇荡时间不超过20秒为宜。否则冰块开始融化，将会稀释酒的风味。用后立即打开清洗。

还有一种波士顿式摇壶(也称为波士顿式对口杯)，它是由银或不锈钢制成的混合器,也有少数为玻璃制品。但常用的组合方式是一只不锈钢杯和一只玻璃杯,下方为玻璃摇酒杯,上方为不锈钢上座,使用时两座对口嵌合即可。

2. 量酒器

量酒器俗称葫芦头、雀仔头,是测量液体饮料分量的工具。通常为不锈钢制品,有不同的型号,两端各有一个量杯,常用的是上部30毫升、下部45毫升的组合型,也有30毫升与60毫升,15毫升与30毫升的组合型。

3. 调酒杯

调酒杯别名“吧杯”、“师傅杯”或“混合皿”,是由平底玻璃大杯和不锈钢滤冰器组成,主要用于调制搅拌类饮料。通常,在杯身部印有容量的尺码,供投料时参考。

4. 吧匙

吧匙又称“调酒匙”,是调制饮料的专用工具之一,为不锈钢制品,比普通茶匙长几倍。吧匙的另一端是匙叉,具有叉取水果粒或块的用途,中间呈螺旋状,便于旋转杯中的液体和其他材料。

5. 调酒棒

大多是塑料制品,可作为酒吧调酒师在用调酒杯调制饮料时的搅拌工具,亦可插在载杯内,供客人自行搅拌用。

6. 长勺

调制热饮时代替调酒棒,否则易弯曲,酒味易混浊。

7. 砧板

砧板用以切水果和制作装饰品。

8. 果刀

为不锈钢制品,用以切水果片。

9. 长叉

为不锈钢制品,用以叉取樱桃及橄榄等。

10. 糖盅

糖盅用以盛放砂糖。

11. 盐盅

盐盅用以盛放细盐。

12. 奶勺

属不锈钢制品,用以盛淡奶。

13. 雪糕勺

为不锈钢制品,用于挖取雪糕球。

14. 水勺

为不锈钢或塑料制品,用以盛水。

15. 柠檬夹

用于夹取柠檬片。

16. 剥皮器

通常用来剥酸橙或柠檬皮。

17. 漏斗

用于倒果汁、饮料用。

18. 特色牙签

用以穿插各种水果点缀品。特色牙签是用塑料制成的,也是一种装饰品,也可用一般牙签代替。

19. 吸管

一端可弯曲,供客人吸饮料用;有多种颜色,外观美丽,亦是一种装饰品。

20. 杯垫

垫在杯子底部,直径为 10 厘米的圆垫。有纸制、塑料制、皮制、金属制等,其中以吸水性能好的厚纸为佳。

21. 洁杯布

棉麻制的擦杯子用的揩布。

22. 无纤维毛巾

用以包裹冰块,敲打成碎冰。

23. 手摇冰淇淋器

手工制作冰淇淋的器具,内有快速制冷圆筒,外加一个双层的制冷圆筒可完全隔缘。制作时将浆料倒入有盖的金属圆桶中,在圆桶的上端装有与手柄相连的搅拌叶片。金属圆桶外套一个木桶，金属桶与木桶之间的空间放入盐与冰块的混合物，由于食盐能使水的冰点下降，因而能获得零下十几摄氏度的低温。这种低温可使金属筒内的浆料凝冻，通过手摇叶齿轮的不断转动，使搅拌叶片不断搅拌，从而满足了在不断搅拌下凝冻的条件，制成组织细腻的冰淇淋。

24. 冰淇淋勺

由不锈钢球壳和带弹簧的握柄组成，用它从盛冰淇淋的桶中挖取冰淇淋，然后倒置在盘子上方。手捏勺柄，由弹簧带动球壳内的金属丝在球壳内壁转动，使冰淇淋成球状落入盘中。

四、开启包装材料用器具

开启包装材料用器具主要为瓶开，它的种类较多，具体如下。

1. 开塞钻

俗称酒吧开刀。用于开起红、白葡萄酒瓶的木塞，也可用于开汽水瓶、果汁罐头。

2. 开瓶器

用于开启汽水、啤酒瓶盖。

3. 开罐器

用于开启各种果汁、淡奶等罐头。

4. 木槌

用木料制成，用于敲打锈住的金属瓶盖，旋开瓶盖，也可用于敲打制成的冰块。

第二节　饮品的制作设备

一、制冷设备

1. 冰箱

冰箱也称雪柜、冰柜。是饮料调制中用于冷冻酒水饮料，保存适量酒品和其他饮料的设备，大小型号可根据营业规模、环境等条件选用。柜内温度要求保持在4～8℃。冰箱内部分层、分隔以便存放不同种类的饮料品种。

2. 制冰机

制冰机是制作冰块的机器，有不同的型号。冰块型状也分为四方体、圆体、扁圆体和长方条等多种。

3. 碎冰机

饮料调制中需要许多碎冰，碎冰机可以快速将冰块碎成碎粒状或雪状，添加在饮料，可乐，啤酒中，冰爽宜人。

4. 刨冰机

刨冰机是用来将冰块刨制成雪花状碎冰之设备，用来制作出各种口感、各种不同风味的刨冰食品，广泛应用在餐饮业、冷热饮店、西餐厅、咖啡店、休闲小吃及宾馆等行业，是调制饮料的常见设备。

5. 冰淇淋机

可制作各种风味、各种类型软冰淇淋等。

二、清洗设备

1. 洗杯机

洗杯机中有自动喷射装置和高温蒸汽管。较大的洗杯机，可放入整盘的杯子进行清洗。一般将酒杯放入杯筛中再放进洗杯机里，调好程序按下电钮即可清洗。有些较先进的洗杯机还有自动输入清洁剂和催干剂装置。洗杯机有许多种，型号各异，可根据需要选用，如一种较小型的、旋转式洗杯机，每次只能洗一个杯，一般装在酒吧台的边上。

2. 洗碗机

采用高温、高压喷淋方式对餐具进行有效清洗，具有清洗量大，洗净率高，节能、节水、省电，操作方便，外观豪华，安全、卫生等特点。

三、其他常用设备

1. 粉碎机

粉碎机主要用于粉碎蔬果等原料，然后过滤取汁。

2. 果汁机

果汁机有多种型号，主要作用有两个：一是冷冻果汁；二是自动稀释果汁（浓缩果汁放入后可自动与水混合）。

3. 榨汁机

榨汁机用于榨鲜橙汁或柠檬汁。

4. 奶昔搅拌机

奶昔搅拌机用于搅拌各种奶昔（一种用鲜牛奶加冰淇淋搅拌而成的饮料）。

5. 咖啡机

煮咖啡用，有许多型号。

6. 咖啡保温炉

将煮好的咖啡装入大容器放在炉上保持温度。

第四章　饮品的制作

第一节　饮品的制作方法

本书涉及的饮料制作多为咖啡厅、酒吧、中西餐厅等场所通用的制作方法，简单实用，色香味形俱佳。其制作方法主要有以下三种。

一、电动搅和法

搅和法是把饮料与碎冰块或刨冰按配方分量放进粉碎机中，启动电动搅拌运转 10 ~ 20 秒后，连冰带酒水一起倒入载杯中。这种方法调制的饮料多使用哥连士杯和特饮杯。

二、搅拌法

采用调酒杯和吧匙调配饮料的方法叫搅拌法。将两种或两种以上的饮料混合而成的。

三、摇晃法

摇晃法又称摇动法或摇和法，即使用摇酒壶(雪克壶)将含鸡蛋、牛奶、奶油、糖浆、果汁等进行摇匀的一种饮料调制方法。

第二节　饮品的品种设计

一杯色、香、味、型都能引人入胜的饮料，实际上是一件精美的艺术品，人们从中可以寻找到无限的美的享受，给人以视觉、味觉、触觉等综合的审美感受。

一、饮料的品种设计原则

1. 新颖独特

任何一款饮品首先必须突出一个“新”字,无论在表现手法,还是在色彩、口味、装饰等方面,以及饮品所表达的意境等都应令人耳目一新,给消费者以新意。

2. 易于推广

首先,设计的饮品必须满足消费者的口味需要,易于被消费者接受;其次,也必须要考虑其价格因素;第三,必须有简洁的配方;最后,还必须有简便的调制方法。

3. 色彩鲜艳

色彩是表现饮品魅力的重要因素之一,任何一款饮料都可以通过赏心悦目的色彩来吸引消费者,并通过色彩来增加饮料自身的鉴赏价值。

4. 口味卓绝

饮品必须诸味调和,酸、甜、苦、辣诸味必须相协调。过酸、过甜或过苦都会掩盖人的味蕾对味道的品尝能力,从而降低饮料的品质。

二、饮品的品种设计步骤

1. 创意

创意,又称立意,即确立饮料的设计意图。可以因人、因时、因事、因物等而产生设计灵感。

2. 选料

任何一款饮品,有了好的创意还需要通过具体的原料来进行具体形象的表达,因此,确定了创意后,认真准确地选择调配原料就显得十分重要。可以根据色泽、口味、香味、质地及营养成分等条件选择原料。

3. 择杯

酒杯是酒品色、香、味、型中“型”的重要组成部分。所谓饮品是体、杯是衣,人靠衣装、饮品靠杯装,载杯的选择在饮料的设计中具有十分重要的作用。酒杯必须做到清洁干净,光亮无破损。

4. 调配

根据具体饮料的制作方法调配饮品具体品种。

5. 装饰

装饰是饮品调制的最后一道工序,装饰品目的有两个:一是调味,二是点缀。借助于装饰物的制作,设计者可以将自己的艺术构思和艺术才华得到淋漓尽致的发挥。

6. 标准饮品配方的制定

制定标准饮品配方,是保证饮品色、香、味等诸因素达到和符合规定标准和要求的基础。因此,不论创新什么样的饮品,都必须制定相应配方,规定饮品主辅料的构成,描述基本的调制方法和步骤。所以,标准饮品配方包括名称、主辅料及其用量、调制方法、载杯、装饰物、创意、口感特征等几个方面。

第三节　饮品的装饰

饮品装饰是调制饮料的最后一道工序,它对创造饮品的整体风格,提高饮品的外在魅力起着重要作用。

一、装饰物的选择

饮品装饰物的选择范围比较广泛,常常选择以下几类材料。

1. 蔬菜类

蔬菜类装饰材料常见的有西芹条、酸黄瓜、新鲜黄瓜条、红萝条、圣女果等。

2. 水果类

水果类是饮料装饰最常用的原料,如柠檬、青柠、菠萝、苹果、香蕉、香桃、杨桃等。

3. 花草类

花草绿叶的装饰使饮品充满自然活力和生机,令人倍感活力。花草绿叶的选择以小型花序和小圆叶为主:常见的有新鲜薄荷叶、洋兰等。花草绿叶的选择应清洁卫生，无毒无害，不能有强烈的香味和刺激味。

4. 其他类

人工装饰物包括各类吸管（彩色、加旋形等）、调酒棒、象形鸡尾酒签、小花伞、小旗帜等。甚至载杯的形状和杯垫的图案花纹，对饮品也起到了装饰和衬托作用。

二、装饰形式

饮品的饰物多种多样，尽管如此，我们可以根据装饰物的某些共有的特点和装饰规律将饮品的装饰形式分为三大类。

1. 点缀型装饰

主要饰物为蔬菜水果、花草绿叶等，因为它们修剪后体积小，颜色与饮料相协调，能较好地发挥其装饰作用。

2. 调味型装饰

调味型饰物主要是具有特殊味道的调料和特殊风味的果蔬等。常见的调料为盐、糖、辣椒汁、辣酱油等；特殊风味的果蔬主要有：柠檬、芹菜、珍珠洋葱、薄荷叶等。

3. 实用型装饰

实用型饰物主要有吸管、调酒棒、装饰签等，具有装饰和实用双重功能。

三、常见的装饰方法

饮品的装饰方法要有以下几种。

1. 杯口装饰

杯口装饰是常用的装饰方法之一。其特点是装饰物直观突出，色彩鲜艳，与饮品协调一致。由于多数装饰物属水果类，为此，需要掌握水果类装饰物制作技法。

2. 杯中装饰

杯中装饰是指将装饰物放在杯中，或沉入杯底，或浮在酒液上面。其特点是艺术性强，寓意含蓄，常能起到画龙点睛的作用。它不像杯口装饰有大的空间可以摆设,因此所用装饰物不宜太大。常用装饰材料有水橄榄、珍珠洋葱、樱桃、柠檬皮、芹菜、薄荷叶、花瓣等。

3. 雪霜杯装饰

雪霜杯又称雪糖杯,是指杯口需用盐或糖沾上一圈的装饰方法。由于像一层雪霜凝结于杯口,故称为雪霜杯。其制法是,先将杯口在柠檬的切口上涂一圈均匀的果汁,然后再将杯口在盛有盐或糖的小碟里蘸一下即成。雪霜杯不仅富有特色,而且也有调味的作用,饮用时有先咸后甘的口感。

4. 实用装饰

利用调酒棒、吸管、载杯、杯垫、纸制工艺品等实用物品进行装饰。

5. 组合装饰

装饰物组合一般采用各式水果、装饰签或吸管进行组合,这主要根据杯型的大小、装饰物的作用来完成。组合性装饰物更突出了装饰的技巧和艺术魅力。

第五章　饮品的饮用与服务

第一节　饮品的饮用

一、净饮(Straight Drink)

Straight 的意思是 Only Notmixed“纯的”意思。净饮(Straight Drink)就是什么成分也不加,单纯品尝饮料的风味。因为大部分饮料具有适宜的色、香、味等明显的风味特征。例如:橙汁饮料,本身具有淡淡的黄色、鲜明的橙香味和适口的酸甜味等风味特征。同时,有一些饮料也必须采用净饮的方式饮用。例如:矿泉水中含有较多的钙和镁,具有一定硬度,在常温下,钙镁呈离子状态,易被人体吸收,起到补钙作用。而矿泉水煮沸时,由于脱碳酸作用,二氧化碳逸出,钙镁容易沉淀变成水垢,饮用时只是减少了钙镁的摄入,喝也无妨。但是饮用矿泉水的最佳方法还是在常温下饮用,或稍加温饮用,最好不要煮沸。

另外,矿泉水矿化度较高,冰冻时温度急剧下降,钙镁离子等在过饱和条件下就会结晶析出,造成感官上的不适,但不影响饮用。矿泉水国家标准中规定:“在摄氏零度以下运输与储存时,必须有防冻措施。”所以矿泉水宜冷藏饮不宜冰冻。

二、加冰饮用(On the rocks)

Rocks 常指“冰块”,Ontherocks 就是“加冰”的饮用方式。在饮料中加入冰块,可以降低饮料的饮用温度,具有清凉的口感。例如:各种果汁饮料加入冰块,都具有特别凉爽的效果,适合夏天酷暑饮用。同时,有些饮料加入了冰块,还有稳定饮料风味的作用。例如:碳酸类饮料加入冰块饮用时,可以稳定饮料中的二氧化碳气体,延长其散逸时间,比较长的时间里,保持了碳酸类饮料的风味。

三、加热饮用(Hot Drinks)

加热饮用(HotDrinks)比较适合冬季饮用。饮料中有一些固体饮料需要用热水冲泡后来饮用的,例如:雀巢柠檬茶、速溶咖啡、菊花晶、速溶麦片、TANG 果珍、茶叶等等,而且,其中的一些饮料在冲泡或煮制过程中,所要求的温度不同。例如:绿茶冲泡时,温度不超过 85℃;乌龙茶的冲泡需要 100℃的开水;咖啡的煮制同样需要 100℃的开水。但在饮用时以不超过 85℃为宜。

四、混合饮用(Mixing Drinks)

混合饮用(Mixing Drinks)实际上是将多种饮料按照鸡尾酒的制作原则和方法,使其混合均匀的一种饮用方式。

第二节　饮品的服务

一、茶及茶饮料的服务

(1)推荐合适的茶叶和饮料品牌。
(2)考虑冲泡所用的水质。
(3)选用恰当的茶具。
(4)适量选取茶叶。
(5)掌握冲泡水温。
(6)把握冲泡的时间。
(7)根据茶叶的习性冲调茶饮料。
(8)注意产品的保质期。

二、咖啡的服务

(1)选用优质咖啡豆、粉。

(2)根据咖啡豆、粉的不同来确定相应的煮咖啡时间,通常需要6~8分钟,速溶咖啡可即冲即饮。

(3)咖啡与水的比例要适宜。

(4)选择使用洁净的煮咖啡器具。

(5)煮咖啡的温度在90~93℃,煮好的咖啡应及时服务。

(6)在可能的情况下,用微波炉加热用来掺兑咖啡的牛奶或乳脂,以免降低热咖啡的温度而失去风味。

(7)服务前采用烘碗机热水“温杯”,使咖啡倒入后,不但热度得以保持,而且可以酝酿香气。

(8)将热咖啡杯放在底碟上,再放到托盘里,然后从客人左边将咖啡杯及底碟、糖罐和奶盅服务给客人。

(9)注意产品的保质期。

三、瓶(听)装碳酸饮料的服务

碳酸饮料常采用瓶装或听装,便于运输,便于储存,也便于消费。对于瓶(听)装碳酸饮料服务应注意以下几点。

(1)瓶(听)装碳酸饮料在开启前切忌摇动,避免饮料喷溅。

(2)直接饮用碳酸饮料常常需冰镇或在饮料杯中加几块冰,这样碳酸气保持的时间较长,才能发挥碳酸饮料的风味。

(3)碳酸饮料在消费前要注意保质期,避免饮用过期产品。

四、果蔬汁饮料的服务

果蔬汁饮料是酒吧中常用的饮品,其色泽艳丽,口味自然,营养丰富。在鲜榨果蔬汁饮料服务中应注意到下几点。

(1)选用优质果蔬原料,原料的优劣关系到果蔬汁的质量。

(2)选用合适的制作工艺,制作工艺的优选能体现果蔬汁的绝佳风味。

(3)选择恰当的玻璃杯具,以盛载不同特色的果蔬汁,犹如红花绿叶,相得益彰。

(4)巧妙使用杯饰,如用水果、蔬菜等制作,可使饮品锦上添花。

(5)严格的卫生条件,避免果蔬汁有碍人体健康,避免使用过期饮品，注意果蔬汁饮料的保质期。

五、乳及乳制品的服务

1. 热奶服务

早餐奶以及冬季饮用时，一般需要加热服务。调制牛奶的用具必须绝对清洁。加热牛奶时应在热的或开的水上热，可用双层锅，避免直接煮。热奶供应，应依分量的多少以大的或小的玻璃杯或陶瓷杯盛装牛奶，置于杯垫（或杯碟）上，并附上小茶匙（以供有的客人加糖搅拌用）。

2. 冰奶服务

牛奶等乳品饮料大多为冰凉时饮用。把消毒过的奶放在4℃以下的冷藏柜中保藏。另外，牛奶等乳品饮料很易吸收异味，在冷藏时应包装好，并尽可能使用容器。饮用时，另送上冰水1杯，以便清洁口腔之用。

3. 酸奶服务

不宜加热喝乳酸菌饮料。乳酸菌饮料中的活性乳酸菌经过加热煮沸后，有益菌被杀死，营养价值大大降低。酸奶等乳酸菌饮料等在低温下饮用风味最佳，配上吸管2支。

六、冷冻饮品的服务

（1）根据消费者的需求选择合适的品种。

（2）注意冷冻饮品饮用温度。

（3）推荐适时适量饮用。

（4）注意产品的保质期。

七、其他饮料的服务

（1）根据客人的意愿，选择推荐恰当的饮料。

（2）选择合适的杯具。不含气其他饮料可直接利用玻璃水杯，含气其他饮料可选择郁金香槟杯，以观赏其晶莹活跃的气泡。

（3）瓶装其他饮料应当客人面打开，倒入杯中。

（4）注意产品的保质期。

第六章　茶类饮品

1. 绿茶

下投绿茶泡茶法

原料配方:绿茶 3 克,热水 220 毫升(温度 85℃)。

制作工具或设备:透明玻璃杯,茶匙。

制作过程:

(1)温杯,投入 3 克绿茶茶叶,加入少许适温热水。

(2)拿起玻璃杯,徐徐摇动使茶叶完全濡湿,并让茶叶自然舒展。

(3)待茶叶稍为舒展后,加入八分满热水。

(4)等待茶叶溶出茶汤即可饮用。

风味特点:色泽碧绿,口味清新。

中投绿茶泡茶法

原料配方:绿茶 3 克,热水 220 毫升(温度 85℃)。

制作工具或设备:透明玻璃杯,茶匙。

制作过程:

(1)先置入适温热水约 1/3 杯,投入 3 克绿茶茶叶,静待绿茶茶叶慢慢舒展。

(2)待绿茶茶叶舒展后,加八分满热水。

(3)绿茶茶叶完全下沉后即可饮用。

风味特点:色泽碧绿,口味清新。

上投绿茶泡茶法

原料配方:绿茶 3 克,热水 220 毫升(温度 85℃)。

制作工具或设备:透明玻璃杯,茶匙。

制作过程:

(1)先置入适量热水,投入 3 克绿茶茶叶。

(2)绿茶茶叶在杯中逐渐伸展,上下沉浮,汤明色绿。

(3)欣赏绿茶茶叶起浮及舒展的过程。

(4)待绿茶茶叶完全下沉后即可品饮。

风味特点:色泽碧绿,口味清新。

2. 红茶

原料配方:红茶 3 克,开水 220 毫升。

制作工具或设备:透明玻璃杯,透明茶壶(带滤网),茶匙。

制作过程:

(1)可以根据人数的多少确定茶叶的用量(约 1 克/人),将茶叶放入透明茶壶的滤网内。

(2)把滤网放入茶壶中,冲入开水。

(3)静置 5 分钟后,轻轻摇晃茶壶,之后倒出茶汤至玻璃杯中即可饮用。

风味特点:色泽嫣红,口味熟甜。

3. 乌龙茶(功夫茶泡法)

原料配方:乌龙茶 10~15 克,开水 1000 毫升。

制作工具或设备:宜兴紫砂壶 1 对,龙凤杯(闻香杯、品茗杯)1 套,茶荷 1 个,茶匙 1 个,茶盘 1 个,茶巾 2 条。

制作过程:

(1)展示茶具、说明茶叶特点。

(2)大彬沐淋、乌龙入宫。意为用开水浇烫茶壶,暖壶之后放入乌龙茶。

(3)高山流水、春风拂面。将开水壶提高,向紫砂壶内冲水,使壶内的茶叶随水浪翻滚,起到开水洗茶的作用,后用壶盖轻轻地刮去表面泛起的白色泡沫,取意春风拂面。

(4)乌龙入海、重洗仙颜。头一泡冲出的茶汤我们一般不喝,直接注入茶海,从茶口流向茶海好像蛟龙入海,所以称之为“乌龙入海”。“重洗仙颜”是将开水注满紫砂壶,而且加盖后再用开水浇淋壶的外部,这样有利于茶香的散发。

(5)玉液移壶、再注甘露。冲泡功夫茶要备有 1 对壶(母壶、子壶),把母壶中泡好的茶水注入子壶称之“移壶”。母壶中的茶水倒干净后,乘着壶热再冲入开水,称之为“再注甘露”。

(6)祥龙行雨、凤凰点头。将子壶中的茶汤快速而均匀地依次注入闻香杯中,称之为“祥龙行雨”,吉祥之意。当子壶中的茶汤所剩不多时,则应将快速斟茶改为点斟,称为“凤凰点头”。

(7)龙凤吉祥、鲤鱼翻身。闻香杯倒满后,将描有龙的品茗杯倒扣过来,盖在描有凤的闻香杯上,称为“龙凤吉祥”。把扣合的杯子翻转过来,称之“鲤鱼翻身”。

(8)捧杯敬茶、众手传盅。捧杯敬茶是茶艺师用双手把龙凤杯捧到齐眉高,客多,茶由茶艺师传送给右侧第一位客人,客人依次将茶传给下一位客人,直到传到坐在离茶艺师最远的一位客人,然后再从左侧同样依次传茶,为“众手传盅”,可使在座的宾主们心贴得更紧,气氛更融洽。

(9)三龙护鼎。是请客人用拇指、食指扶杯,用中指托住杯底的姿势来端杯品茶,这样拿杯既稳当又雅观,三根指头喻为三龙,茶杯位鼎。

(10)三闻三品。一闻茶香的纯度,看是否高香辛锐无异味;二闻,细细地对比,看看那清幽、淡雅、甜润、悠远茶香是否比单纯的兰花之香更胜一筹;三闻,在于鉴定茶香的持久性。一品泡茶的火功水平,是“老火”还是“生青”;二品茶汤的滋味,看茶汤过喉是鲜爽、甘醇,还是生涩、平淡;三品茶叶所特有的“香、清、甘、活”的美妙岩韵。

风味特点:香、清、甘、活。

4. 白茶

原料配方:白茶 3 ~5 克,开水 150 毫升。

制作工具或设备:茶壶,茶杯,茶匙。

制作过程:

(1)用茶匙取 3 ~5 克白茶于茶壶中,用 150 毫升开水冲泡。

(2)轻轻摇晃茶壶,静置 2 分钟后,倒出茶汤于茶杯中即可饮用。

风味特点:色泽微黄,口味新鲜。

5. 黄茶

原料配方:黄茶 3 ~5 克,开水 150 毫升。

制作工具或设备:茶盘,盖碗,茶匙。

制作过程:

(1)按顺时针方向将碗盖掀开放好,然后用茶匙置茶样于盖碗中,以盖碗容量决定茶样量,每50毫升容量用茶1克。

(2)开水凉至90~95℃,先用回转冲泡法按逆时针顺序向每个碗中冲入1/4~1/3的水量,紧接着用“凤凰三点头”冲水至碗的敞口下限,按开盖的顺序将盖盖上,静置2~3分钟。

(3)品饮。

风味特点:黄叶黄汤,口味新鲜。

6. 黑茶

原料配方:黑茶3~5克,开水150毫升。

制作工具或设备:茶壶,茶匙,透明玻璃杯。

制作过程:

(1)置茶量约占茶壶的1/2或1/3,开水冲泡。

(2)浸泡时间30秒至1分钟即可倒入杯中饮用,第二泡起每泡累加20秒,可冲泡4~5次。

风味特点:红、浓、醇、陈。

7. 紧压茶

原料配方:茶砖1块,水1500毫升。

制作工具或设备:研钵,煮锅,茶匙,透明玻璃杯。

制作过程:

(1)先将茶砖捣碎放入锅内,加水1500毫升烹煮。

(2)在烹煮过程中,还要不断搅拌,以使茶汁充分浸出。

(3)煮好后倒入茶壶,再倒入杯中饮用。

风味特点:色泽油黑,汤色橙黄,叶底黄褐,香味醇厚,具有松烟香。

8. 花茶

原料配方:花茶2~3克,开水150毫升。

制作工具或设备:透明玻璃带盖茶杯,茶匙。

制作过程:

(1)取花茶2~3克入茶杯。

(2)用开水稍凉至90℃左右冲泡,随即加上杯盖,以防香气散失。

(3)透过玻璃杯壁观察茶在水中上下飘舞、沉浮,以及茶叶徐徐开展、复原叶形、渗出茶汁汤色的变幻过程。

(4)冲泡3分钟后,品饮。

风味特点:具有主体茶叶的香味和花香。

9. 速溶茶

原料配方:速溶茶1小袋,开水150毫升。

制作工具或设备:透明玻璃茶杯,茶匙。

制作过程:

(1)将速溶茶茶袋入杯。

(2)用开水稍凉至90℃左右冲泡。

(3)冲泡3分钟后,品饮。

风味特点:具有主体茶叶的茶色和香味。

10. 麦芽茶

原料配方:麦芽10克,绿茶1克,水1500毫升。

制作工具或设备:煮锅,透明玻璃带盖茶杯,茶匙。

制作过程:

(1)麦芽(中药店有成货)用水快速洗净,倒入锅中,加水1500毫升,用中火烧沸。

(2)立即冲入预先放好茶叶的杯中,加盖,5分钟后可饮。

风味特点:具有麦香和茶香。

11. 豆乳茶

原料配方:豆乳500毫升,抹茶5毫升,开水25毫升,砂糖50克。

制作工具或设备:透明玻璃茶杯,茶匙。

制作过程:

(1)将抹茶和砂糖混合放入杯中,注入开水后,用茶匙搅拌。

(2)然后将豆乳加温后,注入。

(3)分装到玻璃杯中搅拌均匀,即可饮用。

风味特点:色泽微绿,充满豆香味。

12. 泡沫绿茶

原料配方:绿茶水 250 毫升,冰块 5 块,果糖糖浆 10 克。

制作工具或设备:透明玻璃茶杯,雪克杯,冰夹。

制作过程:

(1)在雪克杯中放入冰块,加绿茶水至八分满,再加入果糖糖浆。

(2)双手急速晃动摇匀。

(3)倒入透明玻璃茶杯中即可。

风味特点:色泽浅绿,泡沫细腻。

13. 苹果红茶

原料配方:苹果 1 只,红茶速溶袋泡茶 1 包,开水 350 毫升,冰糖 25 克。

制作工具或设备:透明玻璃茶杯,玻璃茶壶,水果刀,砧板。

制作过程:

(1)苹果洗净先切成 2 ~ 3 毫米片,再用水果刀切成三角形片。

(2)将红茶速溶袋泡茶茶袋与苹果片同时放入壶中,加入冰糖,用开水闷香。

(3)将红茶汁倒入透明玻璃茶杯中即可品饮。

风味特点:色泽淡红,口味甜香。

14. 牛奶红茶

原料配方:立顿红茶袋 1 包,开水 100 毫升,牛奶 150 毫升,冰块 5 块,果糖糖浆 10 克。

制作工具或设备:茶壶(带滤网),透明玻璃茶杯,雪克杯,冰夹。

制作过程:

(1)将红茶袋放入茶壶,用开水冲泡,过滤出茶汤备用。

(2)在雪克杯中放入冰块,加红茶汤和牛奶,再加入果糖糖浆。

(3)双手急速晃动摇匀,倒入透明玻璃茶杯中即可。

风味特点:色泽混红,口感细腻。

15. 牛奶绿茶

原料配方:绿茶 3 克,甜炼乳 20 毫升,开水 250 毫升。

制作工具或设备:透明玻璃茶杯。

制作过程：

(1)将绿茶置杯中，注入开水150毫升冲泡，待茶叶下沉时，将茶汁注入另一杯中。在剩余茶叶中，再冲入50毫升开水，如此重复2次，共得茶汁220毫升左右。

(2)在茶汁中加进甜炼乳，搅匀后即可。如将奶茶冻凉后饮用，味道更佳。

风味特点：色泽奶黄，鲜甜可口。

16. 干果奶茶

原料配方：袋泡红茶2袋，枸杞子8粒，葡萄干5克，牛奶220毫升，开水适量。

制作工具或设备：茶壶(带滤网)，透明玻璃茶杯。

制作过程：

(1)将枸杞子和葡萄干洗净备用。

(2)将红茶、枸杞子、葡萄干放入茶壶，用开水冲泡5分钟。

(3)茶汤滤入杯中，加入牛奶调匀即成。

风味特点：色泽茶褐，口味微甜。

17. 柠檬奶茶

原料配方：袋泡红茶1包，开水250毫升，炼乳50毫升，蜂蜜25克，柠檬2片，冰块8块。

制作工具或设备：茶壶(带滤网)，透明玻璃茶杯，吧匙。

制作过程：

(1)将袋泡红茶放入茶壶，用开水冲泡。

(2)2分钟后将茶汁滤入杯中，加入炼乳、蜂蜜调匀。

(3)放入柠檬片、冰块即成。

风味特点：色泽浅褐，具有柠檬的清香。

18. 珍珠奶茶

原料配方：砂糖15克，炼乳25克，红茶3克，蜂蜜10克，黑珍珠50克，开水250毫升，清水适量。

制作工具或设备：茶壶(带滤网)，煮锅，透明玻璃茶杯，吧匙，雪克壶。

制作过程:

(1)煮珍珠。锅中放入清水,水沸腾后,珍珠下锅,煮制15分钟左右。平均3~5分钟翻搅一次粉圆,以免黏在锅底;而且要保持汤本身的清澈度,随时加水,以免煮不熟粉圆。

(2)焖珍珠。等粉圆首次浮上来才可转为中小火,盖上锅盖,焖制5分钟。然后取出沥干,用蜂蜜或糖浆拌匀防止珍珠黏在一起。

(3)泡茶。红茶3克放入茶壶,用开水冲泡,待茶叶下沉后滤出茶汁备用。

(4)摇匀。将茶汁、砂糖、炼乳等放入雪克壶中,用双手持壶摇匀。

(5)成品。将摇匀的奶茶倒入透明玻璃茶杯中,放珍珠于杯中即可。

风味特点:色泽浅褐,口味奶香,珍珠口感软糯而富有弹性。

19. 麦香珍珠奶茶

原料配方:袋泡红茶1包,开水220毫升,麦芽粉10克,特调奶精粉5克,蜂蜜25毫升,冰块10块,煮透的黑珍珠粉圆30克。

制作工具或设备:茶壶(带滤网),透明玻璃茶杯,吧匙,雪克壶。

制作过程:

(1)将袋泡红茶放入茶壶中,用开水冲泡。

(2)2分钟后茶汁滤入雪克壶中,加入麦芽粉、特调奶精粉、蜂蜜调匀。

(3)加上冰块,充分摇匀后倒入放有珍珠粉圆的杯中。

(4)在杯口装饰即可。

风味特点:色泽浅褐,具有麦芽的清香。

20. 香芋珍珠冰奶茶

原料配方:绿茶汁200毫升,蜂蜜30毫升,香芋粉8克,炼乳25克,煮透的黑珍珠粉圆30克,冰块10块。

制作工具或设备:透明玻璃茶杯,吧匙,雪克壶。

制作过程:

(1)将冰块倒入雪克壶中至八分满。

(2)把蜂蜜、香芋粉、炼乳、绿茶汁一同加入雪克壶。

(3)单手或双手用力摇匀,最后倒入放有珍珠粉圆的杯中。

风味特点:色泽浅褐,具有香芋的清香和珍珠的软糯柔韧。

21. 生姜奶茶

原料配方:袋泡红茶1包,生姜5片,开水250毫升,牛奶250毫升,红糖或蜂蜜25克。

制作工具或设备:透明玻璃茶壶,透明玻璃茶杯,吧匙。

制作过程:

(1)将袋泡红茶放入壶中,加上生姜片冲泡。

(2)茶叶泡开了之后,加入温牛奶用吧匙搅拌均匀。

(3)加入红糖或蜂蜜调味。

(4)注入预先温热的茶杯中,并切宽1~2毫米的生姜片装饰茶杯,即可。

风味特点:奶香袭人,姜味浓郁。

22. 多味红茶

原料配方:袋泡红茶1包,开水220毫升,橘汁15毫升,白砂糖50克,橘瓣3片,柠檬汁15毫升,冰块10块,薄荷叶3片。

制作工具或设备:透明玻璃茶壶(带滤网),透明玻璃茶杯,吧匙。

制作过程:

(1)将红茶放入茶壶,加开水泡制,滤出红茶汁至茶杯中。

(2)红茶汁杯中加入橘汁、柠檬汁、白砂糖,用吧匙搅拌均匀。

(3)另取茶杯加入冰块,然后注入红茶汁,放入薄荷叶、橘瓣,即可。

风味特点:色泽红褐,多味提神。

23. 丝袜奶茶

原料配方:锡兰红茶30克,开水650ml,淡奶200克,白糖40克。

制作工具或设备:茶壶,茶杯,吧匙,特制尼龙网。

制作过程:

(1)先把锡兰红茶放入尼龙网内,放入装有开水的茶壶中固定位置上。

(2)把茶叶焖在茶壶内数分钟(称为焗茶)。

(3)然后把茶倒入另一茶壶内,来回倒数次(称为撞茶)。

(4)最后倒入放有淡奶和白糖的杯内即可。

风味特点:色泽饱满,味香浓郁,口感幽滑。

注:港式丝袜奶茶:淡奶、茶汤的比例一般为1∶3(视口味可调节比例)例如:50ml 奶 + 茶汤 150ml + 糖 10g(通常 200ml 的奶茶加 10g 左右的糖)。

24. 俄罗斯红茶

原料配方:红茶 3 克,草莓酱 15 克,开水 250 毫升。

制作工具或设备:透明玻璃茶壶(带滤网),透明玻璃茶杯,吧匙。

制作过程:

(1)将红茶放入壶中,冲入开水 250 毫升,盖上盖闷 3 分钟,红茶汁滤入杯中。

(2)杯中加入草莓酱用吧匙调匀(草莓酱视个人口味而定)即可。

风味特点:色泽红艳,提神解渴。

25. 荷兰热红茶

原料配方:红茶 3 克,白砂糖 15 克,薄荷蜜 10 毫升,开水 220 毫升,薄荷绿叶 2 片。

制作工具或设备:透明玻璃茶壶(带滤网),透明玻璃茶杯,吧匙,热水瓶。

制作过程:

(1)将红茶放入壶中,冲入开水 220 毫升,盖上盖闷 3 分钟,将红茶汁滤入杯中。

(2)在红茶汁中加入白砂糖和薄荷蜜搅拌均匀。

(3)放入薄荷绿叶浮在上面,以增加凉爽感。

风味特点:红茶液面上浮着绿叶,散发出清凉的薄荷香味。

26. 水晶红茶

原料配方:红茶 5 克,盐 0.5 克,开水 280 毫升,小冰块适量。

制作工具或设备:煮锅,透明玻璃茶壶,滤网,透明玻璃茶杯,吧匙,冰夹。

制作过程:

(1)锅中加入红茶5克,开水280毫升,在火上煮2~3分钟,改用小火保温10分钟。

(2)将红茶汁滤入茶壶,加入盐搅拌均匀后,放入冰箱中冷藏。

(3)先在玻璃杯中放满小冰块,再冲入红茶汁,至六分满即可。

风味特点:水晶红茶最大的特点是冰多茶少,加入的红茶汁应该控制在只淹及冰的一半高度。在灯光的影射下,红茶中的冰块如水晶般折射出五彩光晕。

27. 果汁奶茶

原料配方:红(绿)茶汁250毫升,果汁15毫升,奶精5克,冰块10块。

制作工具或设备:透明玻璃茶杯,雪克壶,冰夹。

制作过程:

(1)雪克壶中放入冰块,加入果汁、奶精和红(绿)茶汁。

(2)急速晃动雪克壶20次,倒入玻璃杯中即成。

风味特点:色泽淡雅,口味清爽。

28. 冰红茶

原料配方:红茶3克,白砂糖15克,开水250毫升,冰块10块。

制作工具或设备:茶壶(带滤网),透明玻璃茶杯,吧匙,冰夹。

制作过程:

(1)茶壶中放入红茶3克,用开水冲泡,3~5分钟后,滤出红茶汁,备用。

(2)将冰块加入杯中达八分满,徐徐加入红茶汁,再视各人爱好加糖或蜂蜜等用吧匙搅拌均匀。

风味特点:色泽浅红,口味微甜。

29. 茶冻

原料配方:红(绿)茶汁1000毫升,白砂糖150克,果胶粉8克,纯净水200毫升。

制作工具或设备:小茶杯,吧匙,煮锅。

制作过程:

(1)把白砂糖和果胶粉混匀,加纯净水拌和,再用文火加热,不断搅拌至沸腾。再把茶汁倒入果胶溶液中,混合倒入小茶杯。

(2)冷凝后放入冰箱中,随需随取随食。

风味特点:清澈透明,口感清凉。

30. 肉桂红茶

原料配方:红茶 3 克,开水 250 毫升,砂糖 15 克,肉桂棒 1 根。

制作工具或设备:透明玻璃茶杯,吧匙,茶壶(带滤网)。

制作过程:

(1)在茶壶中加入 3 克茶叶。

(2)冲入开水,盖上盖子。

(3)在准备好的透明玻璃茶杯中加入糖。

(4)5 分钟后,将红茶汁滤入茶杯内,再在杯中放一根肉桂棒即可。

风味特点:色泽浅红,具有肉桂的香味。

31. 奶粉柠檬红茶

原料配方:红茶 3 克,开水 250 毫升,砂糖 15 克,奶粉 15 克,柠檬 1 片。

制作工具或设备:透明玻璃茶杯,吧匙,茶壶(带滤网)。

制作过程:

(1)在茶壶中加入适量红茶叶。

(2)冲入开水,盖上盖子。

(3)在准备好的茶杯中加入糖和奶粉。

(4)5 分钟后,将红茶汁滤入茶杯内,用吧匙搅均匀。

(5)在茶中用柠檬片挤入几滴柠檬汁。

风味特点:色泽红褐,具有柠檬的清香。

32. 盐茶

原料配方:食盐 5 克,绿茶 10 克,开水 1000 毫升。

制作工具或设备:透明玻璃茶杯,吧匙,茶壶。

制作过程:

(1)在茶壶中加入适量绿茶叶。

(2)加入开水冲泡。

(3)加入食盐,待盐溶解后,倒入杯中即可饮用。

风味特点:色泽碧绿,解渴生津。

33. 杞菊绿茶

原料配方:绿茶 5 克,药用白菊 5 克,枸杞子 10 克,开水 350 毫升,白糖 5 克。

制作工具或设备:透明玻璃茶杯,吧匙,茶壶。

制作过程:

(1)在茶壶中加入绿茶叶、药用白菊、枸杞子。

(2)加入开水冲泡,加入适量白糖,搅拌均匀。

(3)5 分钟后,倒入杯中即可饮用。

风味特点:色泽和谐,清火明目。

34. 三花茶

原料配方:花茶 3 克,药用白菊花 6 克,金银花 9 克,开水 350 毫升。

制作工具或设备:透明玻璃茶杯,吧匙,茶壶。

制作过程:

(1)在茶壶中加入花茶、药用白菊花、金银花。

(2)加入开水冲泡,加入适量白糖,搅拌均匀。

(3)5 分钟后,倒入杯中即可饮用。

风味特点:色泽浅绿,三花相映,香气谐调。

35. 水果茶

原料配方:水蜜桃丁 25 克,橘子丁 25 克,苹果丁 25 克,凤梨丁 25 克,红茶 5 克,开水 1000 毫升,冰糖 15 克。

制作工具或设备:茶壶,透明玻璃茶杯,吧匙。

制作过程:

(1)在茶壶中放入水蜜桃丁、橘子丁、苹果丁、凤梨丁和冰糖,加入开水,煮沸。

(2)放入茶叶,离火 5 分钟后,倒入茶杯即可饮用。

风味特点:色泽浅红,具有各种水果的香味。

36. 橘茶

原料配方:袋泡红茶1包,柠檬10克,橘瓣25克,柳橙汁25克,开水250毫升,砂糖15克。

制作工具或设备:茶壶(带滤网),透明玻璃茶杯,吧匙。

制作过程:

(1)将袋泡红茶放入茶壶用开水冲泡。

(2)5分钟后,滤出茶汁,倒入透明玻璃茶杯中。

(3)加入柳橙汁、橘瓣、柠檬汁和砂糖搅拌均匀即可。

风味特点:色泽鲜艳,金橘口味。

37. 桂花奶茶

原料配方:干桂花2克,红茶包1个,糖15克,牛奶25克,开水220毫升。

制作工具或设备:茶壶,透明玻璃茶杯,吧匙。

制作过程:

(1)在茶壶中加入红茶包、干桂花,加入开水冲泡。

(2)泡开后,倒入茶杯加入糖、牛奶拌匀即可。

风味特点:色泽浅褐,具有桂花的香味。

38. 不列颠冰茶

原料配方:红茶包2个,开水250毫升,冰块10块,柳橙果酱25克。

制作工具或设备:茶壶(带滤网),雪克壶,透明玻璃茶杯,吧匙。

制作过程:

(1)茶壶内放入红茶包,用开水冲泡。

(2)3~5分钟后,滤出晾凉备用。

(3)雪克壶中放入冰块,加入泡好的红茶、柳橙果酱用力摇匀。

(4)滤出倒入透明玻璃茶杯中。

风味特点:色泽艳丽,清新爽口。

39. 巧克力奶茶

原料配方:红茶汁150毫升,巧克力酱25克,冰块10块,奶粉15克,彩色碎巧克力10克,裱花奶油25克,方糖1块。

制作工具或设备:雪克壶,透明玻璃茶杯,吧匙。

制作过程:

(1)在雪克壶中加入红茶汁、巧克力酱、冰块、奶粉、方糖等,大力用单手或双手摇匀。

(2)打开壶盖滤入透明玻璃茶杯中,表面挤上裱花奶油,再撒上彩色碎巧克力装饰即可。

风味特点:色泽浅褐,巧克力口味,装饰别致。

40. 夏威夷蜜茶

原料配方:红茶汁 150 毫升,冰块 10 块,凤梨汁 25 毫升,蜂蜜 15 克,香橙冰淇淋 1 球。

制作工具或设备:雪克壶,透明玻璃茶杯,吧匙。

制作过程:

(1)香橙冰淇淋球搅溶。

(2)在雪克壶中加入红茶汁、冰块、凤梨汁、蜂蜜、香橙冰淇淋,大力用单手或双手摇匀。

(3)打开壶盖滤入透明玻璃茶杯中,即可。

风味特点:色泽浅褐,口味清凉。

41. 杂果茶

原料配方:红茶汁 150 毫升,冰块 10 块,凤梨汁 25 毫升,草莓汁 15 毫升,橙汁 15 毫升,柠檬汁 10 毫升,桂圆 15 克,杂果丁 25 克,糖水 50 毫升。

制作工具或设备:雪克壶,透明玻璃茶杯,吧匙。

制作过程:

(1)在雪克壶中加入红茶汁、冰块、凤梨汁、草莓汁、橙汁、柠檬汁、糖水等,大力用单手或双手摇匀。

(2)打开壶盖滤入透明玻璃茶杯中,加入桂圆和杂果丁即可。

风味特点:色泽鲜艳,水果风味。

42. 蜂蜜柠檬绿茶

原料配方:柠檬汁 15 毫升,绿茶 200 毫升,蜂蜜 15 毫升,开水适量。

制作工具或设备:茶壶(带滤网),透明玻璃茶杯,吧匙。

制作过程:

(1)绿茶用开水冲泡,放置10分钟左右,待绿茶泡出味道和颜色后,将茶叶过滤掉取汁。

(2)等茶温凉之后,加入柠檬汁和蜂蜜,搅拌均匀。

(3)直接饮用或放冰箱冷藏后加冰块饮用。

风味特点:色泽浅绿,具有绿茶和柠檬的清香。

43. 糯米珍珠奶茶

原料配方:立顿红茶1包,牛奶220毫升,糯米圆子25克,蜂蜜15克,白砂糖10克,开水适量。

制作工具或设备:煮锅,茶壶,透明玻璃茶杯,吧匙。

制作过程:

(1)将糯米圆子放入煮锅,加入开水煮熟,立即放入蜂蜜中,让糯米圆子变得光滑圆润。

(2)将立顿红茶放入茶壶,用较少的开水泡开,泡得浓一点。

(3)把加热过的牛奶倒入红茶,加入白砂糖拌匀。

(4)透明玻璃茶杯放入煮好的糯米圆子,滤入牛奶红茶即可。

风味特点:奶香浓郁,茶味鲜醇。

44. 姜汁红枣茶

原料配方:红茶3克,红枣15颗,生姜10克,纯净水350毫升。

制作工具或设备:煮锅,透明玻璃茶杯,吧匙。

制作过程:

(1)将红枣洗净泡软,生姜切薄片备用。

(2)煮锅内放入纯净水,加入红枣、生姜烧开后再煮5~10分钟,加入红茶泡制3分钟,装杯即可。

风味特点:色泽浅红,祛风散寒。

45. 普洱玫瑰奶茶

原料配方:普洱茶3克,开水350毫升,玫瑰花蕾3朵,牛奶150毫升,盐0.5克,糖10克。

制作工具或设备:煮锅,透明玻璃茶杯,吧匙。

制作过程:

(1)取普洱茶适量,装入茶包。

(2)放入煮锅中,注入开水。

(3)加入适量玫瑰花蕾,放在火上再次烧开。

(4)加入牛奶煮开,转小火,加适量糖和盐,再煮2~3分钟,倒入杯中即可。

风味特点:茶味爽口,具有玫瑰的甜香味。

46.冷热鸳鸯奶茶

原料配方:袋泡红茶1包,红糖20克,爱玉粉5克,纯净水500毫升,三花淡奶100毫升,速溶咖啡粉10克,砂糖10克,开水300毫升。

制作工具或设备:煮锅,玻璃碗,透明玻璃茶杯,吧匙。

制作过程:

(1)锅内倒入500毫升纯净水煮滚,放入红糖煮化后加入爱玉粉煮沸腾后熄火倒入玻璃碗内放凉凝固,然后切成小碎条备用。

(2)在等待凝固的时候制作奶茶。先将红茶包放入杯子内冲入150毫升开水冲泡10分钟后取出茶包,倒入100毫升淡奶调匀成奶茶。

(3)将速溶咖啡倒入另一杯子,冲入余下的150毫升开水调匀,然后将咖啡倒入奶茶中,再加入砂糖充分调匀。

(4)最后将之前做好的爱玉小碎条放入奶茶中就做好了。

风味特点:色泽红褐,冷热交错,香气谐调。

47.什锦水果红茶

原料配方:红茶包1包,苹果25克,梨25克,橙25克,苹果25克,奇异果25克,蜂蜜10克,浓缩橙汁10克,开水适量。

制作工具或设备:茶壶,透明玻璃茶杯,吧匙。

制作过程:

(1)将所有水果洗净(奇异果去皮,其他不用去皮)、切块或者薄片备用。

(2)取一茶壶,放入茶包及水果,接着注入一壶开水冲泡,闷约5分钟让果香、茶香渗出之后,稍凉一点加蜂蜜和橙汁调味,倒入杯中即可。

风味特点:色泽鲜艳,果香茶香横溢。

48. 木瓜绿茶

原料配方:绿茶3克,木瓜75克,牛奶15克,砂糖10克,开水220毫升,冰块6块。

制作工具或设备:茶壶(带滤网),透明玻璃茶杯,吧匙,粉碎机。

制作过程:

(1)绿茶放入茶壶,加入开水冲泡;木瓜去皮去籽切成丁备用。

(2)3~5分钟后将绿茶汁滤出,晾凉备用。

(3)将绿茶汁、木瓜丁、牛奶和砂糖一起放入粉碎机中搅打成汁。

(4)透明玻璃茶杯中放入冰块,滤入绿茶木瓜汁即可。

风味特点:色泽浅绿,味道幽雅。

49. 桑菊茶

原料配方:绿茶3克,菊花5克,桑叶3克,开水350毫升。

制作工具或设备:茶壶,透明玻璃茶杯,吧匙。

制作过程:

(1)将桑叶洗净备用。

(2)将绿茶、菊花、桑叶等放入茶壶中,注入开水冲泡,3~5分钟后,倒入杯中即可饮用。

风味特点:色泽浅绿,润肺止咳。

50. 红豆相思茶

原料配方:红茶汁120毫升,红豆汤120毫升,炼乳15克,砂糖15克,冰块8块。

制作工具或设备:雪克壶,透明玻璃茶杯,吧匙。

制作过程:

(1)在雪克壶中加入红茶汁、红豆汤、炼乳、砂糖、冰块等。

(2)用单手或双手持壶大力摇匀后,倒入透明玻璃茶杯中即可。

风味特点:奶香浓郁,茶味清香。

51. 柠檬蜂蜜冷红茶

原料配方:红茶3克,开水220毫升,鸡蛋1个,蜂蜜20克,白砂糖25克,柠檬汁20毫升,冰块8块。

制作工具或设备:茶壶(带滤网),雪克壶,透明玻璃茶杯,吧匙,打蛋器。

制作过程:

(1)将红茶放入茶壶,注入开水冲泡3分钟后,滤出红茶汁备用。

(2)将蛋黄和蛋清分开,将蛋黄、红茶汁、柠檬汁、蜂蜜、冰块等放入雪克壶中,用单手或双手持壶大力摇匀后,倒入透明玻璃茶杯中。

(3)另将蛋清和白砂糖一起搅打成奶油状,注入红茶混合液中,插上吸管供饮用。

风味特点:口味清爽,提神强身。

52. 首乌松针茶

原料配方:乌龙茶3克,制首乌1克,松针10克,砂糖5克,纯净水适量。

制作工具或设备:煮锅,透明玻璃茶杯,吧匙。

制作过程:

(1)将制首乌、松针洗净,加纯净水煮沸10~15分钟,去渣取汁。

(2)趁沸加入乌龙茶,泡5分钟,倒入杯中即成。

风味特点:色泽浅黄,扶正祛邪。

53. 莲子茶

原料配方:莲子30克,冰糖20克,茶叶5克,纯净水750毫升,开水适量。

制作工具或设备:煮锅,茶壶,透明玻璃茶杯,吧匙。

制作过程:

(1)将带芯莲子用开水浸泡数小时后,放入煮锅加冰糖和纯净水炖烂,莲子汤倒入杯中。

(2)茶叶放入茶壶用开水冲泡5分钟后,将茶汁拌入莲子汤内即成。

风味特点:色泽浅黄,口味爽甜。

54. 粳米茶

原料配方:粳米25克,绿茶3克,纯净水1000毫升。

制作工具或设备:煮锅,茶壶,滤网,透明玻璃茶杯,吧匙。

制作过程:

(1)将粳米加纯净水放入煮锅煮熟,滤出米汤。

(2)绿茶放入壶中,用米汤趁热冲泡,5 分钟后倒入杯中即成。

风味特点:色泽浅绿,生津止渴,健胃利尿,消热解毒。

55. 核桃茶

原料配方:核桃仁 15 克,绿茶 2 克,白糖 25 克,开水适量。

制作工具或设备:透明玻璃茶杯,吧匙,粉碎机。

制作过程:

(1)将核桃仁用粉碎机磨碎,与绿茶一起放入杯中。

(2)用开水冲泡 5 分钟拌匀即成。

风味特点:补肾强腰,口味清香。

56. 黄芪茶

原料配方:黄芪 5 克,红茶 2 克,开水 350 毫升。

制作工具或设备:煮锅,透明玻璃茶杯,吧匙。

制作过程:

(1)将黄芪加开水,再煎沸 5 分钟。

(2)趁热加入红茶拌匀,倒入杯中即成。

风味特点:色泽浅黄,固表止汗。

57. 饴糖茶

原料配方:红茶 2 克,饴糖 15 克,开水 350 毫升。

制作工具或设备:茶壶,透明玻璃茶杯,吧匙。

制作过程:

(1)茶壶中放入 2 克红茶,用开水冲泡 5 分钟后去渣取汁。

(2)杯中放入饴糖,用开水拌匀溶解,倒入茶汁即成。

风味特点:色泽浅黄,健胃润肺,滋养强壮。

58. 党参茶

原料配方:党参 5 克,红茶 2 克,蜂蜜 15 克,开水 350 毫升。

制作工具或设备:茶壶,透明玻璃茶杯,吧匙。

制作过程:

(1)将党参切薄片,加上蜂蜜拌匀。

(2)壶中放入红茶、党参片,用开水冲泡 5 分钟,倒入杯中即成。

风味特点:色泽浅黄,健胃祛痰,益气补血。

59. 大枣生姜茶

原料配方:大枣 25 克,生姜 10 克,红茶 2 克,开水 350 毫升,蜂蜜适量。

制作工具或设备:煮锅,炒锅,透明玻璃茶杯,吧匙。

制作过程:

(1)将大枣加水煮熟晾干。

(2)生姜切片炒干,加入蜂蜜炒至微黄。

(3)再将大枣、生姜和红茶叶放入杯中,用开水冲泡 5 分钟即成。

风味特点:色泽浅黄,健脾补血,具有生姜的特殊味道。

60. 红枣茶

原料配方:红枣 10 枚,红茶 5 克,纯净水 350 毫升,白糖共 10 克,开水适量。

制作工具或设备:煮锅,透明玻璃茶杯,吧匙。

制作过程:

(1)将红枣洗净,放入煮锅加入纯净水,煎煮至红枣熟。

(2)茶叶用开水冲泡 5 分钟后去渣取汁,将茶叶倒入红枣汤内煮沸即成。

风味特点:色泽红艳,健脾和胃,口味甜美。

61. 绿梅茶

原料配方:绿茶 3 克,绿萼梅 5 克,开水 350 毫升。

制作工具或设备:茶壶,透明玻璃茶杯,吧匙。

制作过程:

(1)将绿萼梅洗净,备用。

(2)将绿萼梅、绿茶放入茶壶冲入开水浸泡,倒入杯中即可。

风味特点:色泽浅绿,疏肝理气,具有绿梅的清香。

62. 橘花茶

原料配方:袋泡红茶 1 包,橘花 5 克,开水 350 毫升,砂糖 15 克。

制作工具或设备:茶壶,透明玻璃茶杯,吧匙。

制作过程:

(1)将橘花洗净,备用。

(2)将橘花与袋泡红茶、砂糖一起放入茶壶,开水冲泡即可。

风味特点:色泽浅红,具有橘花的清香。

63. 三宝茶

原料配方:普洱茶 3 克,菊花 3 克,罗汉果 3 克,开水 250 毫升。

制作工具或设备:茶壶,透明玻璃茶杯,吧匙。

制作过程:

(1)将菊花洗净,罗汉果去壳取肉备用。

(2)将普洱茶与菊花、罗汉果肉等放入茶壶,用开水泡制 10 分钟后饮用。

风味特点:清新爽口,消脂减肥。

64. 菊槐绿茶

原料配方:绿茶 3 克,菊花 3 克,槐花 3 克,开水 350 毫升。

制作工具或设备:茶壶,透明玻璃茶杯,吧匙。

制作过程:

(1)将菊花和槐花洗净,与绿茶混合。

(2)放入茶壶用开水冲泡,3 ~5 分钟后饮用。

风味特点:色泽浅绿,具有槐花的清香。

65. 三生茶

原料配方:生茶叶 3 克,生米 5 克,生姜 3 克,开水 350 毫升。

制作工具或设备:研钵,透明玻璃茶杯,吧匙。

制作过程:

(1)将生茶叶、生米、生姜等用钵捣碎。

(2)放入杯中,用开水冲泡,3 ~5 分钟后饮用。

风味特点:色泽浅绿,清热解毒,姜味突出。

66. 党参红枣茶

原料配方:党参 5 克,红枣 20 枚,绿茶 3 克,开水 350 毫升。

制作工具或设备:煮锅,透明玻璃茶杯,吧匙。

制作过程:

(1)将党参、红枣用水洗净后放入煮锅用开水煮制3分钟。

(2)最后放入绿茶叶泡制一会,即可饮用。

风味特点:色泽浅红,口味鲜甜。

67. 白术甘草茶

原料配方:白术5克,甘草3克,纯净水600毫升,绿茶3克。

制作工具或设备:煮锅,透明玻璃茶杯,吧匙。

制作过程:

(1)将白术、甘草加纯净水,煮沸10分钟。

(2)加入绿茶泡制一会即可。

风味特点:色泽浅绿,健脾补肾,益气生血。

68. 女贞子枣茶

原料配方:茶叶6克,女贞子10克,干枣20克,开水350毫升。

制作工具或设备:茶壶,透明玻璃茶杯,吧匙。

制作过程:

(1)将茶叶、女贞子、干枣粉碎制成颗粒茶。

(2)用开水冲泡饮用。

风味特点:色泽浅红,口味鲜甜。

69. 三泡茶

原料配方:绿茶3克,桂圆15克,葡萄干10克,山楂10克,人参片1克,开水350毫升。

制作工具或设备:茶壶,透明玻璃茶杯,吧匙。

制作过程:

(1)将绿茶、桂圆、葡萄干、山楂、人参片等放入茶壶。

(2)用开水冲泡3分钟即可饮用。

风味特点:色泽浅绿,清喉润肺,散热生津。

70. 芝麻绿茶

原料配方:黑芝麻6克,茶叶3克,开水250毫升。

制作工具或设备:炒锅,透明玻璃茶杯。

制作过程:

(1)将黑芝麻炒黄备用。

(2)茶杯中放入黑芝麻、茶叶,开水冲泡饮用。

风味特点:色泽浅绿,具有芝麻的香味。

71. 活血茶

原料配方:红花5克,檀香5克,绿茶1克,赤砂糖25克,开水350毫升。

制作工具或设备:煮锅,透明玻璃茶杯,吧匙。

制作过程:

(1)将红花、檀香、绿茶、赤砂糖加开水煎汤取汁。

(2)注入透明玻璃茶杯中即可饮用。

风味特点:色泽暗红,口味甜香。

72. 虾米茶

原料配方:干虾米15粒,绿茶3克,开水350毫升。

制作工具或设备:茶壶,透明玻璃茶杯,吧匙,研钵。

制作过程:

(1)将干虾米研碎。

(2)与绿茶一起放入茶杯中用开水冲泡3分钟即可。

风味特点:色泽浅绿,口味鲜醇。

73. 甜乳茶

原料配方:甜炼乳15克,红茶1克,食盐0.5克,开水350毫升。

制作工具或设备:茶壶(带滤网),透明玻璃茶杯,吧匙。

制作过程:

(1)将红茶放入茶壶用开水冲泡,5分钟后将红茶汁滤入杯中。

(2)在红茶汁中放入甜炼乳和盐等,拌匀即可饮用。

风味特点:奶香浓郁,生津止渴。

74. 蜂蜜绿茶

原料配方:蜂蜜25克,绿茶2克,开水350毫升。

制作工具或设备:茶壶(带滤网),透明玻璃茶杯,吧匙。

制作过程:

(1)将绿茶放入茶壶,用开水冲泡。

(2)茶汁滤入杯中凉温后加入蜂蜜拌匀即可。

风味特点:色泽碧绿,生津止渴。

75. 五味子茶

原料配方:绿茶 1.5 克,北五味子 3 克,蜂蜜 25 克,开水 350 毫升。

制作工具或设备:炒锅,透明玻璃茶杯,吧匙。

制作过程:

(1)北五味子用文火炒至微焦,与绿茶一起用开水冲泡 5 分钟。

(2)滤出茶汁凉温后加入蜂蜜拌匀即成。

风味特点:色泽浅绿,补中益气。

76. 丹参黄精茶

原料配方:茶叶 3 克,丹参 8 克,黄精 8 克,开水 350 毫升。

制作工具或设备:研钵,透明玻璃茶杯,吧匙。

制作过程:

(1)将茶叶、丹参、黄精等共研成粗末,放入杯中。

(2)用开水冲泡,加盖闷 10 分钟后饮用。

风味特点:色泽浅黄,解渴去乏。

77. 人参茉莉花茶

原料配方:人参片 5 克,茉莉花茶 3 克,黄芪 3 克,开水 300 毫升。

制作工具或设备:茶壶(带滤网),透明玻璃茶杯,吧匙。

制作过程:

(1)将人参片、茉莉花茶、黄芪等放入茶壶,用开水浸泡。

(2)趁热滤入玻璃杯中即可。

风味特点:色泽浅黄,具有茉莉花的清香。

78. 龙眼绿茶

原料配方:绿茶 3 克,龙眼肉 10 克,开水 350 毫升。

制作工具或设备:茶壶,透明玻璃茶杯,吧匙。

制作过程:

(1)将龙眼肉、绿茶放入茶壶用开水冲泡。

(2)趁热注入玻璃杯中即可。

风味特点:色泽碧绿,清热解暑。

79. 蒲公英龙井茶

原料配方:龙井茶3克,蒲公英20克,开水350毫升。

制作工具或设备:茶壶,透明玻璃茶杯,吧匙。

制作过程:

(1)将龙井茶、蒲公英放入茶壶用开水冲泡。

(2)趁热注入玻璃杯中即可。

风味特点:色泽浅绿,健脑明目。

80. 桂圆碧螺春茶

原料配方:桂圆肉6克,碧螺春茶3克,开水350毫升。

制作工具或设备:茶壶,透明玻璃茶杯,吧匙。

制作过程:

(1)将桂圆肉、碧螺春茶等放入茶壶,用开水冲泡。

(2)趁热注入玻璃杯中即可。

风味特点:色泽浅绿,养心安神。

81. 枸杞龙井茶

原料配方:龙井茶3克,枸杞子15克,山楂10克,开水350毫升。

制作工具或设备:茶壶,透明玻璃茶杯,吧匙。

制作过程:

(1)将龙井茶、枸杞子、山楂等放入茶壶,用开水冲泡。

(2)趁热注入玻璃杯中即可。

风味特点:色泽浅绿,开胃明目。

82. 鹿茸乌龙茶

原料配方:鹿茸0.5克,乌龙茶5克,开水350毫升。

制作工具或设备:茶壶,透明玻璃茶杯,吧匙。

制作过程:

(1)将鹿茸、乌龙茶等放入茶壶,用开水冲泡。

(2)趁热注入玻璃杯中即可。

风味特点:色泽浅黄,茶香四溢。

83. 金橘茶

原料配方:金橘5粒,袋泡红茶1包,褐色冰糖10克,开水250

毫升。

制作工具或设备:茶壶,透明玻璃茶杯,吧匙。

制作过程:

(1)金橘洗净压破,加红茶袋,用开水冲泡10分钟。

(2)滤渣后加褐色冰糖调匀即可。

风味特点:色泽浅黄,具有水果的香味。

84. 茉莉蜜茶

原料配方:茉莉花茶5克,开水250毫升,蜂蜜15克,冰块适量。

制作工具或设备:茶壶(带滤网),雪克壶,透明玻璃茶杯,吧匙。

制作过程:

(1)将茉莉花茶放入茶壶用开水冲泡。

(2)滤出茶汁放入雪克壶中加入冰块和蜂蜜。

(3)开始握杯上下摇动,让杯内的茶变凉,并与蜂蜜充分融合,倒入玻璃杯中即可。

风味特点:清香甜美,清心宁神,冰凉甘醇又蕴涵自然花香。

85. 桂花蜜茶

原料配方:绿茶5克,桂花8克,开水250毫升,蜂蜜15克。

制作工具或设备:茶壶(带滤网),透明玻璃茶杯,吧匙。

制作过程:

(1)将绿茶及桂花用开水冲泡,浸泡约5分钟,滤出茶汁。

(2)再加入蜂蜜搅拌均匀即可。

风味特点:色泽碧绿,有醒胃、化痰功效。

86. 梅子绿茶

原料配方:绿茶5克,开水300毫升,青梅1颗,青梅汁15克,冰糖15克。

制作工具或设备:茶壶(带滤网),透明玻璃茶杯,吧匙。

制作过程:

(1)将冰糖加入开水中,再加入绿茶浸泡5分钟。

(2)滤出茶汁,加入青梅及少许青梅汁拌匀即可。

风味特点:色泽碧绿,具有青梅的清香。

87. 麦香柠檬红茶

原料配方：大麦 20 克，冰糖 10 克，立顿红茶包 1 袋，柠檬 1 个，纯净水 1000 毫升。

制作工具或设备：滤网，煮锅，透明玻璃茶杯，吧匙。

制作过程：

(1)将大麦放入纯净水中放炉上煮 10 分钟，加入冰糖，煮溶，滤出茶汁。

(2)将红茶包浸入茶汁，煮 2～3 分钟，待凉。

(3)柠檬切开、挤汁，倒入(2)中搅匀即可。

风味特点：色泽浅红，麦香和柠檬的香味相互谐调。

88. 菠萝香蜜茶

原料配方：立顿红茶包 2 袋，柠檬皮丝 5 克，菠萝汁 15 克，菠萝片 2 片，纯净水 500 毫升。

制作工具或设备：滤网，煮锅，透明玻璃茶杯，吧匙。

制作过程：

(1)将红茶包浸入纯净水中，放炉上，用小火煮至水开，滤出茶汁。

(2)将菠萝片切成小块，放入红茶汁中，再倒入菠萝汁，加入柠檬皮丝，搅匀即可。

风味特点：色泽艳丽，具有水果的香味。

89. 椰香奶茶

原料配方：立顿红茶包 1 袋，椰汁 120 毫升，开水 350 毫升，冰糖 15 克。

制作工具或设备：茶壶(带滤网)，煮锅，透明玻璃茶杯，吧匙。

制作过程：

(1)将立顿红茶包放入茶壶，用开水冲泡，滤出茶汁。

(2)再倒入椰汁、冰糖放在煮锅内再次煮开倒入茶汁中，用吧匙搅匀即可。

风味特点：色泽浅红，椰香浓郁。

90. 苹香绿茶

原料配方：绿茶 5 克，苹果丁 10 克，果糖糖浆 15 克，开水 350

毫升。

制作工具或设备:茶壶(带滤网),透明玻璃茶杯,吧匙。

制作过程:

(1)茶壶中放入绿茶,加入开水、苹果丁。

(2)再加入果糖糖浆,搅匀,滤出茶汁即可饮用。

风味特点:色泽浅红,苹香清幽。

91. 美味香醋茶

原料配方:绿茶 5 克,柳橙 1 个,苹果醋 15 毫升,开水 350 毫升。

制作工具或设备:茶壶(带滤网),透明玻璃茶杯,吧匙。

制作过程:

(1)将绿茶放入茶壶加入开水冲泡,3 分钟后滤出茶汁。

(2)在茶汁中加入苹果醋、柳橙汁,搅拌均匀。

风味特点:色泽碧绿,具有柳橙的香味。

92. 薄荷香茶

原料配方:袋泡红茶 1 包,薄荷叶 1 片,开水 350 毫升。

制作工具或设备:茶壶(带滤网),透明玻璃茶杯,吧匙。

制作过程:

(1)将袋泡红茶放入茶壶加入开水冲泡,5 分钟后将茶汁滤入杯中。

(2)放入薄荷叶即可。

风味特点:色泽浅红,具有薄荷的清凉的香味。

93. 奶香绿茶

原料配方:绿茶 5 克,咖啡伴侣 10 克,开水 350 毫升,冰糖 10 克。

制作工具或设备:茶壶(带滤网),透明玻璃茶杯,吧匙。

制作过程:

(1)将绿茶放入茶壶加入开水冲泡,3 分钟后将茶汁滤入杯中。

(2)再加入咖啡伴侣、冰糖搅匀,即可饮用。

风味特点:色泽淡绿,奶香味浓,口味甜醇。

94. 乌梅山楂茶

原料配方:雨花绿茶 5 克,乌梅 35 克,山楂 50 克,开水 1000 毫升,冰糖20克。

制作工具或设备:煮锅,滤网,透明玻璃茶杯,吧匙。

制作过程:

(1)将乌梅、山楂、冰糖倒入开水中,再用小火煮5分钟离火。

(2)加入雨花绿茶,冲泡1分钟,将茶汁滤入杯中即可饮用。

风味特点:色泽浅绿,止渴开胃。

95.菊普茶

原料配方:普洱茶5克,菊花10克,开水500毫升。

制作工具或设备:茶壶(带滤网),透明玻璃茶杯,吧匙。

制作过程:

(1)将菊花、普洱茶放入茶壶,用开水,冲泡浸泡10分钟。

(2)滤出茶汁即可饮用。

风味特点:色泽浅褐,滋味鲜醇。

96.雪奶红茶

原料配方:鲜牛奶100克,红茶1克,砂糖15克,开水350毫升。

制作工具或设备:茶壶(带滤网),透明玻璃茶杯,吧匙,奶锅。

制作过程:

(1)将红茶放入茶壶,用开水冲泡,滤出茶汁。

(2)再将煮滚的牛奶加入其中搅拌均匀。

(3)最后加入砂糖拌匀即可。

风味特点:色泽雪白,茶清奶香。

97.芦荟红茶

原料配方:芦荟50克,菊花3克,红茶包1个,蜂蜜15克,开水350毫升。

制作工具或设备:煮锅,透明玻璃茶杯,吧匙。

制作过程:

(1)芦荟去皮只取内层白肉,洗净切成小丁。

(2)将芦荟和菊花放入水中用小火慢煮。

(3)水沸后离火,加入红茶包和蜂蜜泡制5分钟即可。

风味特点:口感鲜滑,口味清新。

98. 玫瑰蜂蜜茶

原料配方:红茶1包,玫瑰花3朵,蜂蜜15克,柠檬片1片,纯净水550毫升。

制作工具或设备:煮锅,透明玻璃茶杯,吧匙。

制作过程:

(1)将纯净水倒入煮锅中煮沸后放入红茶包,冲泡约5分钟。

(2)将玫瑰分朵放入红茶汁内拌一拌,继续用小火煮沸1分钟。

(3)倒入蜂蜜后关火并加入柠檬片即可。

风味特点:色泽浅红,滋味香甜。

99. 水蜜桃茶

原料配方:红茶茶包1包,水蜜桃3个,柠檬0.5个,蜂蜜15克,开水350毫升。

制作工具或设备:煮锅,透明玻璃茶杯,滤网,吧匙。

制作过程:

(1)先将水蜜桃切片,放入煮锅加入开水煮沸。

(2)加入新鲜压榨的柠檬汁及蜂蜜。

(3)加入红茶包并泡制5分钟。

(4)滤出红茶汁装入玻璃杯即可。

风味特点:色泽浅红,具有水蜜桃、柠檬等水果的香味。

100. 西米奶茶

原料配方:红茶1包,西米1/2杯,牛奶250毫升,开水1000毫升。

制作工具或设备:煮锅,滤网,透明玻璃茶杯,吧匙。

制作过程:

(1)先将西米浸透,放入开水中边搅拌边煮直至透明,滤去水分待用。

(2)将牛奶在煮锅中煮透后,加入红茶浸泡5分钟。

(3)将泡好的奶茶放入茶杯,然后加入煮熟的西米,饮用时搅拌均匀即可。

风味特点:奶味浓郁,西米透明软糯。

101. 槐花奶茶

原料配方:红茶 1 包,槐花 15 克,牛奶 100 毫升,冰糖 15 克,开水 250 毫升。

制作工具或设备:茶壶,透明玻璃茶杯,吧匙。

制作过程:

(1)先将桂花和红茶包放在壶中,用开水冲开,倒入茶杯。

(2)加入冰糖和牛奶,搅拌均匀即可。

风味特点:奶茶香气四溢,具有养颜美容的功效。

102. 浓缩苹果汁红茶

原料配方:红茶茶包 1 包,苹果丁 50 克,苹果浓缩汁 100 毫升,蜂蜜 15 克,开水 150 毫升。

制作工具或设备:煮锅,滤网,透明玻璃茶杯,吧匙。

制作过程:

(1)先将苹果浓缩汁加开水煮沸。

(2)加入红茶、苹果丁泡制 5 分钟。

(3)滤出茶汁,凉温,加蜂蜜饮用。

风味特点:色泽浅黄,具有苹果的浓郁香味。

103. 广东凉茶

原料配方:纯净水 2500 毫升,鸡骨草 15 克,甘草 25 克,胖大海 25 克,枸杞 10 克,大枣 10 个,桂圆肉 25 克,夏枯草 30 克,杏仁 10 克,红茶 50 克,冰糖 100 克。

制作工具或设备:煮锅,透明玻璃茶杯,吧匙。

制作过程:

(1)用大火将药材与纯净水煮开后,调至小火再煮 25 分钟后关火。

(2)加入冰糖搅溶,晾凉即可。

风味特点:爽口解暑,色泽浅黄。

104. 降脂乌龙茶

原料配方:乌龙茶 3 克,陈皮 1 克,乌梅 3 克,冰糖 10 克,开水 500 毫升。

制作工具或设备:茶壶(带滤网),透明玻璃茶杯,吧匙。

制作过程:

(1)将陈皮、乌梅等用清水洗净,放入茶壶,加上冰糖,用250毫升开水冲泡,闷制5分钟,滤出茶汁。

(2)把乌龙茶放入茶壶用剩余的开水冲泡,滤出茶汁后,与滤出的陈皮、乌梅冰糖汁进行兑和,用吧匙搅拌均匀。

(3)倒入透明玻璃茶杯即可。

风味特点:酸甜可口,养颜养生。

105. 金莲花养颜茶

原料配方:绿茶3克,冰糖15克,金莲花2克,开水500毫升。

制作工具或设备:茶壶,透明玻璃茶杯,吧匙。

制作过程:

将绿茶、冰糖、金莲花放入茶壶中用开水冲泡即可。

风味特点:色泽浅黄,养颜美容。

106. 红茶西瓜饮

原料配方:红茶5克,西瓜15克,开水500毫升。

制作工具或设备:茶壶(带滤网),透明玻璃茶杯,吧匙。

制作过程:

(1)将红茶放入茶壶中用开水冲泡5分钟,滤出茶汁。

(2)将西瓜去皮切丁放入茶汁中即可。

风味特点:色泽浅红,口味甜香。

107. 桂花酸梅汤

原料配方:红茶3克,乌梅5克,干桂花3克,冰糖15克,开水1000毫升。

制作工具或设备:煮锅,茶壶(带滤网),透明玻璃茶杯,吧匙。

制作过程:

(1)煮锅内倒入750毫升开水,放入乌梅煮20~30分钟,再放入干桂花、冰糖煮10分钟。

(2)将红茶放入茶壶中用剩余的开水冲泡5分钟,滤出茶汁。

(3)将红茶汁和乌梅、干桂花冰糖汁倒入杯中,混合搅拌均匀。

风味特点:酸甜可口,色泽枣红。

108. 伯爵奶茶

原料配方:伯爵茶 5 克,奶精 5 克,奶粉 10 克,砂糖 15 克,开水 500 毫升。

制作工具或设备:茶壶,透明玻璃茶杯,吧匙。

制作过程:

(1)将伯爵茶放入茶壶用开水冲泡,滤出茶汁。

(2)在茶汁中加入奶精、奶粉、砂糖搅拌均匀即可。

风味特点:奶香浓郁,同时,具有水果的香味。

109. 薰衣草红茶

原料配方:红茶 3 克,薰衣草 1 克,开水 250 毫升,冰糖 15 克。

制作工具或设备:茶壶,透明玻璃茶杯,吧匙。

制作过程:

(1)将红茶和薰衣草放入茶壶内,注入开水,闷泡 3 分钟。

(2)将茶水倒入预先温热过的茶杯内,加入冰糖调匀,即可饮用。

风味特点:色泽浅红,具有缓解疲劳的功效。

110. 排毒美颜茶

原料配方:干桂花 2 克,绿茶 1 包,蜂蜜 15 克,开水 350 毫升。

制作工具或设备:透明玻璃茶杯,吧匙。

制作过程:

(1)将桂花与绿茶包置于杯内,用开水冲泡。

(2)约等 3 分钟,让桂花入味后,再加入蜂蜜即可。

风味特点:色泽浅绿,清凉消暑。

111. 菊花蜜奶茶

原料配方:菊花 3 ~ 5 克,蜂蜜 15 克,奶精 5 克,红茶 1 包,开水 350 毫升。

制作工具或设备:茶壶,透明玻璃茶杯,吧匙。

制作过程:

(1)将红茶包与菊花置入茶壶内,用 350 毫升的开水冲开。

(2)待花茶(红茶 + 菊花花)泡开后,倒入杯内,加入蜂蜜拌匀。

(3)最后加上奶精即可饮用。

风味特点:色泽浅绿,奶味香醇。

112. 橙香美颜茶

原料配方:红茶包1包,柳橙汁15克,冰糖或蜂蜜10克,食盐0.5克,开水500毫升。

制作工具或设备:茶壶,透明玻璃茶杯,吧匙。

制作过程:

(1)将红茶包置于茶壶中,以开水冲泡1分钟,倒入杯内。

(2)加入冰糖或蜂蜜、食盐和柳橙汁调味即可。

风味特点:养颜美容,橙香宜人。

113. 蜜果茶

原料配方:红茶包1个,水果罐头(切丁)25克,蜂蜜15克,开水350毫升。

制作工具或设备:茶壶,透明玻璃茶杯,吧匙。

制作过程:

(1)先将红茶放入茶壶,用开水泡好,倒入杯中,静置待冷却。

(2)加入水果罐头丁、蜂蜜调味即成。

风味特点:色泽浅红,果味浓郁。

114. 消脂乌龙梅茶

原料配方:乌龙茶2克,紫苏梅3颗,开水350毫升。

制作工具或设备:茶壶,透明玻璃茶杯,吧匙。

制作过程:

(1)先将乌龙茶放入茶壶,用开水泡开。

(2)然后将茶汁滤入杯中,加入紫苏梅后即可饮用。

风味特点:生津止渴,消脂去腻。

115. 茉莉可可奶茶

原料配方:茉莉花茶3克,牛奶350毫升,可可粉5克,雀巢淡奶油30毫升,冰糖10克。

制作工具或设备:煮锅,滤网,透明玻璃茶杯,吧匙。

制作过程:

(1)牛奶加热至80℃左右。

(2)放入茉莉花茶稍微搅拌,泡制5分钟。

(3)茶汁滤入杯中,加入淡奶油,再加入可可粉搅拌均匀。

(4)加入冰糖搅拌至融化即可。

风味特点:奶香茶浓,茉莉芬芳。

116. 清热茉莉茶

原料配方:茉莉花茶3克,番泻叶2克,制首乌1克,玉竹5克,桑葚15克,枸杞15克,开水350毫升。

制作工具或设备:茶壶,透明玻璃茶杯,吧匙。

制作过程:

将所有材料放入茶壶,用开水冲泡后,闷5~10分钟即可饮用。

风味特点:色泽浅绿,清热解暑。

117. 红豆奶茶

原料配方:红茶包1个,鲜牛奶200毫升,炼乳10克,红豆15克,开水350毫升。

制作工具或设备:煮锅,透明玻璃茶杯,吧匙。

制作过程:

(1)将红豆泡软,加入开水煮开,小火焖酥。

(2)牛奶和炼乳倒入煮锅中,中火煮到即将沸腾时加入红茶包,立即关火。

(3)将煮好的茶倒入茶壶中放置2~3分钟,直到茶汤闷出颜色及香味。

(4)将煮熟的红豆舀入杯中,然后倒入煮好的奶茶即可。

风味特点:奶茶味浓,红豆甜美。

118. 玫瑰蜜奶茶

原料配方:红茶包1个,玫瑰花5克,蜂蜜15克,牛奶350克,开水适量。

制作工具或设备:茶壶,透明玻璃茶杯,吧匙。

制作过程:

(1)将红茶包与玫瑰花置入茶壶内,以开水冲泡。

(2)待泡开后,加入蜂蜜和牛奶,即可饮用。

风味特点:玫瑰花香,味道浓醇。

119. 姜汁茶

原料配方:红茶3克,生姜50克,红糖30克,清水500毫升。

制作工具或设备:煮锅,透明玻璃茶杯,吧匙。

制作过程:

(1)将生姜切成片,与红茶茶叶、红糖、清水一起放入煮锅中煮沸。

(2)红糖溶化后再熬制5分钟滤入玻璃杯中即成。

风味特点:色泽浅红,生姜味浓。

120. 枸葡奶茶

原料配方:红茶2克,枸杞子6粒,葡萄干3克,牛奶250毫升,开水适量。

制作工具或设备:茶壶,透明玻璃茶杯,吧匙。

制作过程:

(1)将红茶、枸杞子、葡萄干放入茶壶,用开水冲泡。

(2)5分钟后,取茶汁,加入牛奶调匀倒入玻璃杯中即成。

风味特点:奶香四溢,味美甜浓。

121. 草莓椰香奶茶

原料配方:红茶汁200毫升,蜂蜜30毫升,草莓粉8克,奶精粉8克,椰肉15克,冰块10块。

制作工具或设备:雪克壶,透明玻璃茶杯,吧匙。

制作过程:

(1)先把椰肉倒入杯中。

(2)在雪克壶中加入冰块、草莓粉、奶精粉、蜂蜜及红茶汁。

(3)单手或双手持壶用力摇匀后倒入杯中即可。

风味特点:红茶甜美,草莓口味,椰肉软韧而具有弹性。

122. 香草青苹奶茶

原料配方:绿茶汁200毫升,蜂蜜30毫升,香草粉8克,奶精粉8克,青苹果肉25克,冰块10块。

制作工具或设备:雪克壶,透明玻璃茶杯,吧匙。

制作过程:

(1)把青苹果肉带皮切丁倒入杯中。

(2)在雪克壶中加入冰块、香草粉、奶精粉及绿茶汁。

(3)单手或双手持壶用力摇匀,倒入杯中即可。

风味特点:果肉爽脆,口味甜美,奶香浓郁。

123. 椰香菠萝奶茶

原料配方:红茶汁 200 毫升,蜂蜜 30 毫升,椰香粉 8 克,奶精粉 8 克,菠萝果肉 25 克,冰块 10 块。

制作工具或设备:雪克壶,透明玻璃茶杯,吧匙。

制作过程:

(1)先把菠萝果肉倒入杯中。

(2)雪克壶中加入冰块、蜂蜜、椰香粉、奶精粉及红茶汁。

(3)单手或双手持壶大力摇晃均匀,倒入杯中即可。

风味特点:奶香味浓,具有热带水果的风情。

124. 香草奶茶

原料配方:香草粉 8 克,奶精粉 8 克,开水 350 毫升,蜂蜜 30 毫升,绿茶包 2 个。

制作工具或设备:茶壶(带滤网),雪克壶,透明玻璃茶杯,吧匙。

制作过程:

(1)将绿茶包放入茶壶,注入开水冲泡。

(2)3 分钟后滤出茶汁,放入雪克壶中,添加蜂蜜、香草粉、奶精粉等。

(3)单手或双手持壶大力摇晃均匀,倒入杯中即可。

风味特点:奶香浓浓,色泽浅绿。

125. 摩卡可可奶茶

原料配方:红茶汁 200 毫升,蜂蜜 30 毫升,可可粉 8 克,奶精粉 8 克,浓缩摩卡冰咖啡 30 毫升,冰块 10 块。

制作工具或设备:雪克壶,透明玻璃茶杯,吧匙。

制作过程:

(1)将冰块倒入雪克壶中,加上蜂蜜、浓缩冰咖啡、可可粉、奶精粉、红茶汁。

(2)单手或双手持壶用力摇匀,倒入杯中即可。

风味特点:奶茶滋味丰富、醇香,洋溢着浓浓的甜蜜。

126. 木瓜珍珠冰奶茶

原料配方:绿茶汁200毫升,蜂蜜30毫升,木瓜粉8克,奶精粉8克,煮熟的黑珍珠25克,冰块10块。

制作工具或设备:雪克壶,透明玻璃茶杯,吧匙。

制作过程:

(1)将冰块倒入雪克壶,加入绿茶汁、木瓜粉、奶精粉和蜂蜜。

(2)大力摇晃均匀,最后倒入装有黑珍珠的玻璃杯中即可。

风味特点:滋味浓郁,木瓜甜香,珍珠软糯。

127. 草莓奶茶

原料配方:红茶包1个,草莓粉8克,奶精粉8克,开水350毫升,蜂蜜30毫升。

制作工具或设备:煮锅,茶壶,透明玻璃茶杯,吧匙。

制作过程:

(1)锅中倒入开水、蜂蜜、草莓粉、奶精粉,以大火煮至溶解。

(2)放入红茶包,用小火焖1~2分钟后,取出茶包。

(3)最后倒入茶壶中,即可用茶杯饮用。

风味特点:色泽粉红,口味酸甜。

128. 焦糖奶茶

原料配方:绿茶粉10克,全脂鲜奶450毫升,焦糖炼乳30毫升。

制作工具或设备:煮锅,茶壶,透明玻璃茶杯,吧匙。

制作过程:

(1)糖浆或焦糖炼乳倒入透明玻璃茶杯中备用;鲜奶倒入煮锅中加热至90℃左右,倒出一半备用。

(2)锅中鲜奶放入绿茶粉浸泡3分钟,待温度降至50℃,以细滤网滤出茶汁轻轻倒入透明玻璃茶杯中;倒出的热鲜奶打成奶泡,轻轻倒进透明玻璃茶杯中即成。

风味特点:色泽浅绿,味道浓郁。

129. 花生奶茶

原料配方:红茶包1个,花生粉8克,奶精粉8克,开水350毫升,蜂蜜30毫升。

制作工具或设备:茶壶,透明玻璃茶杯,吧匙。

制作过程:

(1)茶壶中倒入开水、蜂蜜、花生粉、奶精粉,搅拌均匀并溶解。

(2)放入红茶包,泡制3~5分钟后,取出茶包。

(3)倒入茶杯即可饮用。

风味特点:花生香诱人,蜂蜜甜美,茶味醇厚。

130. 夏日柳橙茶

原料配方:红茶茶包1个,柳橙片1片,蜂蜜15克,开水350毫升。

制作工具或设备:茶壶,透明玻璃茶杯,吧匙。

制作过程:

(1)在温热的茶壶中,放入一片切好的柳橙。

(2)然后将红茶茶包放入茶壶,用开水冲泡,焖3~5分钟。

(3)将泡好的红茶汁倒入杯中,然后加入蜂蜜,搅拌均匀即可饮用。

风味特点:茶味清口,柳橙清爽。

131. 贵妃冰茶

原料配方:红茶包1个,开水100毫升,芭乐汁90毫升,柠檬5毫升,红石榴汁30毫升,蜂蜜30毫升,糖水15毫升,冰块10块。

制作工具或设备:雪克壶,透明玻璃茶杯,吧匙。

制作过程:

(1)在雪克壶中倒入开水,放入红茶包,浸泡3分钟后取出茶包。

(2)倒入芭乐汁、柠檬汁、红石榴汁、蜂蜜、糖水及冰块,盖紧盖子摇动10~20下,倒入杯中即可。

风味特点:色泽粉红,似贵妃醉酒,冰清爽洁。

132. 玄米煎茶

原料配方:玄米煎茶8克,开水350毫升,糖水30毫升。

制作工具或设备:雪克壶,透明玻璃茶杯,吧匙。

制作过程:

(1)玄米煎茶放入壶中,加开水浸泡3分钟;加入糖水调匀。

(2)倒入透明玻璃茶杯中即可。

风味特点:色泽浅绿,口味微甜。

133. 柠檬草奶茶

原料配方:绿茶3克,开水350毫升,蜂蜜30毫升,奶精粉10克,柠檬草8克。

制作工具或设备:茶壶,透明玻璃茶杯,吧匙。

制作过程:

(1)在茶壶中放入绿茶,倒入开水、蜂蜜、奶精粉,搅拌溶解。

(2)放入柠檬草,继续泡制5分钟。

(3)最后倒入茶杯中,即可。

风味特点:色泽浅绿,具有柠檬草的香味。

134. 暖胃红茶

原料配方:袋泡红茶1包,红樱桃5粒,砂糖10克,纯净水350毫升。

制作工具或设备:煮锅,透明玻璃茶杯,吧匙。

制作过程:

(1)将红樱桃与水放煮锅内煮沸,加入砂糖、袋泡红茶。

(2)续焖5分钟后关火取出红茶袋,搅拌均匀后倒入透明玻璃茶杯。

风味特点:色泽浅红,暖胃健脾。

135. 健脾普洱茶

原料配方:普洱茶叶3克,食盐0.5克,开水350毫升。

制作工具或设备:茶壶(带滤网),透明玻璃茶杯,吧匙。

制作过程:

(1)将茶壶中加入普洱茶,先以70毫升开水冲去杂质后续入开水,静置5分钟后,去渣滤出汁液,倒入杯中。

(2)杯中放入食盐,搅拌均匀后温饮即可。

风味特点:色泽红褐,健脾消食。

136. 白果花茶

原料配方:茉莉花茶3克,白果5克,清水250毫升。

制作工具或设备:煮锅,透明玻璃茶杯,吧匙。

制作过程:

(1)将茉莉花茶放入杯中。

(2)将白果和水加入锅中煮沸后,再倒入置有花茶的杯中,静置3~5分钟后即可饮用。

风味特点:香气氤氲,茶味清爽。

137. 珍珠红茶

原料配方:红茶汁120毫升,咖啡粉8克,特调奶精粉6克,糖水25毫升,冰块100克,煮熟黑珍珠粉圆30克。

制作工具或设备:雪克壶,透明玻璃茶杯,吧匙。

制作过程:

(1)将煮好的黑珍珠粉圆放入透明玻璃茶杯中。

(2)将冰块、红茶汁、奶精粉、咖啡粉、糖水依次放入雪克壶中,充分摇匀后倒入放有珍珠粉圆的杯中。

风味特点:营养丰富,提神醒脑。

138. 七彩珍珠红茶

原料配方:红茶汁120毫升,冰块120克,糖水25毫升,煮熟彩色珍珠粉圆25克,鲜草莓1个,杨桃片1片。

制作工具或设备:雪克壶,透明玻璃茶杯,吧匙,珍珠吸管。

制作过程:

(1)将冰块、红茶汁、糖水依次放入雪克壶中,充分摇匀后倒入装有彩色珍珠粉圆的杯中。

(2)插入珍珠吸管,用杨桃片、草莓装饰杯口。

风味特点:色彩丰富,茶味醇厚。

139. 红茶豆浆

原料配方：红茶汁 100 毫升，白豆浆 400 毫升，白砂糖 25 克。

制作工具或设备：煮锅，透明玻璃茶杯，吧匙。

制作过程：

(1)将白豆浆、红茶汁、白砂糖加入煮锅中煮开。

(2)撇去浮沫后装入透明玻璃茶杯即可。

风味特点：入口绵甜，香味突出。

140. 香芋奶茶

原料配方：红茶(绿茶)3 克，炼乳 15 克，蜂蜜 15 克，珍珠粉圆 25 克，香芋粉 15 克，冰块 10 块，纯净水适量。

制作工具或设备：煮锅，雪克壶，透明玻璃茶杯，吧匙，滤网。

制作过程：

(1)煮锅中加上纯净水以大火煮滚后，倒入珍珠粉圆继续用大火煮 5 分钟，煮的过程中不停搅拌以避免黏锅。5 分钟后转中小火，盖上锅盖再继续煮 30 分钟，然后将火关掉，闷 30 分钟。倒入滤网中用纯净水冲凉，沥干水分，拌入蜂蜜。

(2)将 350 毫升的纯净水煮沸之后关火，倒入壶中，加入 3 克红茶，盖上茶壶盖闷 20 分钟，滤出茶汁。

(3)在雪克壶中放入蜂蜜，加满冰块，再加入炼乳和香芋粉；然后将热茶倒入到九分满后，盖上雪克壶杯盖摇匀。将奶茶倒入装有珍珠粉圆的杯中即可。

风味特点：奶茶味浓，芋香突出。

141. 葡萄柚冰茶

原料配方：红茶包 2 个，开水 100 毫升，糖浆 15 毫升，柠檬 1/6 个，冰块 10 块，葡萄柚 150 克。

制作工具或设备：雪克壶，透明玻璃茶杯，吧匙。

制作过程：

(1)葡萄柚洗净，取 150 克压成约 75 毫升汁；柠檬洗净，取 1/6 个压成约 5 毫升汁。

(2)雪克壶中倒入开水，放入红茶包，浸泡 3 分钟后取出茶包。

(3)倒入葡萄柚汁、柠檬汁、糖浆及冰块,盖紧盖子摇动10~20下,倒入杯中即可。

风味特点:色泽浅红,具有葡萄柚的水果香味。

142. 草莓豆浆

原料配方:红茶3克,开水250毫升,白豆浆250毫升,草莓果粉9克,白砂糖12克。

制作工具或设备:煮锅,茶壶,透明玻璃茶杯,吧匙。

制作过程:

(1)将红茶用开水泡制3分钟,滤出茶汁备用。

(2)将草莓果粉用少量热白豆浆充分溶解为草莓果浆待用。

(3)将白豆浆、草莓果浆、白糖加入小煮锅中煮开。

(4)兑入茶汁搅拌均匀即可。

风味特点:茶味浓郁,具有补血益颜,和血润肤的功效。

143. 蜜茶

原料配方:茶叶3克,蜂蜜15克,开水350毫升。

制作工具或设备:茶壶,透明玻璃茶杯,吧匙。

制作过程:

茶叶用开水冲泡后,加蜂蜜调味,即可饮用。

风味特点:口味鲜甜,生津止渴。

144. 七彩珍珠冰茶

原料配方:绿茶汁100毫升,煮熟彩色珍珠粉圆35克,冰镇矿泉水200毫升,糖水30毫升,冰块10块。

制作工具或设备:茶壶,透明玻璃茶杯,吧匙。

制作过程:

(1)将煮熟彩色珍珠粉圆放入杯中,倒入糖水和冰镇矿泉水。

(2)加入绿茶汁,摇晃后倒入冰块即成。

风味特点:口味醇厚,七彩炫目。

145. 玫瑰煎茶

原料配方:玫瑰煎茶3克,开水350毫升,糖水30毫升。

制作工具或设备:茶壶,透明玻璃茶杯,吧匙。

制作过程:

(1)玫瑰煎茶放入壶中加入开水浸泡3分钟。

(2)加入糖水调匀即成。

风味特点:玫瑰色泽,口味微甜。

146. 红石榴茶

原料配方:红茶汁200毫升,红石榴汁25克,糖水30毫升,冰块10块。

制作工具或设备:雪克壶,透明玻璃茶杯,吧匙。

制作过程:

(1)雪克壶内依次加入红茶汁、红石榴汁、糖水、冰块,摇匀后倒入茶杯。

(2)杯边可放上装饰物。

风味特点:色泽艳红,甜润可口。

147. 露西亚红茶

原料配方:袋红茶2袋,开水300毫升,草莓酱25克,白兰地1毫升。

制作工具或设备:茶壶,透明玻璃茶杯,吧匙。

制作过程:

袋红茶放入茶壶,冲入开水,加入草莓酱、白兰地调匀后即可。

风味特点:酸甜可口,酒香飘逸。

148. 蓝莓奶茶

原料配方:绿茶包2个,开水350毫升,蜂蜜30毫升,奶精粉10克,蓝莓粉8克。

制作工具或设备:煮锅,透明玻璃茶杯,底碟。

制作过程:

(1)煮锅中倒入开水,把奶精粉、蓝莓粉放入煮锅中。

(2)以大火煮至溶解,再放入茶包关火,浸泡1~2分钟。

(3)倒入杯中,调入蜂蜜,出品搭配底碟。

风味特点:蓝莓口味,茶味醇厚。

149. 冷红茶

原料配方:红茶 5 克,盐 0.5 克,开水 500 毫升,冰块 10 块。

制作工具或设备:茶壶,透明玻璃茶杯,吧匙。

制作过程:

(1)将茶叶放入茶壶内,注入开水,浸泡 4 ~5 分钟,滤出茶汁,倒入杯中。

(2)在茶汁中加入盐和冰块即可饮用。

风味特点:清凉茶香,解渴提神。

150. 苹果龙眼茶

原料配方:袋泡红茶 2 包,开水 300 毫升,苹果 1 个,苹果汁 30 毫升,龙眼蜜 15 毫升。

制作工具或设备:煮锅,透明玻璃茶杯,吧匙。

制作过程:

(1)将苹果切片,取 4 片切成三角丁。

(2)煮锅中放开水、苹果丁、苹果汁,大火煮 2 分钟转小火,放入袋红茶继续煮 15 秒钟后倒入茶壶,再加入龙眼蜜调味即可。

风味特点:色泽纯正,果味浓郁,香糯可口,富有营养。

151. 桂香奶茶

原料配方:袋红茶 2 袋,开水 350 毫升,奶精粉 8 克,玉桂粉 0.5 克,龙眼蜜 15 毫升,柳橙皮 5 克。

制作工具或设备:茶壶,透明玻璃茶杯,吧匙。

制作过程:

(1)在茶壶中放入袋红茶,冲入开水。

(2)再加入奶精粉、玉桂粉、龙眼蜜和切成丁的柳橙皮,搅拌均匀即可。

风味特点:色泽乳白,具有桂皮的香味。

152. 炼乳奶茶

原料配方:袋泡红茶 2 包,鲜奶油 30 毫升,炼乳 15 毫升,开水 350 毫升。

制作工具或设备:茶壶(带滤网),透明玻璃茶杯,吧匙。

制作过程:

(1)将袋泡红茶放入茶壶,加入开水,冲泡5分钟,滤出茶汁。

(2)将鲜奶油和炼乳放在茶杯中,缓缓注入煮好的红茶,用小勺搅出褐白相间的好看旋涡,一份炼乳奶茶就大功告成了。

风味特点:炼乳香浓,水乳交融,口感细腻。

153. 百香红茶

原料配方:红茶汁150毫升,百香果汁30毫升,糖水30毫升,冰块10块。

制作工具或设备:雪克壶,透明玻璃茶杯,吧匙。

制作过程:

(1)将红茶汁、百香果汁、糖水、冰块倒入雪克壶内,摇匀后倒入玻璃杯中。

(2)杯边可用装饰物造型点缀。

风味特点:色泽浅黄,消暑解渴。

154. 柠味龟苓膏香茶

原料配方:茉莉花茶5克,龟苓膏25克,蜂蜜15克,柠檬1片,开水250毫升。

制作工具或设备:茶壶(带滤网),透明玻璃茶杯,吧匙。

制作过程:

(1)将茉莉花茶放入茶壶,用250毫升开水泡开,滤出茶汁置凉。

(2)将龟苓膏切成小块放入杯中,加入茶汁、蜂蜜、柠檬片调匀。

(3)放入冰箱冷藏2小时即可食用。

风味特点:色泽浅绿,茉莉茶香,洋溢着柠檬的芬芳。

155. 蜜桃奶茶

原料配方:绿茶汁150毫升,奶精粉10克,水蜜桃汁50毫升,糖水30毫升,冰块10块。

制作工具或设备:雪克壶,透明玻璃茶杯,吧匙。

制作过程:

(1)雪克壶内放绿茶汁和奶精粉,调匀,再放水蜜桃汁、糖水、冰块,摇匀后倒入果汁杯中。

(2)杯边可用装饰物装饰。

风味特点:口感黏稠,含有较高的钙质。

156. 蜜梨绿茶

原料配方:绿茶汁350毫升,蜜梨50克,冰糖25克。

制作工具或设备:透明玻璃茶杯,吧匙,榨汁机。

制作过程:

(1)将蜜梨去皮去核、榨汁,留汁去渣,汁水倒入绿茶汁中。

(2)加上冰糖搅拌溶解均匀即可。

风味特点:色泽碧绿,润肺清心,冰清玉洁。

157. 豆奶茶

原料配方:豆奶750毫升,抹茶3克,开水25毫升,砂糖50克。

制作工具或设备:透明玻璃茶杯,吧匙。

制作过程:

(1)将抹茶和砂糖混合放入杯中,注入开水后,用吧匙搅拌。

(2)加温豆奶搅拌均匀即可。

风味特点:色泽浅绿,口味甜鲜。

158. 水蜜桃茶

原料配方:红茶茶包1包,水蜜桃3个,柠檬半个,蜂蜜15克,开水350毫升。

制作工具或设备:煮锅,茶壶,透明玻璃茶杯,吧匙,榨汁机。

制作过程:

(1)先将水蜜桃切片,入煮锅加开水煮沸,柠檬榨汁。

(2)加入新鲜压榨的柠檬汁及蜂蜜。

(3)加入红茶包并充分浸泡5分钟即可。

风味特点:色泽浅红,具有水蜜桃的甜香味。

159. 草莓绿茶

原料配方:绿茶包1包,草莓10颗,蜂蜜15克,开水350毫升。

制作工具或设备:茶壶(带滤网),透明玻璃茶杯,吧匙,榨汁机。

制作过程:

(1)取绿茶包放在茶壶中,加入开水浸泡3~5分钟,滤出茶汁。

(2)将草莓榨成汁。

(3)在茶汁中加入草莓汁、蜂蜜等拌匀即可。

风味特点:鲜甜清凉,具有草莓口味。

160. 印度香辣奶茶

原料配方:红茶包 2 包,肉桂皮 0.5 克,小茴香籽 0.5 克,小豆蔻籽 0.5 克,丁香 0.5 克,姜 0.5 克,开水 250 毫升,牛奶 250 毫升,砂糖 25 克。

制作工具或设备:煮锅,透明玻璃茶杯,吧匙,滤网。

制作过程:

(1)将肉桂皮、小茴香籽、小豆蔻籽、丁香、姜加水,煮开,小火煮 10 分钟。

(2)加牛奶和糖,煮开。

(3)将两包红茶加入,泡制 3 分钟。

(4)滤入玻璃杯中即可。

风味特点:色泽红棕,口味香辣。

161. 玫瑰珍珠红茶

原料配方:红茶汁 150 毫升,果味玫瑰液 25 毫升,冰块 10 块,糖水 25 毫升,煮熟彩色珍珠粉圆 30 克,鲜草莓 1 个,柠檬片 1 片,干花若干。

制作工具或设备:雪克壶,透明玻璃茶杯,珍珠吸管。

制作过程:

(1)将冰块、红茶汁、果味玫瑰液、糖水依次放入雪克壶中,充分摇匀后倒入杯中。

(2)用柠檬片、草莓、干花等装饰杯口,插入珍珠吸管即可。

风味特点:玫瑰芳香、果味浓郁,酸甜可口。

162. 芝麻奶茶

原料配方:热红茶 300 毫升,熟黑芝麻 10 克,奶精粉 9 克,龙眼蜜 50 毫升,冰块 10 块。

制作工具或设备:雪克壶,透明玻璃茶杯,吧匙,研钵。

制作过程:

(1)先将焙熟的芝麻捻碎。

(2)在雪克壶内依次加入奶精粉、热红茶,调匀后加入龙眼蜜及冰块,加盖充分摇晃后倒入杯中。

(3)在杯内奶茶表面撒上芝麻碎,杯口放上饰物。

风味特点:奶茶香浓细腻,具有浓郁的芳香。

163. 草莓果酱茶

原料配方:袋泡红茶 1 包,草莓果酱 15 克,龙眼蜜 15 毫升,开水 350 毫升。

制作工具或设备:煮锅,透明玻璃茶杯,吧匙。

制作过程:

先将草莓酱与开水放煮锅内煮沸,再将龙眼蜜、袋泡红茶放入,泡制 3~5 分钟后倒入杯中即可。

风味特点:诱人的粉红色,具草莓的芳香,酸甜可口。

164. 葡萄红茶

原料配方:袋泡红茶 1 包,开水 350 毫升,葡萄汁 250 毫升,砂糖 25 克。

制作工具或设备:茶壶,透明玻璃茶杯,吧匙。

制作过程:

(1)将袋泡红茶放入茶壶,用开水将红茶沏好,滤去茶渣,取汁备用。

(2)将葡萄汁倒入茶汁中,放糖调匀即可饮用。

风味特点:口味爽甜,益气补血。

165. 秋梨绿茶

原料配方:秋梨 1 个,绿茶 3 克,开水 350 毫升。

制作工具或设备:茶壶,水果刀。

制作过程:

(1)把梨洗净,用水果刀切成片。

(2)将梨片与茶叶同放在茶壶中,用开水冲泡,5 分钟后即可饮用。

风味特点:口味清爽,生津润燥、清热化痰。

166. 橙蜜红茶

原料配方:橙子2只,红茶包1只,蜂蜜15克,开水350毫升。

制作工具或设备:茶壶,透明玻璃茶杯,吧匙。

制作过程:

(1)将红茶包放入茶壶用开水冲泡,3分钟后取汁。

(2)将橙子切成丁,放入热茶汁中泡制,加入蜂蜜调味即可。

风味特点:色泽浅红,具有橙子和蜂蜜的甜香味。

167. 清心解暑茶

原料配方:新鲜苦瓜25克,绿茶3克,开水350毫升。

制作工具或设备:煮锅,透明玻璃茶杯,吧匙,水果刀,砧板。

制作过程:

(1)苦瓜洗净,横剖去籽,切成条状,阴干后切碎,以中火炒5分钟后,与绿茶混匀,装于密封罐中,摆放于阴凉处备用。

(2)将处理好的苦瓜茶放入茶杯中,以开水冲泡后,静置2分钟即可饮用。

风味特点:色泽碧绿,口味微苦,消暑解渴。

168. 花果茶

原料配方:红茶1克,白果15克,白菊花3朵,雪梨1个,牛奶150毫升,蜂蜜15克,纯净水适量。

制作工具或设备:煮锅,滤纸,透明玻璃茶杯,吧匙。

制作过程:

(1)白果去壳、去衣;雪梨去皮切粒;红茶用滤纸包好。

(2)将白果、菊花、雪梨、红茶包放入纯净水中煮,至白果变软。

(3)取出红茶包,然后加入牛奶,煮开。

(4)待放凉后,加入蜂蜜饮用。

风味特点:色泽浅黄,解暑降温,提神利尿。

169. 莲花茶

原料配方:绿茶3克,莲花6克,开水350毫升。

制作工具或设备:透明玻璃茶杯,吧匙,研钵,滤纸。

制作过程:

(1)将莲花洗净阴干,与绿茶共碾细末。

(2)用滤纸做成袋泡茶。

(3)每次取1袋放入杯中,用开水泡5分钟后饮用。

风味特点:清暑宁心,凉血止血。

170. 玫瑰茉莉绿茶

原料配方:玫瑰花3朵,茉莉花3克,绿茶包1个,开水350毫升。

制作工具或设备:茶壶,透明玻璃茶杯,吧匙。

制作过程:

(1)将玫瑰花,茉莉花与绿茶包放入茶壶中,加入开水浸泡2~3分钟,待香味溢出即可。

(2)加入蜂蜜调味即可。

风味特点:玫瑰的清香与绿茶的甘甜相互融合,口味芬芳。

171. 玫瑰奶茶

原料配方:红茶1包,玫瑰花5克,蜂蜜15克,牛奶250克,开水350毫升。

制作工具或设备:茶壶,透明玻璃茶杯,吧匙。

制作过程:

(1)将红茶包与玫瑰花放入茶壶中,加开水冲泡。

(2)当红茶和玫瑰花泡开后,加入适量蜂蜜。

(3)加入牛奶调匀饮用。

风味特点:奶味醇厚,玫瑰清香。

172. 苹果绿茶

原料配方:苹果1/2个,柠檬1/2个,蜂蜜15克,绿茶包1包,开水350毫升。

制作工具或设备:茶壶(带滤网),透明玻璃茶杯,吧匙,榨汁机,水果刀,砧板。

制作过程:

(1)柠檬洗净榨汁;苹果去皮切成小丁块备用。

(2)开水冲泡绿茶包,3分钟后滤出茶汁。

(3)在茶汁中加入之前榨好的柠檬汁,放入苹果丁,再加入蜂蜜,最后加入一点冰块搅拌均匀即可饮用。

风味特点:色泽碧绿,清新爽口。

173. 椰子茶

原料配方:椰浆 35 克,红茶 1 包,蜂蜜 15 克,奶精 10 克,纯净水 450 毫升。

制作工具或设备:煮锅,透明玻璃茶杯,吧匙。

制作过程:

椰浆加水,煮开后再加入红茶、蜂蜜、奶精,搅至均匀即可。

风味特点:色泽乳白,具有椰子的甜香味。

174. 青提子茶

原料配方:袋泡绿茶 1 包,青提子 15 克,菊花 10 克,开水 450 毫升,盐 25 克。

制作工具或设备:茶壶,透明玻璃茶杯,吧匙。

制作过程:

(1)将盐炒热,放入青提子,炒至发胀,筛去盐。

(2)再将青提子放入茶壶,加入菊花、绿茶,以开水冲泡即可。

风味特点:色泽浅绿,清热解暑。

175. 珍珠绿茶

原料配方:绿茶汁 120 毫升,冰块 10 块,糖水 25 毫升,五彩珍珠粉圆 25 克,苹果角 3 片,小金橘 1 个。

制作工具或设备:煮锅,透明玻璃茶杯,珍珠吸管,吧匙。

制作过程:

(1)煮制五彩珍珠粉圆,然后将煮好的五彩珍珠粉圆放入透明玻璃茶杯中。

(2)将冰块、绿茶汁、糖水依次放入雪克壶中,充分摇匀后倒入放有珍珠粉圆的杯中。

(3)用苹果角、小金橘装饰杯口,再插入珍珠吸管即可。

风味特点:消暑解渴,色泽浅绿。

176. 暖姜奶茶

原料配方:绿茶 3 克,生姜 5 克,牛奶 250 毫升,开水 250 毫升。

制作工具或设备:煮锅,茶壶,透明玻璃茶杯,吧匙,水果刀,砧板。

制作过程:

(1)将茶叶与磨碎的生姜放入煮锅中,以开水浸泡。茶叶泡开了之后,加入与清水同量的牛奶并加温。

(2)然后将奶茶倒入茶壶,注入预先温热的茶杯中,并切宽1~2毫米的生姜片装饰茶杯即可。

风味特点:色泽浅绿,姜味突出,洋溢着浓浓暖意。

177. 菊花绿茶饮

原料配方:菊花12克,绿茶5克,白糖25克,开水450毫升。

制作工具或设备:茶壶,透明玻璃茶杯,吧匙。

制作过程:

(1)将菊花、绿茶等放入茶壶,加入白糖,用开水冲泡。

(2)倒入透明玻璃茶杯即可。

风味特点:色泽碧绿,宁神明目。

178. 橄榄茶

原料配方:鲜橄榄3个,绿茶3克,开水500毫升。

制作工具或设备:水果刀,砧板,煮锅,透明玻璃茶杯,吧匙。

制作过程:

(1)橄榄用水果刀割纹,加开水250毫升煮5分钟,取汁。

(2)在茶杯中加入绿茶、橄榄汁,加入剩余的开水冲泡3分钟即可。

风味特点:色泽浅绿,清热生津。

179. 玫瑰冰红茶

原料配方:冰红茶150毫升,蜂蜜30毫升,鲜牛奶90毫升,红石榴汁15毫升,柠檬汁10毫升,玫瑰花1朵,冰块0.5杯。

制作工具或设备:雪克壶,滤网,果汁杯,吧匙。

制作过程:

(1)将冰红茶、蜂蜜、鲜牛奶、红石榴汁、柠檬汁和冰块等放入雪克壶中,用单手或双手持壶摇匀。

(2)滤入果汁杯中,用玫瑰花装饰即可出品。

风味特点:色泽艳丽,口味甜酸。

180. 蜂王茶

原料配方:蜂蜜40毫升,冰红茶200毫升,柠檬汁15毫升,白兰地5毫升,冰块0.5杯。

制作工具或设备:雪克壶,果汁杯,吧匙。

制作过程:

将所有原料倒入雪克壶摇匀倒入杯中,装饰即可出品。

风味特点:色泽浅红,口味微甜,具有柠檬和白兰地的香味。

181. 新鲜水果茶

原料配方:红茶包1个,开水150毫升,柳橙2个,柳橙果肉10克,柠檬1个,柠檬果肉10克,苹果1个,凤梨10克,糖水30毫升,冰块0.5杯。

制作工具或设备:雪克壶,果汁杯,吧匙,榨汁机。

制作过程:

(1)柳橙洗净,压榨成约100毫升汁;柳橙果肉切小丁;柠檬洗净,取1/6个压榨成约5毫升汁,柠檬果肉切小丁;苹果洗净去皮,去核籽后取10克果肉切小丁;凤梨果肉切小丁,将所有水果丁放入杯中。

(2)雪克壶中倒入开水,放入红茶包,浸泡3分钟后取出茶包。

(3)倒入柳橙汁、柠檬汁、糖水及冰块,盖紧盖子摇动10~20下,倒入杯中即可。

风味特点:色泽浅红,具有各种水果的香味。

182. 桂圆奶茶

原料配方:冰红茶150毫升,桂圆6个,红枣2个,枸杞3克,牛奶50毫升,砂糖15克。

制作工具或设备:果汁杯,吧匙。

制作过程:

(1)在果汁杯中加入冰红茶、桂圆肉、红枣、枸杞等泡制10分钟。

(2)加入牛奶和砂糖等,搅拌均匀后,即可出品。

风味特点:色泽茶褐,口味微甜。

183. 飘香红茶

原料配方:红茶150毫升,草莓汁150毫升,百香汁50毫升,橙汁

25 毫升,冰块 0.5 杯。

制作工具或设备:雪克壶,果汁杯,吧匙。

制作过程:

(1)在雪克壶中,加入红茶、草莓汁、百香汁、橙汁和冰块等,摇混均匀。

(2)滤入果汁杯中,稍作装饰即可。

风味特点:色泽浅红,茶味飘香。

184. 柳橙水果茶

原料配方:茶叶 3 克,开水 350 毫升,柳橙 20 克,柠檬 20 克,凤梨 20 克,草莓果酱 10 克,蜂蜜 15 毫升。

制作工具或设备:茶壶,高脚杯,吧匙。

制作过程:

(1)柳橙及柠檬洗净,均不去皮切小丁;凤梨果肉切小丁。

(2)茶壶中倒入开水,将除茶叶外的所有材料放入搅拌均匀,浸泡 3 分钟。

(3)放入茶叶浸泡 3 分钟,取出茶渣后即可倒入杯中。

风味特点:色泽浅黄,口味清香,具有各种水果的香味。

185. 凤梨香蜜茶

原料配方:红茶包 1 袋,柠檬皮丝 15 克,凤梨汁 25 毫升,凤梨 2 片,纯净水 350 毫升。

制作工具或设备:煮锅,高脚杯,吧匙。

制作过程:

(1)将红茶包浸入纯净水中,放煮锅中,用小火煮至水开,待凉。

(2)取 2 片凤梨,切成小块,加入红茶液中,再倒入凤梨汁,加入柠檬皮丝,搅匀即可。

风味特点:色泽浅黄,消暑解渴,口味馨香。

186. 雪花泡沫凉茶

原料配方:红茶包 1 个,开水 120 毫升,冰块 0.5 杯,柳橙 2/3 个,红石榴汁 15 毫升,蜂蜜 30 毫升,香草冰淇淋 30 克,柠檬 1/3 个。

制作工具或设备:雪克壶,高脚杯,吧匙,榨汁机。

制作过程:

(1)柠檬、柳橙洗净,去皮去籽,切成小块,分别压榨成汁,备用。

(2)雪克壶中倒入开水,放入红茶包,浸泡3分钟后取出茶包。

(3)加入香草冰淇淋,搅拌至溶解,再倒入柠檬汁、柳橙汁、红石榴汁、蜂蜜及冰块,盖紧盖子摇动10~20下,一起倒入杯中即可。

风味特点:色泽茶褐,泡沫细密浓稠。

187. 姜母奶茶

原料配方:红茶包2个,姜母粉1克,奶精粉8克,开水400毫升,蜂蜜30毫升,姜2片。

制作工具或设备:煮锅,高脚杯,吧匙。

制作过程:

(1)煮锅中倒入开水。

(2)再加入蜂蜜、姜母粉、奶精粉、姜片,以大火煮至溶解,放入红茶包,以小火煮1~2分钟,熄火后取出茶包。

(3)最后倒入高脚杯中,即可。

风味特点:微微散发诱人芳香,口感刺激适中,增进食欲。

188. 芋头沙奶茶

原料配方:红茶包1个,开水250毫升,奶精粉8克,芋头沙粉16克,细砂糖8克,冰块200克。

制作工具或设备:雪克壶,高脚杯,吧匙。

制作过程:

(1)雪克壶中倒入开水,放入红茶包,浸泡3分钟。

(2)取出茶包,加入奶精粉、芋头沙粉搅拌至溶解,再加入细砂糖、冰块,盖紧盖子摇动10~20下,倒入杯中即可。

风味特点:色泽浅褐,口味清凉。

189. 柳橙冰橘茶

原料配方:红茶包2个,热开水150毫升,金橘8粒,冰块200克,柳橙2个,柠檬1个,橘子果酱5克,蜂蜜30毫升。

制作工具或设备:雪克壶,高脚杯,吧匙,榨汁机。

制作过程:

(1)金橘洗净对切,压约30毫升汁,将金橘皮放入杯中;柳橙洗净对切,压榨成约90毫升汁;柠檬洗净,取1/6个压成约5毫升汁。

(2)雪克壶中倒入热开水,放入红茶包,浸泡3分钟后取出茶包。

(3)倒入橘子果酱,搅拌至溶解,再加入金橘汁、柳橙汁、柠檬汁、蜂蜜及冰块,盖紧盖子摇动10~20下,倒入杯中即可。

风味特点:色泽浅黄,口味鲜甜。

190. 宾治茶

原料:红茶汁50毫升,鲜柠檬汁10毫升,橘子汁25毫升,白砂糖25克,草莓汁25毫升,凤梨汁35毫升,黄瓜圈1个,姜汁汽水1听。

制作工具或设备:高脚杯,吧匙。

制作过程:

(1)将红茶汁倒入高脚杯中。

(2)加入白砂糖、柠檬汁、橘汁、凤梨汁和草莓汁使白砂糖溶解。

(3)旋切黄瓜圈一个,放入杯中。

(4)最后加入姜汁汽水调匀即成。

风味特点:色泽艳丽,清凉可口。

第七章　碳酸类饮品

1. 水蜜桃冰饮

原料配方：绿茶包 1 个，苏打水（柑橘口味）150 毫升，加州水蜜桃 1 个，开水 100 毫升，柠檬汁 2 毫升。

制作工具或设备：茶壶，透明玻璃杯，吧匙，制冰盒。

制作过程：

（1）水蜜桃切片捣成泥状，加入 2 毫升柠檬汁搅匀，再倒入制冰盒冰冻成冰块。

（2）将绿茶放入茶壶用开水冲泡，3 分钟后取出茶袋晾凉后倒入透明玻璃杯中冷藏，加入苏打水及水蜜桃冰块即可饮用。

风味特点：色泽浅绿，口味清凉。

2. 番茄汽水

原料配方：番茄汁 250 毫升，苏打水 150 毫升，冰块 10 块。

制作工具或设备：透明玻璃杯，吧匙。

制作过程：

（1）将冰块放入透明玻璃杯中，然后注入番茄汁。

（2）最后倒入苏打水轻轻拌匀即可。

风味特点：色泽鲜艳，口味微酸。

3. 柚香苏打

原料配方：苏打汽水 100 毫升，奇异果糖浆 30 毫升，葡萄柚汁 100 毫升，碎冰块 0.5 杯。

制作工具或设备：透明玻璃杯，吧匙。

制作过程：

（1）将碎冰块放入透明玻璃杯中，然后注入奇异果糖浆、葡萄柚汁。

（2）最后倒入苏打水轻轻拌匀即可。

风味特点:色泽淡黄,清凉爽口。

4. 咖啡霜冰

原料配方:冰咖啡150毫升,七喜汽水150毫升。

制作工具或设备:透明玻璃杯。

制作过程:

将冰咖啡注入透明玻璃杯中,慢慢注入七喜汽水,动作要慢,旋转倒入。

风味特点:两层颜色,双重甜美。

5. 晴空碧海

原料配方:七喜汽水150毫升,可尔必思20毫升,蓝柑香糖浆20毫升,柠檬片1片,樱桃1颗,冰块10块。

制作工具或设备:透明玻璃杯,吧匙。

制作过程:

(1)将碎冰块放入透明玻璃杯中,然后注入可尔必思、蓝柑香糖浆等搅拌均匀。

(2)轻轻注入七喜汽水,用吧匙轻轻搅拌2~3下即可。

风味特点:色泽碧蓝如晴空,一尘不染;口味清凉。

6. 绿翡翠

原料配方:七喜汽水100毫升,金橘1颗,蜂蜜30毫升,薄荷蜜20毫升,碎冰块0.5杯。

制作工具或设备:透明玻璃杯,吧匙。

制作过程:

(1)将碎冰块放入透明玻璃杯中,然后注入薄荷蜜、蜂蜜等搅拌均匀。

(2)轻轻注入七喜汽水,用吧匙轻轻搅拌2~3下,放入金橘装饰即可。

风味特点:色泽碧绿如翡翠,口味清凉。

7. 柚香雪碧

原料配方:雪碧汽水100毫升,葡萄糖浆30毫升,葡萄柚汁100毫升,碎冰块0.5杯。

制作工具或设备:透明玻璃杯,吧匙。

制作过程:

(1)将碎冰块放入透明玻璃杯中,然后注入葡萄糖浆、葡萄柚汁。

(2)最后倒入雪碧汽水轻轻拌匀即可。

风味特点:色泽淡黄,清凉爽口。

8.玫瑰冰淇淋苏打

原料配方:苏打汽水100毫升,玫瑰果露30毫升,菠萝汁100毫升,香草冰淇淋1球,冰块10块。

制作工具或设备:透明玻璃杯,吧匙。

制作过程:

(1)取一透明玻璃杯,在杯底放入适量的冰块,再慢慢倒入玫瑰果露使其沉入杯底。

(2)徐徐倒入菠萝汁,使其层次分明,再加入苏打汽水至八分满。

(3)最上层放置1球香草冰淇淋,食用时搅拌均匀即可。

风味特点:层次分明,口感细腻。

9.蛋黄可乐

原料配方:可乐150毫升,柠檬汁10毫升,蜂蜜15毫升,蛋黄1个。

制作工具或设备:透明玻璃杯,吧匙。

制作过程:

(1)把蛋黄和蜂蜜加入杯中打匀。

(2)加入柠檬汁与可乐搅拌均匀即可。

风味特点:色泽混黄,口味醇厚,口感清凉。

10.椰子可乐

原料配方:椰汁60毫升,鲜柳橙汁30毫升,可乐250毫升,冰块适量。

制作工具或设备:雪克壶,透明玻璃杯。

制作过程:

(1)将可乐和冰块以外的材料倒入雪克壶充分摇匀。

(2)注入盛有冰块的透明玻璃杯,注入可乐即可。

风味特点:椰子口味,口感绵软。

11. 夏季的喜悦

原料配方:柳橙汁 30 毫升,石榴糖浆 15 毫升,砂糖 10 克,苏打水 150 毫升,柠檬 1 片,冰块 10 块。

制作工具或设备:雪克壶,高脚杯,吧匙。

制作过程:

(1)将苏打汽水和冰块以外的材料倒入雪克壶中,摇匀后注入盛有冰块的高脚杯中。

(2)加满苏打水,装饰上柠檬薄片即成。

风味特点:色泽梅红,口感清凉,口味香甜,具有石榴的香味。

12. 坚果可乐

原料配方:可乐 150 毫升,榛子糖浆 60 毫升,鲜柳橙汁 60 毫升,冰块 10 块。

制作工具或设备:雪克壶,透明玻璃杯,吧匙。

制作过程:

(1)将可乐和冰块以外的原料放入雪克壶中,双手摇匀后注入盛有冰块的透明玻璃杯中。

(2)添加可乐调匀即可。

风味特点:色泽浅褐,具有坚果榛子的口味。

13. 薄荷迷雾

原料配方:七喜汽水 1 瓶,蜂蜜 15 毫升,薄荷蜜 10 毫升,凤梨汁 10 毫升,葡萄浓缩汁 5 毫升,鲜牛奶 60 毫升,碎冰块 1 杯。

制作工具或设备:碎冰机,雪克壶,果汁杯,吧匙。

制作过程:

(1)将蜂蜜放入果汁杯中,加入 1/3 杯的碎冰。

(2)在雪克壶内加 3 块冰块、薄荷蜜、凤梨汁,加盖,摇动 10 秒后缓缓倒入果汁杯。

(3)再将碎冰入果汁杯至满,最后将七喜汽水缓缓倒入果汁杯至满。

(4)杯边放上装饰物即成。

风味特点:清凉可口,营养丰富。

14. 冰淇淋可乐

原料配方:冰镇可乐 250 毫升,香草冰淇淋 2 球,彩色朱古力针 5 克。

制作工具或设备:果汁杯,吧匙。

制作过程:

将冰镇后的可乐倒入杯中,将香草冰淇淋球放入可乐中,再撒上少许彩色朱古力针即成。

风味特点:冰凉晶亮,细腻绵软。

15. 冰淇淋雪碧

原料配方:冰镇雪碧 250 毫升,草莓冰淇淋 30 克,彩色朱古力针 10 粒,冰块 10 块。

制作工具或设备:果汁杯,吧匙。

制作过程:

(1)将冰镇后的雪碧倒入装入冰块的果汁杯中。

(2)将草莓冰淇淋球放入雪碧中,再撒上彩色朱古力针即成。

风味特点:冰凉晶亮,细腻绵软,气泡新鲜。

16. 夜上海滩

原料配方:柠檬汁 10 毫升,冰镇可乐 120 毫升,柠檬 1 片,冰块 10 块。

制作工具或设备:果汁杯,吧匙。

制作过程:

在玻璃杯中加入冰块,倒入柠檬汁,用吧匙搅拌,然后加满可乐,浮上 1 片柠檬片即可。

风味特点:雾霭迷茫,扑朔迷离。

17. 薄荷果汁

原料配方:蜂蜜 10 毫升,薄荷蜜 20 毫升,菠萝汁 20 毫升,葡萄浓缩汁 20 毫升,雪碧 150 毫升,碎冰块 120 克。

制作工具或设备:雪克壶,果汁杯,吧匙。

制作过程:

(1)先将蜂蜜倒入杯底,杯中加入 1/3 的碎冰块。

(2)在雪克壶中放入余下的 2/3 冰块、薄荷蜜、菠萝汁、葡萄浓缩汁,加盖,充分摇动 10 秒后缓缓倒入杯中。

(3)将雪碧缓缓倒入果汁至满杯,杯口放饰物。

风味特点:薄荷清香,凉爽宜人。

18. 鸡蛋柠檬饮

原料配方:柠檬汁 30 毫升,蛋黄 1 个,糖水 20 毫升,苏打水 120 毫升,冰块 120 克。

制作工具或设备:雪克壶,果汁杯,吧匙。

制作过程:

(1)将上述材料(除苏打水外)倒入加有冰块的雪克壶内,单手或双手摇匀。

(2)滤入加有冰块的果汁杯,注满苏打水即可。

风味特点:色泽浅黄,柠檬口味,营养滋补。

19. 蛋黄柠檬雪碧

原料配方:雪碧 250 毫升,柠檬汁 15 毫升,鸡蛋黄 1 个,砂糖 10 克,碎冰 100 克,柠檬 1 片,红樱桃 1 个。

制作工具或设备:搅拌机,雪克壶,果汁杯,吧匙。

制作过程:

(1)将柠檬汁与蛋黄、砂糖一起放入搅拌机中搅匀,倒入装有碎冰的杯中。

(2)在杯中加满雪碧,可用柠檬片、红樱桃做装饰。

风味特点:色泽浅黄,柠檬口味,泡沫细腻。

20. 香甜凤梨酸橙饮

原料配方:冰凤梨汁 60 毫升,冰酸橙汁 60 毫升,苏打水 150 毫升,鲜草莓 1 颗,冰块 10 块。

制作工具或设备:果汁杯,吧匙。

制作过程:

(1)将除苏打水以外的原料放入装有冰块的果汁杯中,用吧匙搅拌均匀。

(2)注入苏打水至八分满即可。

风味特点:色泽浅黄,口味香甜。

21. 柠檬苹果苏打

原料配方:苹果 1/2 个,柠檬 1/2 个,蜂蜜 15 毫升,苏打水 150 毫升,樱桃 1 颗,冰块 10 块。

制作工具或设备:榨汁机,果汁杯,吧匙。

制作过程:

(1)苹果去皮与芯,柠檬去皮,两者放进榨汁机中榨汁。

(2)加入蜂蜜混匀,再倒入苏打水,注入放冰的杯中。

(3)可以加一颗美丽诱人的樱桃装饰。

风味特点:口味酸甜,香气舒爽。

22. 水蜜桃柑橘饮

原料配方:苏打水 80 毫升,开水 150 毫升,绿茶包 1 包,加州水蜜桃 10 片,柠檬汁 1 吧匙。

制作工具或设备:榨汁机,果汁杯,制冰盒,研钵,吧匙。

制作过程:

(1)将水蜜桃片捣成泥状,加入 1 吧匙柠檬汁搅匀,再倒入制冰盒冰冻成冰块。

(2)取果汁杯,注入开水,放入绿茶包,浸泡 3 分钟。

(3)取出茶袋,将茶汁放凉后冷藏。饮用时加入苏打水及水蜜桃冰块即可。

风味特点:色泽浅黄,口味爽甜。

23. 柔情乳雪

原料配方:雪碧 150 毫升,酸奶 75 毫升,盐 0.5 克,冰块 10 块。

制作工具或设备:果汁杯,吧匙。

制作过程:

(1)在果汁杯中加入冰块,加入酸奶、盐等搅拌均匀。

(2)轻轻注入雪碧即可。

风味特点:色泽洁白,口味甜爽。

24. 柠檬可乐

原料配方:可乐 150 毫升,柠檬片 1 片,姜汁 15 毫升,冰块 15 块。

制作工具或设备:果汁杯,吧匙。

制作过程:

(1)在果汁杯中加入冰块,注入姜汁、可乐搅拌均匀。

(2)放入柠檬 1 片即可。

风味特点:柠檬口味,姜味清爽。

25. 玫瑰可乐

原料配方:可乐 150 毫升,柠檬片 1 片,玫瑰花瓣 3 片,玫瑰露 15 克,冰块 15 块。

制作工具或设备:果汁杯,吧匙。

制作过程:

(1)在果汁杯中加入冰块,注入玫瑰露,加入少量可乐搅拌均匀。

(2)然后注入剩余的可乐,放入柠檬片,撒上玫瑰花瓣即可。

风味特点:造型浪漫,口味幽香。

26. 牛奶可乐

原料配方:可乐 150 毫升,牛奶 150 毫升,冰块 15 块。

制作工具或设备:果汁杯,吧匙。

制作过程:

(1)在果汁杯中加入冰块,注入牛奶。

(2)然后加入可乐即可。

风味特点:奶香浓郁,口味清凉。

27. 水果可乐

原料配方:可乐 150 毫升,冰块 0.5 杯,草莓块 15 克,柠檬 1 片,雪梨 3 片,苹果块 15 克。

制作工具或设备:果汁杯,吧匙。

制作过程:

(1) 在果汁杯中加入冰块,加上草莓块、柠檬片、雪梨片、苹果块等。

(2)注入可乐即可。

风味特点:水果风味,可乐爽洁。

28. 雪碧新地

原料配方:雪碧 150 毫升,柠檬汁 25 克,冰块 15 块,红樱桃 1 颗。

制作工具或设备:果汁杯,吧匙。

制作过程:

(1)在果汁杯中加入冰块,注入雪碧和柠檬汁。

(2)用红樱桃装饰杯口即可。

风味特点:清爽宜人,口味清新。

29. 冰咖浮露

原料配方:冰镇可乐 200 毫升,冰咖啡 100 毫升,冰块 0.5 杯,芒果冰淇淋球 2 个,彩色巧克力针 3 克。

制作工具或设备:果汁杯,吧匙。

制作过程:

(1)在果汁杯中加入冰块,注入冰咖啡和冰镇可乐。

(2)放入芒果冰淇淋球 2 个,撒上彩色巧克力针即可。

风味特点:冰淇淋球漂浮在可乐之上,浮浮沉沉,巧克力针色泽艳丽,口感细腻绵软。

30. 石榴苏打

原料配方:石榴汁 15 克,苏打水 250 毫升,冰块 0.5 杯。

制作工具或设备:果汁杯,吧匙。

制作过程:

(1)在果汁杯中加入冰块,注入石榴汁。

(2)加入苏打水轻轻拌匀即可。

风味特点:色泽艳丽,口味爽甜。

31. 清凉世界

原料配方:薄荷蜜 15 克,雪碧 250 毫升,柠檬汁 1 毫升,冰块 0.5 杯。

制作工具或设备:果汁杯,吧匙。

制作过程:

(1)在果汁杯中加入冰块,注入薄荷蜜和柠檬汁。

(2)加入雪碧轻轻拌匀即可。

风味特点:色泽碧绿,口味清凉。

32. 蓝色妖姬

原料配方:蓝柑汁 25 克,雪碧 250 毫升,柠檬汁 1 毫升,冰块 0.5 杯。

制作工具或设备:果汁杯,吧匙。

制作过程:

(1)在果汁杯中加入冰块,注入蓝柑汁和柠檬汁。

(2)加入雪碧轻轻拌匀即可。

风味特点:色泽碧蓝,口味爽甜。

33. 洁白女士

原料配方:牛奶 150 克,雪碧 150 毫升,柠檬汁 1 毫升,冰块 0.5 杯。

制作工具或设备:果汁杯,吧匙。

制作过程:

(1)在果汁杯中加入冰块,注入牛奶和柠檬汁。

(2)加入雪碧轻轻拌匀即可。

风味特点:色泽洁白,口味浓郁。

34. 茄汁雪碧

原料配方:番茄汁 150 克,雪碧 150 毫升,柠檬汁 1 毫升,冰块 0.5 杯。

制作工具或设备:果汁杯,吧匙。

制作过程:

(1)在果汁杯中加入冰块,注入番茄汁和柠檬汁。

(2)加入雪碧轻轻拌匀即可。

风味特点:色泽艳丽,口味酸甜。

35. 缤纷夏日

原料配方:西瓜瓤 150 克,苦瓜 50 克,蜂蜜 25 克,开水适量。

制作工具或设备:粉碎机,滤网,果汁杯,吧匙。

制作过程:

(1)将西瓜榨汁后滤出,苦瓜用开水泡烫后也榨汁后滤出,泡烫的目的是为了去除苦味。

(2)先将苦瓜汁沿杯壁倒入杯中,再倒入西瓜汁,最后倒入两勺蜂蜜(3样东西倒进去时都要求顺着杯壁往下流),最后蜂蜜会沉淀到杯底,这样杯中果汁就呈现黄红绿3层颜色,好像彩虹一样。

风味特点:色彩斑斓,清热解暑。

36. 椰林风情

原料配方:柳橙汁30毫升,柠檬汁30毫升,椰奶60毫升,葡萄柚汁30毫升,凤梨汁60毫升,苏打汽水100毫升,红石榴汁30毫升,冰块0.5杯。

制作工具或设备:雪克壶,果汁杯,吧匙。

制作过程:

(1)除红石榴汁、冰块外,把其他原料放入雪克壶中摇匀,然后倒入装有冰块杯中。

(2)慢慢地淋入红石榴汁。

风味特点:色泽浅红,透明清澈,有芳香柔顺的风味。

37. 滋补果汁

原料配方:雪碧150毫升,柠檬汁30毫升,柳橙汁30毫升,鲜奶60毫升,红石榴汁5毫升,冰块0.5杯。

制作工具或设备:粉碎机,果汁杯,吧匙。

制作过程:

(1)将除雪碧外所有原料放入粉碎机中,搅打成绵冰状后即可入杯。

(2)轻轻地加入雪碧即可。

风味特点:甜酸口味,营养丰富,滋补强身。

38. 新奇果汁

原料配方:苏打汽水150毫升,猕猴桃1个,糖水30毫升,柳橙汁90毫升,柠檬汁5毫升,碎冰块0.5杯。

制作工具或设备:粉碎机,果汁杯,吧匙。

制作过程:

(1)将猕猴桃削皮切块后,与其他原料(除苏打汽水)放入粉碎机中搅打均匀即可入杯。

(2)轻轻地加入苏打汽水即可。

风味特点:口味酸甜,色泽浅绿,还能美容助消化。

39. 多味蜜汁

原料配方:葡萄柚味汽水150毫升,糖水15毫升,柠檬汁5毫升,蜂蜜15毫升,鲜奶60毫升,柳橙汁30毫升,红石榴汁5毫升,碎冰块0.5杯。

制作工具或设备:粉碎机,果汁杯,吧匙。

制作过程:

(1)将除汽水、红石榴汁外所有原料放入粉碎机搅打均匀,倒入杯中后再加汽水。

(2)最后倒上红石榴汁即成。

风味特点:甜香适度,香浓可口,风味独特。

40. 珊瑚皇后果汁

原料配方:苏打汽水150毫升,乌梅汁30毫升,去皮香蕉1根,葡萄糖浆30毫升,碎冰块0.5杯。

制作工具或设备:粉碎机,滤网,果汁杯,吧匙。

制作过程:

(1)把所有原料(除汽水外)放入粉碎机中搅打均匀,滤入果汁杯中。

(2)最后轻轻倒上苏打汽水即可。

风味特点:味甜甘香,口感芳香。

41. 葡萄鲜果汁

原料配方:雪碧150毫升,鲜奶60毫升,凤梨汁60毫升,柠檬汁10毫升,糖水10毫升,凤梨2片、葡萄干30粒,碎冰块0.5杯。

制作工具或设备:粉碎机,滤网,果汁杯,吧匙。

制作过程:

(1)把除雪碧外所有原料放入粉碎机中搅打均匀,滤入果汁杯中。

(2)最后轻轻倒入雪碧即可。

风味特点:酸甜适度,益气养颜。

42. 薄荷苏打

原料配方:薄荷蜜15克,苏打汽水250毫升,柠檬汁1毫升,冰块0.5杯。

制作工具或设备:果汁杯,吧匙。

制作过程:

(1)在果汁杯中加入冰块,注入薄荷蜜和柠檬汁。

(2)加入苏打汽水轻轻拌匀即可。

风味特点:色泽碧绿,口味清凉。

43. 黄金之地

原料配方:雪碧100毫升,橙汁200毫升,冰块10块。

制作工具或设备:果汁杯,吧匙。

制作过程:

(1)在果汁杯中加入冰块,注入橙汁。

(2)加入雪碧轻轻拌匀即可。

风味特点:色泽金黄,口感爽快。

44. 清凉夏日

原料配方:葡萄汁60毫升,鲜柠檬1片,干话梅3颗,冰冻雪碧250毫升,冰块0.5杯。

制作工具或设备:果汁杯,吧匙。

制作过程:

(1)在果汁杯中加入冰块,加入葡萄汁、鲜柠檬片、干话梅。

(2)兑上冰冻雪碧,拌匀即可。

风味特点:口味清爽,甜酸开胃。

45. 加州特饮

原料配方:淡奶60毫升,碎冰块0.5杯,蜜糖10毫升,速溶咖啡25毫升,橙皮丝15克,苏打水150毫升。

制作工具或设备:粉碎机,果汁杯,吧匙。

制作过程:

(1)将除苏打水之外的所有材料放入粉碎机内打匀。

(2)注入苏打水即可。

风味特点:色泽浅褐,口味清凉,口感刺激。

46. 什果特饮

原料配方:苏打水 150 毫升,什果 150 克,菠萝汁 150 毫升,红糖水 15 克,橙汁 350 毫升,碎冰块 0.5 杯。

制作工具或设备:粉碎机,果汁杯,吧匙。

制作过程:

(1)将什果、菠萝汁、红糖水、橙汁和碎冰块放入粉碎机中,搅打均匀。

(2)饮用时,加入苏打水及冰便可。

风味特点:色泽粉红,具有各种水果的香味。

47. 炎夏清风

原料配方:苏打水 120 毫升,提子汁 120 克,菠萝汁 60 克,青柠汁 60 克,冰块 10 块,红樱桃 1 颗,柠檬 1 片。

制作工具或设备:雪克壶,果汁杯,吧匙。

制作过程:

(1)将苏打水、提子汁、菠萝汁、青柠汁、冰块放入雪克壶中摇匀。

(2)注入苏打水,用红樱桃及柠檬片作装饰即成。

风味特点:色泽浅黄,口味清凉,解暑止渴。

48. 清爽夏日

原料配方:七喜汽水 100 毫升,橙汁 90 毫升,菠萝汁 30 毫升,柠檬汁 10 毫升,石榴糖浆 15 毫升,冰块 10 块。

制作工具或设备:雪克壶,果汁杯,吧匙。

制作过程:

(1)将除七喜汽水外所有原料放入雪克壶中,再加上冰块摇匀。

(2)滤入果汁杯中,加上七喜汽水至八分满即成。

风味特点:色泽粉红,清热解暑。

49. 绿岛夜曲

原料配方:苏打水 100 毫升,绿薄荷 20 毫升,七喜汽水 20 毫升,鲜奶油15克,碎冰0.5杯。

制作工具或设备:果汁杯,吧匙。

制作过程:

将原料放入果汁杯中,再加冰块,上加鲜奶油,杯边饰以柠檬片即成。

风味特点:色泽碧绿,清凉爽口。

50. 夏日之光

原料配方:七喜汽水120毫升,橙汁60毫升,蛋黄1个,冰块10块。

制作工具或设备:雪克壶,果汁杯,吧匙。

制作过程:

(1)将橙汁、蛋黄和冰块一起放入雪克壶中,用单手或双手摇匀。

(2)滤入果汁杯中,加上七喜汽水即可。

风味特点:色泽金黄,口味醇厚。

51. 春暖花开

原料配方:凤梨汁30毫升,鲜奶50毫升,七喜汽水100毫升,椰汁20毫升,糖水10毫升,冰块5块,樱桃1个,凤梨1片。

制作工具或设备:雪克壶,透明玻璃杯,吧匙。

制作过程:

(1)在雪克壶中,加入鲜奶、凤梨汁、椰汁、糖水、冰块等,用单手或双手用力摇晃均匀。

(2)滤入玻璃杯中,注入七喜汽水,用樱桃、凤梨片在杯口组合装饰即可。

风味特点:色泽鲜黄,上层具有泡沫,装饰美观。

52. 秀兰·邓波儿

原料配方:石榴糖浆30毫升,姜汁汽水1听,柠檬片1片,冰块适量。

制作工具或设备:透明玻璃杯,吧匙。

制作过程:

(1)将石榴糖浆倒入加满冰块的透明玻璃杯中。

(2)然后用姜汁汽水注满酒杯,轻轻地调和;最后,用柠檬片装饰。

风味特点:色泽浅红,口味酸甜略带姜汁的辛辣。

53. 柳橙苏打

原料配方:鲜柳橙汁120毫升,七喜汽水1听,冰块0.5杯,柳橙1片,红樱桃1只。

制作工具或设备:鸡尾酒杯,吧匙。

制作过程:

(1)在鸡尾酒杯中加上冰块。

(2)倒入鲜橙汁于杯中,注入七喜汽水至八分满,用吧匙轻搅2~3下。

(3)夹穿叉柳橙片与红樱桃于杯上即成。

风味特点:色泽浅黄,口味清凉,装饰美观。

54. 柳橙凤梨宾治

原料配方:柳橙汁60毫升,凤梨汁60毫升,红石榴糖浆10毫升,七喜汽水1听,柳橙1片,红樱桃1只。

制作工具或设备:哥连士杯,吧匙,调酒棒。

制作过程:

(1)哥连士杯中加入八分满冰块,将柳橙汁、凤梨汁、红石榴糖浆倒入杯中,注入七喜汽水至八分满,用吧匙轻搅几下。

(2)夹穿叉柳橙片与红樱桃于杯口,放入吸管与调酒棒即成。

风味特点:色泽浅红,具有各种水果的香味。

55. 绿野仙踪

原料配方:柳橙汁60毫升,柠檬汁10毫升,绿薄荷果露10毫升,冰块0.5杯,雪碧1听。

制作工具或设备:雪克壶,果汁杯。

制作过程:

(1)将柳橙汁、柠檬汁、绿薄荷果露倒入盛满冰块的雪克壶中,摇和均匀,倒入果汁杯中。

(2)加入雪碧注满即可。

风味特点:颜色碧绿、口味凉爽,是夏日倍受欢迎的清凉饮料。

56. 水果宾治

原料配方：苹果1/5个，奇异果1/5个，柳橙1/5个，综合果汁100毫升，七喜汽水200毫升，红石榴汁10毫升，冰块0.5杯。

制作工具或设备：鸡尾酒杯，吧匙。

制作过程：

(1)将1/5个苹果、奇异果、柳橙分别去皮切丁备用。

(2)取杯倒入综合果汁、七喜汽水及冰块，再加入红石榴汁搅拌均匀。

(3)将做法(1)中的水果丁放在最上层即可。

风味特点：色泽艳丽，口味清凉刺激。

57. 庄园宾治

原料配方：橙汁30毫升，凤梨汁30毫升，柠檬汁10毫升，红石榴汁5毫升，雪碧汽水1听，黑朗姆酒5毫升，薄荷1枝。

制作工具或设备：鸡尾酒杯，吧匙。

制作过程：

(1)先将冰块放入鸡尾酒杯中，依次将橙汁、凤梨汁、柠檬汁、红石榴汁按配方量入杯中，倒雪碧汽水至八分满，用吧匙搅拌均匀。

(2)然后在面上倒入黑朗姆酒。

(3)放1枝薄荷装饰。

风味特点：色泽浅红，口味清凉，装饰美观。

58. 卡蒂娜宾治

原料配方：蔓越莓糖浆45毫升，柳橙汁30毫升，柠檬汁15毫升，姜汁汽水1听，冰块0.5杯，柳橙1片，红樱桃1颗。

制作工具或设备：果汁杯，吧匙。

制作过程：

(1)将冰块放入杯中，依次加入蔓越莓糖浆、柳橙汁、柠檬汁等，搅拌均匀。

(2)注入姜汁汽水至八分满。

(3)在杯口夹上柳橙片、红樱桃装饰。

风味特点：色泽浅黄，口味甜酸，口感清凉。

59. 柠檬沙碧

原料配方:柠檬汁 15 克,红茶 50 毫升,蜂蜜 15 克,雪碧 1 听,碎冰 0.5 杯。

制作工具或设备:果汁杯,吧匙。

制作过程:

(1)在果汁杯中,加入碎冰,然后依次加入柠檬汁、红茶、蜂蜜等。

(2)最后注入雪碧至八分满即可。

风味特点:色泽浅红,口味甜酸清爽。

60. 蓝色香槟

原料配方:新鲜柠檬汁 5 毫升,蓝柑汁 20 毫升,七喜汽水 250 毫升,甜柠檬糖浆 20 毫升,冰块 8 块,冰凉的香槟酒 25 毫升,樱桃 1 颗。

制作工具或设备:雪克壶,高脚杯,吧匙。

制作过程:

(1)把冰块放进雪克壶中。

(2)加进柠檬汁、蓝柑汁、甜柠檬糖浆,盖上壶盖,用力摇动约 10 秒钟。

(3)把调好的酒倒进冰镇过的酒杯里,再倒进七喜汽水至八分满。

(4)最后轻轻放进装饰用的樱桃即可。

风味特点:色泽浅蓝,口感清凉,口味微甜。

61. 沧海月明

原料配方:雪碧 1 听,绿薄荷蜜 30 毫升,柠檬汁 15 克,新鲜柠檬 1 片,冰块 0.5 杯,橙味甜酒 5 毫升,新鲜芹菜 1 根。

制作工具或设备:鸡尾酒杯,吧匙。

制作过程:

(1)在杯中放入 1 片柠檬片作为装饰,然后缓缓地依次将橙味甜酒、绿薄荷蜜以及柠檬汁注入杯中。

(2)加入适量冰块,并用吧匙轻轻搅匀。

(3)最后,将雪碧充满杯子,插入芹菜叶作为点缀即可。

风味特点:色泽浅绿,清凉提神,悦目爽口。

62. 椰林飘香

原料配方:雪碧 1 听,椰子汁 30 毫升,酸奶 50 毫升,盐 0.5 克,冰块 0.5 杯,新鲜柠檬 1 片。

制作工具或设备:鸡尾酒杯,吧匙。

制作过程:

(1)在杯中依次将椰子汁、酸奶、盐注入杯中。

(2)加入适量冰块,并用吧匙轻轻搅匀。

(3)最后,将雪碧充满杯子,插入柠檬片作为点缀即可。

风味特点:色泽洁白,酸爽清凉。

第八章　咖啡类饮品

1. 菠萝冰咖啡

原料配方:冰咖啡 150 毫升,鲜菠萝 80 克,鲜菠萝汁 2 大匙,冰块 10 块,糖水 10 毫升,鲜菠萝丁 15 克,发泡鲜奶油 25 克,红樱桃 1 颗,新鲜菠萝叶子 3 片。

制作工具或设备:雪克壶,平底玻璃杯,吧匙。

制作过程:

(1)将新鲜菠萝去皮,切成菠萝丁,用淡盐水浸泡后,取约 80 克放入宽口平底玻璃杯中。

(2)在雪克壶中依次加入冰咖啡、冰块、鲜菠萝汁、糖水,充分摇晃后倒入装有菠萝丁的杯中。

(3)再在杯上挤满奶油,饰以菠萝叶、红樱桃,插入吧匙即可。

风味特点:色泽浅褐,具有咖啡和菠萝的香味。

2. 漂漂咖啡

原料配方:碎冰块 1 杯,热咖啡 150 毫升,糖水 30 毫升,彩色巧克力米粒 25 克,香草冰淇淋 1 小球。

制作工具或设备:透明玻璃杯,吧匙。

制作过程:

(1)先在杯中放入碎冰至八分满,再倒入已加糖水的咖啡也至八分满,然后加入香草冰淇淋。

(2)上面撒上彩色巧克力米粒,最后插入搅拌吧匙即成。

风味特点:入口香甜,口味绝佳。

3. 香草杏仁咖啡

原料配方:深焙的咖啡 60 毫升,泡沫牛奶 60 毫升,香草杏仁糖汁 15 毫升。

制作工具或设备:透明玻璃杯,吧匙。

制作过程：

杯中倒入香草杏仁糖汁，顺次注入咖啡和搅起泡沫的牛奶，泡沫应浮在上面。

风味特点：黑白对比，泡沫细腻密集。

4. 薄荷冰咖啡

原料配方：深焙的咖啡粉 5 克，绿薄荷蜜 15 毫升，鲜奶油 25 克，糖浆 30 毫升，热水 150 毫升，红樱桃 1 颗。

制作工具或设备：过滤纸，冲壶，高脚杯，过滤杯，吸管，吧匙。

制作过程：

(1)取高脚杯加满冰块，并将滤纸套入过滤杯中，架于杯上。

(2)将咖啡粉倒入过滤纸上。

(3)用冲壶冲入热水，完成冰咖啡。

(4)将鲜奶油挤于冰咖啡上，再将绿薄荷蜜倒入杯中。

(5)放上红樱桃与吸管。

(6)最后将糖浆倒入利口酒杯中，并将其置于杯旁备用(可根据客人自己喜好添加)。

风味特点：咖啡味浓，薄荷清凉。

5. 意大利式咖啡雪泡

原料配方：浓咖啡 2 杯，可可粉 3 克，砂糖 15 克，冰块 10 块。

制作工具或设备：粉碎机，透明玻璃杯，吧匙。

制作过程：

(1)在粉碎机里放入口味较浓的咖啡。

(2)加入可可粉、冰块、糖适量，搅拌中速打 30 秒。

(3)滤入透明玻璃杯即可。

风味特点：色泽棕褐，口味浓醇，口感细腻。

6. 卡布奇诺

原料配方：意式浓缩咖啡 60 毫升，温牛奶 60 毫升。

制作工具或设备：打蛋器，透明玻璃杯，吧匙。

制作过程：

(1)利用打蛋器将温牛奶打到成泡沫状为止。

(2)将泡沫奶倒入意式浓缩咖啡中即可。

风味特点:咖啡浓香,泡沫细腻。

7. 冰摩卡咖啡

原料配方:巧克力糖浆30毫升,热咖啡75毫升,冰牛奶25毫升,鲜奶油25克,彩色巧克力针5克,冰块10块。

制作工具或设备:冰杯,吧匙。

制作过程:

(1)在一个冰杯中装满冰块,然后将巧克力糖浆与热咖啡搅匀倒入冰杯中再轻微搅拌一下。

(2)轻轻倒入冰牛奶至杯子的4/5高度,挤上鲜奶油,撒上一点彩色巧克力针即可。

风味特点:色泽棕褐,咖啡味浓。

8. 香蕉咖啡

原料配方:冰咖啡50毫升,巧克力浆20毫升,香蕉2根,牛奶40毫升,彩色巧克力针5克,冰块10块。

制作工具或设备:粉碎机,透明玻璃杯,吧匙。

制作过程:

(1)将冰咖啡放入粉碎机中,加入巧克力糖浆、香蕉和牛奶搅拌2分钟。

(2)注入装着冰块的杯子,再撒些彩色巧克力针即可。

风味特点:咖啡清凉,香蕉味浓。

9. 黑白冰咖啡

原料配方:冰咖啡150克,糖浆15克,牛奶150毫升,冰块10块。

制作工具或设备:透明玻璃杯,吧匙。

制作过程:

(1)在杯子里装满冰块,加入糖浆;再注入牛奶,轻轻地搅拌。

(2)从其上用吧匙引流静静地注入冰咖啡即成。

风味特点:黑白分明,层次清晰,品尝时咖啡和牛奶的味道相互交融。

10. 冰岛咖啡

原料配方:咖啡 150 毫升,花生粉 5 克,朱古力粉 10 克,糖水 15 毫升,香草冰淇淋 1 球。

制作工具或设备:透明玻璃杯,吧匙。

制作过程:

(1)将咖啡放入透明玻璃杯中,放入花生粉、朱古力粉、糖水搅拌溶解。

(2)加香草冰淇淋置于其上即可。

风味特点:在咖啡的浓香中漂浮着冰淇淋的细腻,透着花生粉和朱古力的浓香。

11. 水果咖啡

原料配方:咖啡 150 毫升,苹果粉 5 克,哈密瓜粉 10 克,柠檬粉 3 克,糖水 25 毫升。

制作工具或设备:透明玻璃杯,吧匙。

制作过程:

将咖啡注入透明玻璃杯中,加入苹果粉、哈密瓜粉、柠檬粉和糖水等搅拌均匀即可。

风味特点:在咖啡的味道中洋溢着各种水果的香味。

12. 摩卡冰杰伯

原料配方:摩卡冰咖啡 150 毫升,巧克力糖浆 25 克,牛奶 100 毫升,冰块 10 块,鲜奶油 15 克。

制作工具或设备:透明玻璃杯,吧匙。

制作过程:

(1)将一半巧克力糖浆与牛奶溶化后注入杯中,从上面放进冰块。

(2)再注入冰咖啡。

(3)然后在上面加上鲜奶油再以另一半巧克力糖浆描画装饰。

风味特点:多层色彩,多种口味,随意造型,多种享受。

13. 柠檬咖啡

原料配方:浓厚咖啡 150 毫升,冰块 0.5 杯,柠檬汁 10 毫升,苏打

25 毫升,柠檬 1 片。

制作工具或设备:透明玻璃杯,吧匙。

制作过程:

(1)在装满冰的杯子里,注入深焙浓厚咖啡约半杯。

(2)再注入柠檬汁与苏打即可。

14. 法国乡村咖啡

原料配方:深焙咖啡 150 毫升,鲜奶油 25 克,

制作工具或设备:钢杯,打蛋器,挤花袋,透明玻璃杯,吧匙。

制作过程:

(1)将鲜奶油放入钢杯中,利用打蛋器打成绵密状备用。

(2)将打好的鲜奶油装入挤花袋中,然后挤到热咖啡上即可。

风味特点:咖啡浓醇,奶油柔绵细腻。

15. 鸳鸯戏水咖啡

原料配方:热咖啡 150 毫升,红茶茶叶 3 克,纯净水 250 毫升,鲜奶油 25 克。

制作工具或设备:煮锅,钢杯,打蛋器,挤花袋,透明玻璃杯,吧匙。

制作过程:

(1)将红茶茶叶与纯净水倒入锅中,以小火煮沸后再泡制 3 ~ 5 分钟,滤出红茶汁备用。

(2)将鲜奶油放入钢杯中,利用打蛋器打成绵密状备用。

(3)把煮好的红茶汁与热咖啡混合,再利用挤花袋将鲜奶油挤在上面即可。

风味特点:在绵密细腻的奶油覆盖下,咖啡和红茶的味道水乳交融。

16. 香浓泡沫冰咖啡

原料配方:冰咖啡 150 毫升,方糖 1 粒,香草冰淇淋 1 球,鲜奶油 25 克,冰块 10 块,杏仁片 5 克。

制作工具或设备:雪克壶,透明玻璃杯,吧匙。

制作过程:

(1)在雪克壶中先放入已加糖的冰咖啡,再放入香草冰淇淋、鲜

奶油,加冰块摇匀。

(2)杯中先加冰块后,将摇匀的冰咖啡倒入杯中,上加少许杏仁片即可。

风味特点:香甜味美,泡沫细密。

17. 飘浮冰咖啡

原料配方:冰咖啡 150 毫升,碎冰 0.8 杯,香草或巧克力冰淇淋 1 球,打发鲜奶油 25 克,红樱桃 1 颗。

制作工具或设备:透明玻璃杯,吧匙。

制作过程:

(1)杯中先放入八分满的碎冰,再倒入已加糖的冰咖啡至八分满。

(2)最后放入香草或巧克力冰淇淋,其上先挤上一点鲜奶油,再放入 1 颗红樱桃。

风味特点:色泽对比,造型美观。

18. 浓情冰咖啡

原料配方:意大利冰咖啡 150 毫升,方糖 1 粒,鲜奶 100 毫升,冰块 10 块,鲜奶油 25 克,肉桂粉 0.5 克。

制作工具或设备:雪克壶,透明玻璃杯,吧匙。

制作过程:

(1)先在雪克壶中倒入意大利冰咖啡,加入方糖,再倒入鲜奶、加满冰块摇匀后倒入杯中。

(2)上面旋转加入 1 层鲜奶油,再撒上肉桂粉即成。

风味特点:浓厚醇烈,香浓苦醇。

19. 墨西哥冰咖啡

原料配方:冰咖啡 150 毫升,碎冰 0.8 杯,鲜奶油 25 克,蛋黄 1 个,绿薄荷蜜 15 毫升。

制作工具或设备:透明玻璃杯,吧匙。

制作过程:

(1)杯中先放入八分满的碎冰,再倒入冰咖啡。

(2)上面旋转加入 1 层鲜奶油,再从旁倒入 1 个蛋黄,最后加上绿薄荷蜜即成。

风味特点:清凉香醇,新鲜浓润。

20. 话梅咖啡

原料配方:热咖啡 150 毫升,方糖 1 粒,蜂蜜 15 毫升,打发鲜奶油 15 克,话梅粉 3 克。

制作工具或设备:透明玻璃杯,吧匙。

制作过程:

(1)将热咖啡注入透明玻璃杯,加上方糖和蜂蜜搅拌溶解。

(2)在咖啡表面旋转挤注奶油,撒上话梅粉即可。

风味特点:去腻消脂,甘香甜蜜,细腻留香。

21. 玫瑰浪漫咖啡

原料配方:蓝山咖啡 150 毫升,白兰地 2 毫升,玫瑰花 1 朵,方糖 1 粒。

制作工具或设备:咖啡杯,皇家咖啡钩匙。

制作过程:

在杯中注入蓝山咖啡,漂浮上玫瑰花,在杯口横置 1 支专用的皇家咖啡钩匙,上放方糖,并淋上少许白兰地,点火即可。

风味特点:味道香醇、浓烈;鲜红的玫瑰悬浮杯中,美丽诱人。

22. 玛克兰咖啡

原料配方:热咖啡 150 毫升,白兰地 5 毫升,柠檬 1 片、肉桂棒 1 支,方糖 1 粒。

制作工具或设备:咖啡杯,吧匙。

制作过程:

(1)将冲调好的咖啡倒满于杯中,约八分满。

(2)把白兰地倒入咖啡中;置入柠檬 1 片。

(3)再将肉桂棒插入,附方糖上桌即可。

风味特点:细腻香浓,咖啡中洋溢着白兰地的香醇和肉桂的芬芳。

23. 罗马咖啡

原料配方:热咖啡 150 毫升,方糖 1 粒,鲜奶油 25 克,朗姆酒 1 毫升。

制作工具或设备:咖啡杯,吧匙。

制作过程:

(1)将冲调好的咖啡倒满于杯中,加上方糖搅拌溶解。

(2)注入适量鲜奶油;再滴入朗姆酒即成。

风味特点:咖啡浓香中透着热带朗姆酒的芬芳和奶油的甜蜜。

24. 绿茶咖啡

原料配方:龙井茶5克,意大利特浓咖啡50毫升,热水150毫升,方糖3粒。

制作工具或设备:咖啡杯,吧匙。

制作过程:

(1)将龙井茶用50毫升约90℃的热水浸软,1分钟后倒出约30毫升茶汁,再向茶中加入100毫升90℃的热水,制取龙井茶汁80毫升。

(2)将龙井茶汁和意大利特浓咖啡兑和均匀即可。

风味特点:绿茶清芬,咖啡香浓,口味融合。

25. 教皇冰咖啡

原料配方:意大利冰咖啡150毫升,茴香酒5毫升,鲜奶100毫升,冰块10块。

制作工具或设备:咖啡杯,吧匙。

制作过程:

在杯中先放入意大利冰咖啡,再倒入茴香酒、鲜奶,最后加满冰块即可。

风味特点:咖啡味道香、浓、醇,具有茴香酒独特的浓烈香味。

26. 黄金冰咖啡

原料配方:冰咖啡150毫升,奶精粉5克,白兰地5毫升,冰块0.5杯。

制作工具或设备:咖啡杯,吧匙。

制作过程:

(1)杯中先放入冰咖啡,再加奶精粉、白兰地,搅拌均匀。

(2)最后加满冰块即可。

风味特点:味道香浓烈醇,冰凉爽口。

27. 黑樱桃咖啡

原料配方:冰咖啡 150 毫升,冰块 10 块,樱桃白兰地 5 毫升,打发鲜奶油 25 克,黑樱桃 1 颗。

制作工具或设备:咖啡杯,吧匙。

制作过程:

(1)杯中先放入八分满的冰块,再倒入冰咖啡、樱桃白兰地,上面再旋转加入一层鲜奶油。

(2)加上黑樱桃点缀即可。

风味特点:具有芬芳的迷人气息,鲜艳的深红色樱桃白兰地,散发着令人无法捉摸的魅力。

28. 豪华咖啡

原料配方:热咖啡 150 毫升,方糖 1 颗,打发鲜奶油 25 克,红樱桃 2 颗。

制作工具或设备:咖啡杯,吧匙。

制作过程:

杯内先放入方糖,再倒入热咖啡约八分满,上面旋转放入一层鲜奶油,再将切细丁的红樱桃撒在上面即可。

风味特点:樱桃的芬芳弥漫整杯咖啡,美味香醇而又赏心悦目。

29. 橙香咖啡

原料配方:热咖啡 150 毫升,方糖 1 颗,君度橙酒 1 毫升,鲜奶油 100 毫升,柳橙皮 5 克。

制作工具或设备:咖啡杯,吧匙。

制作过程:

(1)热咖啡 1 杯约八分满,加入君度橙酒,上面旋转加入 1 层鲜奶油,再撒上切成细丁的柳橙皮。

(2)附方糖上桌即可。

风味特点:味甘如饴,浓香醇美,具有柳橙的香甜。

30. 果酱咖啡

原料配方:热咖啡 150 毫升,蓝莓果酱 25 克,方糖 2 颗。

制作工具或设备:咖啡杯,吧匙。

制作过程:

将热咖啡注入咖啡杯中,加入蓝莓果酱,附上方糖即可。

风味特点:味道香甜,具有蓝莓的果香。

31. 贵夫人咖啡

原料配方:热咖啡150毫升,温鲜奶150毫升,鲜奶油15克,方糖2块。

制作工具或设备:咖啡杯,吧匙。

制作过程:

将热咖啡、温鲜奶同时倒入杯中,上面再旋转加入1层鲜奶油,附方糖即可。

风味特点:味道香纯、清淡;咖啡的醇厚刺激和鲜奶的营养温和相互交错。

32. 凤梨咖啡

原料配方:热咖啡150毫升,凤梨汁30毫升,凤梨角1小块,方糖2块。

制作工具或设备:咖啡杯,吧匙。

制作过程:

将热咖啡注入咖啡杯,倒入凤梨汁,杯口插上1小块凤梨角,附上方糖即可。

风味特点:香气优雅,味道酸甜。

33. 蜂王咖啡

原料配方:热咖啡150毫升,蜂蜜25克,蜂王浆10克,白兰地2~3滴,鲜奶油15克。

制作工具或设备:咖啡杯,吧匙。

制作过程:

(1)将热咖啡注入咖啡杯,加上蜂蜜、蜂王浆和2~3滴白兰地。

(2)再从最上面再旋转加入鲜奶油即可。

风味特点:味道香醇,气味馥郁。

34. 法兰西斯冰咖啡

原料配方:冰咖啡 150 毫升,奶精粉 5 克,白兰地 5 毫升,冰块 10 块。

制作工具或设备:咖啡杯,吧匙。

制作过程:

(1)杯中先放入冰咖啡,再加入奶精粉、白兰地搅拌均匀。

(2)最后加满冰块搅拌均匀即可。

风味特点:香浓烈醇,咖啡飘香。

35. 皇家咖啡

原料配方:综合热咖啡(或蓝山咖啡)150 毫升,方糖 2 块,白兰地 5 毫升。

制作工具或设备:咖啡杯,皇家钩匙。

制作过程:

(1)将热蓝山咖啡,倒入预热过的咖啡杯中,约八分满。

(2)将皇家钩匙横放在杯上,上放方糖。

(3)以白兰地淋湿方糖后点火即可饮用。

风味特点:咖啡香酒香四溢,口味醇美。

36. 彩虹冰淇淋咖啡

原料配方:红石榴汁 10 毫升,碎冰 0.5 杯,冰咖啡 150 毫升,香草及草莓冰淇淋各 1 球,鲜奶油 25 克。

制作工具或设备:玻璃杯,吧匙。

制作过程:

(1)杯中先放入红石榴汁,再加碎冰至七分满。

(2)再倒入冰咖啡,上加 1 球香草冰淇淋,挤入 1 层鲜奶油,再加 1 球草莓冰淇淋即可。

风味特点:五彩缤纷,口味纷呈。

37. 彩虹冰咖啡

原料配方:蜂蜜 15 毫升,红石榴汁 15 毫升,碎冰 0.5 杯,冰咖啡 100 毫升,鲜奶油 25 克,草莓冰淇淋 1 球,红樱桃 1 颗。

制作工具或设备:玻璃杯,吧匙。

制作过程：

(1)依序加入蜂蜜、红石榴汁，加入碎冰。

(2)慢慢倒入冰咖啡，再加鲜奶油 1 层，加上草莓冰淇淋，最上面放 1 颗红樱桃。

风味特点：层次清晰，味道甜醇。

38. 安娜冰咖啡

原料配方：冰咖啡 150 毫升，碎冰 0.5 杯，绿薄荷蜜 10 毫升，鲜奶油 25 克，巧克力糖浆 15 克，七彩米 5 克。

制作工具或设备：玻璃杯，吧匙。

制作过程：

(1)杯中先放入碎冰约八分满，再倒入冰咖啡、绿薄荷蜜。

(2)上面再旋转加入 1 层鲜奶油，最后挤上适量巧克力糖浆及少许七彩米即可。

风味特点：翡翠绿色，香甜冰凉；彩色多样的巧克力米，使造型更富变化。

39. 巴巴利安咖啡

原料配方：热咖啡 150 毫升，方糖 1 块，鲜奶油 25 克，巧克力糖浆 15 毫升，肉桂粉 0.5 克，巧克力削片 15 克。

制作工具或设备：玻璃杯，吧匙。

制作过程：

(1)杯中先加入方糖，再倒入热咖啡约八分满，再旋加入 1 层鲜奶油、巧克力糖浆。

(2)最后撒上少许肉桂粉，巧克力削片即可。

风味特点：气味温和芳香，口味香甜。

40. 爱因斯坦咖啡

原料配方：意大利浓苦咖啡 150 毫升，鲜奶油 25 克，削片巧克力 15 克，方糖 2 块。

制作工具或设备：玻璃杯，吧匙。

制作过程：

将意大利浓苦咖啡放入玻璃杯中，上面旋转加入 1 层鲜奶油，再撒上削片的巧克力屑,附方糖即可。

风味特点:味道浓苦带甜,香气扑鼻。

41. 爱尔兰咖啡

原料配方:热咖啡150毫升,爱尔兰威士忌10毫升,方糖2块,鲜奶油15克。

制作工具或设备:酒精灯,专用架,高脚玻璃杯,吧匙。

制作过程:

(1)在高脚玻璃杯中先加入爱尔兰威士忌,再加入方糖,然后将酒杯放在酒精灯火焰上方慢慢旋转烘烤,使方糖溶化。

(2)将冲调好的咖啡倒入杯中,约八分满。

(3)注入鲜奶油即可。

风味特点:酒香浓烈,造型浪漫。

42. 爱迪咖啡

原料配方:冰咖啡150毫升,加利安诺香甜酒(Galliano)10毫升,冰块0.5杯。

制作工具或设备:玻璃杯,吧匙。

制作过程:

杯中先放入冰咖啡,再加入加利安诺香甜酒,最后加满冰块即可。

风味特点:香浓醇美的香甜酒蕴含无比魅力,能将冰咖啡的清凉表露无遗,味香浓醇。

43. 古巴冰咖啡

原料配方:冰咖啡150毫升,冰块10块,棕色朗姆酒(Rum)10毫升,鲜奶油25克,巧克力糖浆15毫升。

制作工具或设备:玻璃杯,吧匙。

制作过程:

杯中先放入八分满的碎冰,再倒入冰咖啡,加入棕色朗姆酒,上面再旋转加入1层鲜奶油,并挤上巧克力糖浆。

风味特点:酒味浓烈,具有甘蔗的甜香味。

44. 啤酒冰咖啡

原料配方:冰咖啡150毫升,七喜汽水,冰块0.5杯。

制作工具或设备:玻璃杯,吧匙。

制作过程:

在玻璃杯中放入冰块,注入冰咖啡,最后加上七喜汽水至八分满。

风味特点:清柔香醇,具有啤酒般的细密气泡和口感。

45. 南方冰咖啡

原料配方:冰咖啡 150 毫升,南方安逸香甜酒 5 毫升,牛奶 100 毫升,鲜奶油 15 克,玉桂粉 0.5 克。

制作工具或设备:雪克壶,玻璃杯,吧匙。

制作过程:

(1)先在雪克壶中放入加糖的意大利冰咖啡,再倒入南方安逸香甜酒、牛奶,加满冰块摇匀后倒入杯中。

(2)上面再旋转加入 1 层鲜奶油,最后撒上玉桂粉即可。

风味特点:爱尔兰香醇的南方安逸香甜酒,酒性浓烈且含有天然香料,口味浓郁持久,是相当具有传统风味的冰咖啡配料。玉桂粉口味温和,咖啡奇香。

46. 地中海咖啡

原料配方:黑咖啡 250 毫升,茴香籽 0.5 克,丁香花苞 0.5 克,肉桂粉 0.5 克,小豆蔻 0.5 克,巧克力糖浆 25 克。

制作工具或设备:炒锅,玻璃杯,吧匙。

制作过程:

(1)把茴香籽、丁香花苞、肉桂粉和小豆蔻放进炒锅炒香,这时你的厨房里会弥漫出一种迷幻的味道。

(2)把巧克力糖浆放入锅里和香料充分混合,这又会升起一股甜香味。

(3)倒入 1 杯黑咖啡,一起加热一会儿,温度不要太高,大约 90℃,咖啡就要沸腾的时候,把锅从火上移开,趁热倒入杯中。

风味特点:在咖啡的苦香味中,洋溢着各种香料的香味。

47. 俄罗斯咖啡

原料配方:咖啡 150 毫升,鸡蛋黄 1 个,巧克力 15 克,牛奶 150 毫升,伏特加酒 5 毫升,砂糖 15 克,鲜奶油 15 克,巧克力碎屑 15 克。

制作工具或设备:煮锅,玻璃杯,吧匙。

制作过程:

(1)将1个鸡蛋黄打碎,放进煮锅中,然后加入巧克力、少量牛奶,加热熔化后,再倒入伏特加酒(Vodka),最后加入砂糖,混合均匀。

(2)先在咖啡杯中准备好滚烫的浓浓的半杯咖啡,再倒入混合了鸡蛋、巧克力和伏特加的牛奶。

(3)在液体表面挤入奶油装饰,并撒上巧克力碎屑。

风味特点:暖意融融,豪爽英烈。

48. 加勒比咖啡

原料配方:热咖啡150毫升,椰子汁150毫升,牛奶150毫升,椰肉25克,砂糖25克。

制作工具或设备:煮锅,玻璃杯,吧匙。

制作过程:

(1)将椰子汁放在煮锅里煮透,再倒入牛奶和切碎的椰肉,一同加热。

(2)加入糖调味,当椰汁变得黏稠时倒入玻璃杯。

(3)最后冲入热咖啡即可。

风味特点:在咖啡的浓香中透着椰奶的香味和热带风情。

49. 康吉拉多咖啡

原料配方:意大利浓缩咖啡150毫升,香草冰淇淋2球。

制作工具或设备:玻璃杯,吧匙。

制作过程:

将香草冰淇淋放入杯中,然后倒入1杯意大利浓缩咖啡即可。

风味特点:清新淡雅,丝丝滑润。

50. 勃艮第咖啡

原料配方:热咖啡150毫升,鲜奶油25克,红酒10毫升。

制作工具或设备:钢杯,打蛋器,咖啡杯,吧匙。

制作过程:

(1)将鲜奶油放入钢杯,加少量的砂糖,用打蛋器进行搅打,在奶油基本打好的时候加入一半红酒,奶油立刻就会变成粉红色。

(2)在温热的咖啡杯底部放入另一半红酒,然后注入热咖啡,最后在液体表面装饰粉红色的奶油,1 杯勃艮第咖啡就做好了。

风味特点:颜色鲜艳、口感绝佳。

51. 波奇亚咖啡

原料配方:热咖啡 150 毫升,热巧克力 100 克,打发鲜奶油 25 克,柳橙皮丝 15 克,巧克力削片 15 克。

制作工具或设备:咖啡杯,吧匙。

制作过程:

(1)将热咖啡倒入杯中,再加入热巧克力,然后在液体表面装饰搅打过的甜奶油。

(2)再在奶油表面放上柳橙皮丝和巧克力削片即成。

风味特点:咖啡浓香,混合着清新的水果甜香的巧克力浓香。

52. 维也纳咖啡

原料配方:咖啡糖 15 克,咖啡 150 毫升,鲜奶 10 克。

制作工具或设备:咖啡杯。

制作过程:

将咖啡糖或粗砂糖 3 小匙放入杯内,再注入热咖啡,然后将鲜奶轻轻地浮在其上即可。

风味特点:这种维也纳式咖啡有着独特的喝法。喝时不要搅拌,最初享受冰冷鲜奶的感觉,接着品尝烫热的咖啡,最后尽情地享受和着砂糖的美味,以这三阶段来体验不同的味道。

53. 摩卡奇诺咖啡

原料配方:摩卡咖啡 150 毫升,巧克力糖浆 15 毫升,鲜奶油 25 克,巧克力碎卷 15 克,肉桂枝 1 支。

制作工具或设备:咖啡杯,吧匙。

制作过程:

(1)在杯子里放入巧克力糖浆,注入摩卡咖啡,用吧匙仔细搅拌。

(2)再将鲜奶油飘浮在其上,然后,削些巧克力碎卷撒在上面,最后插上肉桂枝。

风味特点:色泽黑白对比,口味细腻飘香。

54. 椰香卡布奇诺咖啡

原料配方:咖啡 150 毫升,牛奶 100 毫升,奶精 5 克,椰仁 15 克。

制作工具或设备:咖啡杯,吧匙。

制作过程:

(1)在咖啡杯中注入咖啡,然后加入加热过的牛奶。

(2)放上奶精,再衬饰烘焙过的椰仁。

风味特点:香浓咖啡中漂浮着椰仁的芳香。

55. 那不勒斯咖啡

原料配方:烫热咖啡 150 毫升,柠檬 1 片。

制作工具或设备:咖啡杯,吧匙。

制作过程:

(1)在宽大咖啡杯子里注入深焙的烫热咖啡。

(2)再以厚片柠檬浮在其上即成。

风味特点:强烈苦涩,色泽棕黑。

56. 摩卡薄荷咖啡

原料配方:咖啡 150 毫升,巧克力糖浆 25 克,无色薄荷蜜 3 克,奶油 25 克,薄荷叶 1 片。

制作工具或设备:咖啡杯,吧匙。

制作过程:

(1)在杯子里注入巧克力糖浆,再注入略浓的深焙咖啡。

(2)然后加上无色薄荷蜜,再将鲜奶油浮在其上。

(3)用薄荷叶装饰即可。

风味特点:口味协调,造型美观。

57. 印第安咖啡

原料配方:深焙咖啡 150 毫升,牛奶 100 毫升,赤砂糖 10 毫升,盐巴 0.5 克。

制作工具或设备:煮锅,咖啡杯,吧匙。

制作过程:

(1)锅中倒入牛奶后加热。

(2)牛奶沸腾前加入深焙咖啡与赤砂糖、盐巴,用吧匙仔细搅拌均匀倒入咖啡杯即可。

风味特点:口味粗糙,富有韵味。

58. 土耳其咖啡

原料配方:深焙咖啡豆 25 克,肉桂 1 克,开水 350 毫升,蜂蜜 15 克。

制作工具或设备:研钵,煮锅,咖啡杯,吧匙。

制作过程:

(1)将深焙咖啡豆放入研钵,研磨成极细的粉状再与肉桂放在一起细磨。

(2)然后放入锅内,再加上水煮沸,反复煮沸 3 次。

(3)待咖啡渣沉淀在煮锅底部,再将上层澄清的咖啡液倒入杯中,加入蜂蜜即可。

风味特点:咖啡浓醇,具有肉桂的浓浓香味。

59. 蜂蜜冰咖啡

原料配方:冰咖啡 150 毫升,鲜奶油 25 克,冰块 10 块,蜂蜜 15 克,碎菠萝 25 克。

制作工具或设备:咖啡杯,吧匙。

制作过程:

(1)打碎冰块放入杯中,注入冰咖啡。

(2)再将鲜奶油浮在其上,四周撒点碎菠萝,最后浇上蜂蜜即可。

风味特点:口味冰凉甜润,色泽和谐唯美。

60. 摩卡冰淇淋咖啡

原料配方:冰咖啡 150 毫升,巧克力糖浆 20 毫升,摩卡冰淇淋 1 球,巧克力碎 10 克,冰块 10 块。

制作工具或设备:搅拌机,咖啡杯,吧匙。

制作过程:

(1)用搅拌机将冰块、冰咖啡、巧克力糖浆、摩卡冰淇淋一起搅拌。

(2)滤入咖啡杯中,以巧克力碎进行装饰。

风味特点:色泽棕黑,口感蓬松细腻。

61. 法利赛亚咖啡

原料配方:深焙咖啡 150 毫升,砂糖 10 克,朗姆酒 10 毫升,奶精3 克。

制作工具或设备:咖啡杯,吧匙。

制作过程:

(1)在咖啡杯中加入砂糖,然后注入深焙咖啡。

(2)再将朗姆酒注入,用吧匙搅拌均匀。

(3)最后加入奶精拌匀即可。

风味特点:口味浓醇,透着朗姆酒的奇香。

62. 俄式浓冰咖啡

原料配方:热咖啡 150 毫升,橘子酱 15 克,奶精 5 克,冰块 0.5 杯。

制作工具或设备:咖啡杯,吧匙。

制作过程:

(1)杯中注入中焙热咖啡,再加上橘子酱与奶精。

(2)加入冰块冰凉即可。

风味特点:味淡甘醇,具有橘子的淡淡果香。

63. 弗莱明咖啡

原料配方:热咖啡 150 毫升,砂糖 15 克,螺旋状的柠檬皮 1 条,白兰地 5 毫升。

制作工具或设备:咖啡杯,玻璃杯,吧匙。

制作过程:

(1)在咖啡杯中事先准备好定量砂糖并加上热咖啡。

(2)另取玻璃杯子倒入白兰地,让螺旋状的柠檬皮浸在其中。

(3)点燃浸透白兰地的柠檬皮将它放杯口,让柠檬的芳香扩散,白兰地慢慢滴落到咖啡杯中。

风味特点:在咖啡的浓香中弥漫着白兰地的香气,使咖啡更加醇香,富有表演性。

64. 墨西哥情欲冰咖啡

原料配方:冰咖啡 150 毫升,朗姆酒 5 毫升,蛋黄 1 个,甘蔗糖浆

15 毫升，鲜奶油 10 克，冰块 10 块。

制作工具或设备：咖啡杯，吧匙。

制作过程：

(1) 在咖啡杯中加入蛋黄，加入朗姆酒、鲜奶油、甘蔗糖浆搅拌均匀。

(2) 然后倒入冰咖啡和冰块即可。

风味特点：在咖啡的浓醇中充满着细腻的泡沫和甘蔗的甜香味。

65. 夏威夷冰淇淋咖啡

原料配方：深烘焙咖啡 150 毫升，冰块 10 块，糖浆 25 毫升，香草冰淇淋 2 球，菠萝汁 150 毫升，鲜奶油 15 克，菠萝 1 片。

制作工具或设备：粉碎机，咖啡杯，吧匙。

制作过程：

(1) 在粉碎机中加上适量的冰、深烘焙咖啡、糖浆、香草冰淇淋及一半菠萝汁一起搅拌。

(2) 然后注入杯中，加上生鲜奶油，以菠萝片作装饰。

(3) 最后注入另一半菠萝汁。

风味特点：冰凉晶亮，具有热带水果汁的风情。

66. 意大利泡沫冰咖啡

原料配方：深烘焙咖啡 150 毫升，砂糖 15 克，蛋黄 1 个，白兰地 5 毫升，冰块 0.5 杯。

制作工具或设备：咖啡杯，吧匙。

制作过程：

(1) 在杯内放入蛋黄与砂糖（将咖啡杯放进热开水中搅拌使起泡）。

(2) 倒入深烘焙的咖啡一起搅拌，加入冰块，注入白兰地即可。

风味特点：泡沫浓密，口味清凉刺激。

67. 啤酒咖啡

原料配方：热咖啡 150 毫升，冰啤酒 150 毫升。

制作工具或设备：咖啡杯，吧匙。

制作过程：

在咖啡杯中注入热咖啡,再注入极端冰冷的冰啤酒。

风味特点:冰火两重天,给人意想不到的感觉和味道。

68. 花茶咖啡

原料配方:花茶2克,咖啡150毫升,开水150毫升,砂糖5克,鲜奶油15克,花茶粉末适量。

制作工具或设备:茶壶,玻璃杯,吧匙。

制作过程:

(1)在茶壶中加入花茶,加上砂糖用开水冲泡,滤取茶汁备用。

(2)在玻璃杯中注入花茶汁,然后把咖啡倒入杯中。

(3)最后在玻璃杯中的液体表面放1层鲜奶油,再在奶油表面撒一些花茶粉末。

风味特点:花香宜人,清新怡然。

69. 蓝桥才子

原料配方:意式冰咖啡150毫升,黑砂糖10克,白兰地5毫升,棕可可糖浆15毫升,冰鲜牛奶50毫升,奶泡25克,冰块10块。

制作工具或设备:玻璃杯,吧匙。

制作过程:

(1)先在玻璃杯中加入黑砂糖、棕可可糖浆、白兰地搅匀,加入冰块。

(2)再注入冰鲜牛奶,使其分层,注入奶泡至八分满,再由杯中央缓缓倒入意式冰咖啡,使其分层即可。

风味特点:黑白对比,经典浪漫,口味细腻,耐人寻味。

70. 蓝桥佳人

原料配方:意式冰咖啡80毫升,蓝柑汁25毫升,红石榴糖浆5毫升,冰牛奶60毫升,奶泡25克,冰块10块。

制作工具或设备:雪克壶,玻璃杯,吧匙。

制作过程:

(1)先在玻璃杯中加入蓝柑汁,搅匀,加入3~4块冰。

(2)然后在雪克壶内加入冰牛奶和红石榴糖浆摇匀,缓缓倒入杯中使其分层,加入奶泡至八分满,再由杯中央倒入意式冰咖啡,即可。

风味特点:蓝、红、黑、白,层次清晰,浪漫温情,口味丰富。

71. 蓝桥恋曲

原料配方:意式冰咖啡 80 毫升,玫瑰香蜜 15 克,糖浆 15 毫升,鲜牛奶 60 毫升,奶泡 25 克。

制作工具或设备:玻璃杯,吧匙。

制作过程:

(1)将玫瑰香蜜和糖浆倒入杯中搅匀。

(2)然后倒入鲜牛奶,再加入奶泡至八分满。

(3)再由杯中央缓缓倒入意式冰咖啡,使其分层即可。

风味特点:苦中带甜,如初恋般的味道。

72. 蓝桥暗香

原料配方:咖啡 60 毫升,牛奶 25 毫升,砂糖 15 克,威士忌 5 毫升,冰块 10 块。

制作工具或设备:雪克壶,玻璃杯,吧匙。

制作过程:

(1)在雪克壶中加入咖啡、牛奶、砂糖、威士忌、冰块等,用双手或单手摇匀。

(2)滤入玻璃杯中,装饰即可。

风味特点:在咖啡的浓醇,暗含着威士忌的香味。

73. 冰拿铁跳舞

原料配方:意式冰咖啡 60 毫升,糖浆 15 毫升,鲜牛奶 60 毫升,冰块 10 块,奶泡 25 克。

制作工具或设备:雪克壶,玻璃杯,吧匙。

制作过程:

(1)在雪克壶中加入牛奶、糖浆、冰块等,用双手或单手摇匀。

(2)滤入玻璃杯中,然后注入奶泡至八分满,再加入意式冰咖啡缓缓由杯中央倒入即可出品。

风味特点:黑白写意,温柔交融,口感丝般光滑。

74. 墨西哥落日

原料配方:综合咖啡 150 毫升,糖浆 15 毫升,碎冰碴 0.5 杯。

制作工具或设备:玻璃杯,吧匙。

制作过程:

(1)将综合咖啡倒入杯中,加入糖浆,搅匀。

(2)再加上碎冰碴,即成。

风味特点:表面色泽如落日余晖,透明晶亮。

75. 什锦水果冰咖啡

原料配方:综合咖啡150毫升,糖浆15毫升,各种水果丁100克,碎冰碴0.5杯。

制作工具或设备:玻璃杯,吧匙。

制作过程:

(1)将综合咖啡倒入杯中,加入糖浆,碎冰碴,搅匀。

(2)再加入各种水果丁装饰即可。

风味特点:咖啡醇香,具有各种水果的香味。

76. 蓝桥香魂

原料配方:意式特浓咖啡35毫升,牛奶150毫升,可可粉3克,玉桂粉0.5克。

制作工具或设备:咖啡杯,吧匙。

制作过程:

(1)将意式特浓咖啡注入咖啡杯中。

(2)再将牛奶打成绵细的奶泡缓缓地倒入杯中。

(3)撒上可可粉和玉桂粉即可。

风味特点:咖啡醇浓,玉桂生香。

77. 蓝桥心语

原料配方:意式特浓咖啡35毫升,牛奶150毫升。

制作工具或设备:咖啡杯,吧匙。

制作过程:

(1)将意式特浓咖啡注入咖啡杯中。

(2)再将牛奶打成绵细的奶泡缓缓地倒入杯中即可。

风味特点:丝丝润滑,口味清爽。

78. 燃烧的苏格兰

原料配方:综合热咖啡 150 毫升,苏格兰威士忌 5 毫升,方糖 1 块。

制作工具或设备:钩匙,咖啡杯,吧匙。

制作过程:

(1)将综合热咖啡注入咖啡杯中。

(2)在咖啡杯上横跨钩匙,上面放上 1 块浸透苏格兰威士忌的方糖,在客人面前点燃威士忌。

(3)当方糖融化为糖稀时,搅拌均匀即可。

风味特点:淡蓝的火焰在跳跃,散发着苏格兰威士忌的芳香。

79. 法国情人

原料配方:综合热咖啡 150 毫升,咖啡酒 5 毫升,伏特加 5 毫升,棕可可酒 5 毫升,鲜奶油 25 克,玉桂粉 0.5 克,玫瑰花瓣 3 ~4 片。

制作工具或设备:咖啡杯,吧匙。

制作过程:

(1)将咖啡酒、伏特加、棕可可酒等放入咖啡杯中,再注入综合热咖啡 1 杯。

(2)表面挤上奶油,撒上少许玉桂粉和玫瑰花瓣即可。

风味特点:热情浪漫,表面优雅,内心狂热。

80. 抹茶咖啡

原料配方:意式特浓咖啡 50 毫升,牛奶 200 毫升,抹茶粉 2 克。

制作工具或设备:咖啡杯,吧匙。

制作过程:

(1)将意式特浓咖啡注入杯中。

(2)再将牛奶打成绵细的奶泡缓缓地倒入杯中。

(3)撒上抹茶粉即可。

风味特点:浓郁温和,清新淡然。

81. 玫瑰之恋

原料配方:综合咖啡 150 毫升,奶油 25 克,玫瑰花瓣 3 ~4 片,玫瑰蜜 10 克,奶精 5 克。

制作工具或设备:咖啡杯,吧匙。

制作过程:

(1)将综合咖啡注入咖啡杯中,加入奶精搅拌均匀。

(2)表面挤上 1 层奶油,撒上玫瑰花瓣,滴上玫瑰蜜即可。

风味特点:清甜雅致,浪漫温馨。

82. 蓝带咖啡

原料配方:红冰糖 15 毫升,综合热咖啡 80 毫升,蓝柑汁 15 毫升,鲜奶油 10 克,巧克力米 3 克。

制作工具或设备:咖啡杯,吧匙。

制作过程:

(1)杯中先放红冰糖,倒入热咖啡至七分满,加入蓝柑汁。

(2)再在上面挤 1 层鲜奶油花,撒上巧克力米即成。

风味特点:咖啡香浓,上面具有淡淡的蓝色。

83. 爪哇摩卡咖啡

原料配方:爪哇和摩卡混合热咖啡 150 毫升,冰糖 1 包,鲜奶油 10 克,巧克力膏 15 毫升,可可粉 1 克,奶油球 1 个。

制作工具或设备:咖啡杯,吧匙。

制作过程:

杯中倒入热咖啡八分满,加入糖包,挤上 1 层鲜奶油,淋上巧克力膏、撒上可可粉,再倒入奶油球即可。

风味特点:两种咖啡,双重享受,口味细腻温柔。

84. 情人咖啡

原料配方:热咖啡 150 毫升,香蕉利口酒 10 毫升,红苹果 3 片。

制作工具或设备:玻璃杯,吧匙。

制作过程:

红苹果去皮切片,热咖啡冲煮好后加入苹果片,再将香蕉利口酒淋于苹果片上即可。

风味特点:甜甜的香蕉酒加上苹果清脆的口感,还有咖啡的香气,温馨雅致。

85. 蛋黄糖浆咖啡

原料配方:蛋黄酒 15 毫升,咖啡 100 毫升,奶泡 25 克,巧克力膏 15 克。

制作工具或设备:咖啡杯,吧匙,牙签。

制作过程:

(1)把酒注入咖啡杯中,注入咖啡。

(2)制作奶泡,然后注入杯中。开始注入时杯子要微微倾斜,最后注入奶泡时手需左右小幅度摇晃,做成树叶形状。

(3)把巧克力膏滴落成小圆圈状,再用牙签描画出心形图案。

风味特点:滑润清爽,香味也极具魅力,其甜美口感令人难忘。

86. 朱古力榛子咖啡

原料配方:略微深焙的咖啡 150 毫升,朱古力榛子糖汁 15 毫升,搅拌奶油 15 毫升。

制作工具或设备:咖啡杯,吧匙。

制作过程:

杯中倒入朱古力榛子糖汁,注入咖啡,上面再用搅拌奶油覆盖即成。

风味特点:奶油冰凉,朱古力榛子和咖啡味浓香。

87. 庞德咖啡

原料配方:热咖啡 150 毫升,糖 1 包,鲜奶油 25 克,可食用鲜玫瑰花瓣 15 克。

制作工具或设备:咖啡杯,吧匙。

制作过程:

(1)在咖啡杯底部铺上一层细细的糖,然后倒入滚热的咖啡至八分满,再在上面转上一圈鲜奶油。

(2)最后撒上一些玫瑰花瓣即可。

风味特点:将美丽的玫瑰花与香浓的咖啡结合,营造出一种唯美浪漫的气氛,创意非常别致。

88. 木莓咖啡

原料配方:略微深焙的咖啡 80 毫升,木莓糖汁 15 毫升,泡沫牛奶

60毫升。

制作工具或设备:玻璃杯,吧匙。

制作过程:

(1)杯中倒入木莓糖汁,注入搅起泡沫的牛奶。

(2)用吧匙贴着玻璃杯边缘,将咖啡轻轻倒进去,这时,泡沫漂浮在上面形成层次。

风味特点:泡沫满满细密,咖啡富有层次。

89. 凯撒混合咖啡

原料配方:深焙的咖啡75毫升,蛋黄1个,砂糖10克,牛奶35毫升。

制作工具或设备:煮锅,打蛋器,玻璃杯,吧匙。

制作过程:

将所有原料放入煮锅内,在微火上边煮边用打蛋器搅动。温度到70℃左右时,端离火位,倒入杯中。

风味特点:咖啡醇香可口,蛋黄如丝绸般顺滑。

90. 秋天的卡布奇诺

原料配方:意大利浓缩咖啡150毫升,栗子糖浆20毫升,白巧克力酱15克,可可粉2克,奶泡25克。

制作工具或设备:咖啡杯,吧匙。

制作过程:

(1)把栗子糖浆注入咖啡杯中。

(2)然后加入少量白巧克力酱和咖啡。

(3)在咖啡杯内一边注入奶泡,一边用可可粉描画出心形图案。

风味特点:咖啡味浓,口味香甜。

91. 桃子咖啡

原料配方:深焙的冰咖啡100毫升,桃子露30毫升,香草冰淇淋1球,牛奶30毫升,杏仁精1克,冰块10块。

制作工具或设备:雪克壶,玻璃杯,吧匙。

制作过程:

(1)将深焙的冰咖啡、桃子露、牛奶、杏仁精等放入雪克壶中,用单手或双手摇匀，滤入玻璃杯中。

(2)在杯中放入香草冰淇淋球即可。

风味特点：这是一款味道浓厚的冷咖啡，具有桃子的味道。

92. 雪顶咖啡

原料配方：雀巢速溶咖啡1袋，冰块4块，香草冰淇淋1球，开水适量。

制作工具或设备：玻璃杯，吧匙。

制作过程：

(1)用开水泡开雀巢速溶咖啡，等自然晾凉后放入冰箱。

(2)5分钟后取出咖啡，放入3~4个冰块，再在上面放上冰淇淋即可。

风味特点：冰淇淋雪顶覆盖之下，咖啡暗香浮动。

93. 草莓咖啡

原料配方：深焙冰咖啡100毫升，牛奶50毫升，冷冻草莓3粒，碎冰0.5杯。

制作工具或设备：搅拌机，玻璃杯，吧匙。

制作过程：

(1)将咖啡、牛奶、草莓放在搅拌机里搅匀。

(2)玻璃杯中放碎冰，注入搅匀的咖啡，即成。

风味特点：奇异组合，风味出奇，草莓味浓。

94. 茉莉冰咖啡

原料配方：蜂蜜15毫升，碎冰0.5杯，果糖25毫升，冰咖啡150毫升，茉莉冰绿茶汁75毫升，柠檬1片，绿樱桃1颗。

制作工具或设备：玻璃杯，吧匙，果签。

制作过程：

(1)在杯中依次加入蜂蜜、碎冰至三分满，再加入果糖、碎冰至八分满。

(2)倒入冰咖啡，慢慢地倒入茉莉冰绿茶；以果签穿过绿樱桃、柠檬片装饰即可。

风味特点：口味香馨，茶香咖啡浓。

95. 柠檬皇家咖啡

原料配方:热咖啡 150 毫升,螺旋状柠檬皮 1 根,白兰地 5 毫升,糖包 1 包。

制作工具或设备:玻璃杯,吧匙。

制作过程:

在杯中注入热咖啡约八分满,柠檬皮切成螺旋状拉在杯口,上面倒入白兰地,立时点火,附上糖包饮用。

风味特点:点火在柠檬皮上,可产生独特的酸涩味,但需在客人面前服务。

96. 豆浆咖啡

原料配方:咖啡末 12 克,白豆浆 400 毫升,奶粉 20 克,白砂糖 15 克,热开水 80 毫升。

制作工具或设备:煮锅,玻璃杯,吧匙。

制作过程:

(1)分别将奶粉与咖啡用热水充分溶解为奶粉液与咖啡液待用。

(2)将白豆浆下锅中煮开,兑入咖啡液与奶粉液搅匀,加入白糖煮 15 分钟,煮制时要不断搅拌。

(3)倒入杯中,即成。

风味特点:中西合璧,营养丰富,提神醒脑。

97. 西班牙醇奶咖啡

原料配方:咖啡粉(深烘焙粗研磨)10 克,鲜牛奶 150 毫升,奶泡 15 克。

制作工具或设备:煮锅,筛子,玻璃杯,吧匙。

制作过程:

(1)鲜牛奶倒进煮锅加热起泡。

(2)咖啡粉以筛子过筛,把粒子较细的咖啡粉过筛掉,以保持咖啡粉粒子的均匀。

(3)咖啡粉倒进热牛奶后,均匀搅拌使其融合,静候 3 分钟。

(4)最后咖啡渣过滤掉,再刮点奶泡加入即可。

风味特点:奶味醇香,咖啡浓烈。

98. 奶油冰咖啡

原料配方:冰咖啡150毫升,咖啡酒5毫升,糖浆15毫升,发泡鲜奶油30克。

制作工具或设备:玻璃杯,吧匙。

制作过程:

先在玻璃杯中放入糖浆,倒入冰咖啡和咖啡酒,再在液面上挤入奶油至高出玻璃杯,即成。

风味特点:口味浓醇,咖啡香甜。

99. 椰香摩卡咖啡

原料配方:速溶摩卡咖啡150毫升,椰浆25毫升,奶粉5克,可可粉5克,淡奶油15克,巧克力酱15克。

制作工具或设备:玻璃杯,吧匙。

制作过程:

(1)将摩卡咖啡、奶粉、可可粉放入杯中,至杯子的2/3处,搅拌均匀,加入适量的椰浆,再搅拌。

(2)淡奶油稍微打发后倒入杯中,浮在表面,最后挤上适量巧克力酱即可。

风味特点:咖啡浓香,同时具有椰子的甜香味。

100. 欧蕾冰咖啡

原料配方:咖啡粉16克,水260毫升,鲜奶100毫升。

制作工具或设备:意大利咖啡壶,玻璃杯,吧匙。

制作过程:

(1)将咖啡粉加水用意大利咖啡壶制得浓缩咖啡。

(2)玻璃杯中装满冰块,加入适当的糖。

(3)将浓缩咖啡徐徐倒入玻璃杯并搅拌均匀。

(4)依照个人的喜好程度慢慢加入鲜奶,即成。

风味特点:醇香味浓,冰凉爽口。

101. 冰奶咖啡

原料配方:热咖啡150毫升,奶精粉3克,鲜牛奶60毫升,糖水30毫升,龙眼蜜15毫升,冰块0.5杯。

制作工具或设备:雪克壶,玻璃杯,吧匙。

制作过程:

雪克壶内加入咖啡、奶精粉,搅拌均匀后将糖水、鲜牛奶、龙眼蜜倒入,加满冰块,摇匀后入杯。

风味特点:色泽柔和、香甜适口。

102. 泰式冰咖啡

原料配方:热咖啡 75 毫升,炼奶 30 毫升,牛奶 100 毫升,冰块适量。

制作工具或设备:雪克壶,玻璃杯,吧匙。

制作过程:

(1)在雪克壶中装上冰块,然后将炼奶与热咖啡放入摇匀。

(2)倒入杯中轻微搅拌一下,加入牛奶至满杯即可。

风味特点:奶香浓郁,口味清凉。

103. 卡尔亚冰咖啡

原料配方:冰咖啡 150 毫升,君度酒 10 毫升,七喜汽水 100 毫升,鲜奶油 15 克,巧克力片 15 克。

制作工具或设备:玻璃杯,吧匙。

制作过程:

(1)杯中先放入君度酒,加满冰块,再倒入已加糖的冰咖啡,随后倒入七喜汽水至八分满。

(2)上面再旋转加入 1 层鲜奶油,再撒上少许削薄的巧克力片即可。

风味特点:味道甘甜,清新柔顺。

104. 茴香起泡奶油咖啡

原料配方:热咖啡 150 毫升,糖包 1 包,茴香利口酒 10 毫升,鲜奶油 25 克。

制作工具或设备:玻璃杯,吧匙。

制作过程:

(1)热咖啡中加 1 个糖包,再加入茴香利口酒,搅拌均匀。

(2)最后旋转加入 1 层鲜奶油即可。

风味特点:茴香芬芳,回味留香。

105. 姜味咖啡

原料配方:综合咖啡150毫升,生姜15克。

制作工具或设备:玻璃杯,吧匙。

制作过程:

(1)将生姜洗净切片。

(2)然后放入咖啡里,待其浮起即可。

风味特点:淡淡的姜味与咖啡香味融合在一起,口感特别。

106. 拿铁咖啡

原料配方:意大利咖啡100毫升,热鲜奶200毫升。

制作工具或设备:钢杯,打蛋器,玻璃杯,吧匙。

制作过程:

(1)热鲜奶放入钢杯中,用打蛋器搅打起泡。

(2)在玻璃杯中倒入意大利咖啡,然后倒入打过奶泡的热鲜奶。

(3)待奶泡自然漂浮其上即可。

风味特点:奶香浓郁,泡沫细密。

107. 奶特咖啡

原料配方:雀巢速溶咖啡5克,白糖15克,热牛奶150毫升。

制作工具或设备:咖啡杯,吧匙。

制作过程:

将雀巢速溶咖啡加糖倒入耐热的咖啡杯中加热牛奶冲泡即可。

风味特点:色泽浅褐,奶香浓郁。

108. 香草冰咖啡

原料配方:热咖啡150毫升,香草冰淇淋球1个,糖水25毫升,碎冰0.5杯,杏仁片3克。

制作工具或设备:雪克壶,玻璃杯,吧匙。

制作过程:

(1)将碎冰放入雪克壶,倒入咖啡,再加入半只香草冰淇淋球、糖水,用力摇匀,然后,倒入玻璃杯,再加入碎冰,将余下半只香草冰淇淋球放置冰面。

(2)最后撒上杏仁片点缀即成。

风味特点:色泽浅褐,口感细腻,有奶油及香草的鲜香。

109. 热情火焰咖啡

原料配方:热咖啡 150 毫升,薄柠檬片 1 片,朗姆酒 2 毫升。

制作工具或设备:咖啡杯,吧匙。

制作过程:

(1)杯中倒入热咖啡八分满,夹入 1 片薄柠檬片,柠檬片会浮在咖啡上。

(2)慢慢在柠檬片上倒一些朗姆酒,点火后燃烧 5 ~ 8 秒;用杯垫盖熄,再用夹子将柠檬片拿起即可。

风味特点:色泽棕褐,充满着酒香。

110. 椰风摩卡咖啡

原料配方:曼巴咖啡 150 毫升,椰子糖浆 30 毫升,巧克力膏 10 毫升,鲜奶油 15 克,椰浆粉 1 克。

制作工具或设备:咖啡杯,吧匙。

制作过程:

(1)咖啡倒入杯中至八分满,再加入椰子糖浆、巧克力膏搅拌均匀。

(2)挤上鲜奶油花,撒上椰浆粉即可。

风味特点:色泽棕褐,椰香浓郁。

111. 宾治咖啡

原料配方:深焙的冷却咖啡(有糖)150 毫升,蛋黄 1 个,香草冰淇淋球 1 个,朗姆酒(深色)5 毫升,豆蔻粉 0.5 克,冰块 0.5 杯。

制作工具或设备:雪克壶,香槟杯,吧匙。

制作过程:

(1)将咖啡、蛋黄、朗姆酒、冰块放在雪克壶中摇匀后,倒进香槟杯中。

(2)放入香草冰淇淋球 1 个,撒上豆蔻粉。

风味特点:色泽褐黄,咖啡香醇。

112. 玛奇朵咖啡

原料配方:意大利咖啡 100 毫升,鲜奶 300 毫升,焦糖膏 15 毫升,焦糖糖浆 15 毫升。

制作工具或设备:奶泡壶,咖啡杯,尖嘴瓶,吧匙。

制作过程:

(1)用奶泡壶加鲜奶打成奶泡,搅拌均匀。

(2)将意大利咖啡盛入杯中,加入鲜奶及奶泡至全满。

(3)在正中央淋入一些焦糖糖浆,在奶泡上面用焦糖膏挤出网状的图案。奶泡要打到绵密,从正中央倒入杯中,焦糖膏用尖嘴瓶划出造型。

风味特点:色泽褐黄,冰冰甜甜,香滑爽口。

第九章　蔬菜类饮品

1. 果菜汁

原料配方：生菜50克，芹菜30克，包心菜20克，柳橙1/2个，苹果1/4个，熟米粉10克，蜂蜜15克，纯净水350毫升。

制作工具或设备：粉碎机，滤网，透明玻璃杯，吧匙。

制作过程：

(1)生菜剥叶洗净切小块，芹菜去除根叶洗净切小段，包心菜洗净切小片，苹果削皮切小块，柳橙切小块。

(2)然后将原料一起放进粉碎机里，加入适量的纯净水及熟米粉搅打成汁，并滤除残渣，倒入杯中。

(3)加入蜂蜜（或糖）调味即可饮用。

风味特点：口味清凉，富含维生素。

2. 苹果丝瓜汁

原料配方：嫩丝瓜50克，苹果200克，柠檬1片，纯净水350毫升，冰块2~3块，食盐水100毫升。

制作工具或设备：粉碎机，滤网，透明玻璃杯，吧匙。

制作过程：

(1)苹果洗净，切成小块，蘸上食盐水捞出。嫩丝瓜去皮洗净后切成小块。

(2)分别将苹果、丝瓜放入粉碎机中，加入纯净水搅打2~3分钟。

(3)滤出汁液到入放有冰块的玻璃杯中，放入1片柠檬即可。

风味特点：苹果的酸甜味中带有丝瓜淡淡的苦味，清凉爽口。

3. 凤梨黄瓜汁

原料配方：小黄瓜2条，凤梨1/4个，蜂蜜10毫升，纯净水350毫升，冰块2~3块。

制作工具或设备:粉碎机,滤网,透明玻璃杯,吧匙。

制作过程:

(1)小黄瓜洗净,去掉有苦味的尾部,再切成细小的碎块;凤梨去皮,切成碎块。

(2)分别将黄瓜、凤梨放入粉碎机中,加入纯净水搅打成汁。

(3)用滤网滤出,注入玻璃杯内。

(4)饮用前,加入蜂蜜,并放进2~3块冰块即可。

风味特点:色泽淡青,口味凉爽。

4. 苹果韭菜汁

原料配方:韭菜15克,苹果200克,柠檬0.5个,冰块2~3块,纯净水350毫升。

制作工具或设备:粉碎机,滤网,透明玻璃杯,吧匙。

制作过程:

(1)韭菜洗净,用开水焯一下,切成小段。苹果洗净,切成小块,柠檬切成3片。

(2)分别将韭菜、苹果和连皮的柠檬放入粉碎机中,加入纯净水搅打2~3分钟。

(3)滤入放有冰块的透明玻璃杯中即可。

风味特点:色泽淡绿,口味酸甜微辣。

5. 葡萄白菜汁

原料配方:白菜250克,葡萄200克,柠檬2片,冰块2~3块,纯净水350毫升。

制作工具或设备:粉碎机,滤网,透明玻璃杯,吧匙。

制作过程:

(1)葡萄剥皮去籽,白菜叶子切小片。

(2)在玻璃杯中加入冰块。

(3)将白菜叶子片和葡萄肉放入粉碎机中,加入纯净水350毫升,搅打2~3分钟。

(4)滤入玻璃杯中,放入柠檬片即可。

风味特点:口味甜酸,清凉解渴。

6. 李子白菜汁

原料配方：白菜250克，李子200克，柠檬2片，冰块2～3块，纯净水350毫升。

制作工具或设备：粉碎机，滤网，透明玻璃杯，吧匙。

制作过程：

（1）白菜洗净，将叶剥下，剁碎；李子洗净，切成两半，去核。

（2）在玻璃杯中加入冰块。

（3）分别将白菜、李子放入粉碎机中，加入纯净水350毫升，搅打2～3分钟。

（4）滤入玻璃杯中，放入柠檬片即可。

风味特点：色泽淡黄，口味微酸。

7. 水果茄子汁

原料配方：茄子50克，鸭梨100克，橘子150克，柠檬0.5个，冰块2～3块，纯净水350毫升。

制作工具或设备：粉碎机，滤网，透明玻璃杯，吧匙。

制作过程：

（1）茄子和鸭梨去皮洗净，切成小碎块；橘子去外皮，除内膜与籽；柠檬连皮切成3片。

（2）在玻璃杯中放入冰块。

（3）分别将茄子、鸭梨、橘子和连皮的柠檬2片放入粉碎机中，加入纯净水350毫升，搅打2～3分钟。

（4）滤入玻璃杯中，放入剩下的1片柠檬即可。

风味特点：色泽浅黄，口味甜润。

8. 苹果芹菜汁

原料配方：芹菜300克，苹果250克，柠檬0.5个，冰块3块，纯净水350毫升。

制作工具或设备：粉碎机，滤网，透明玻璃杯，吧匙。

制作过程：

（1）芹菜洗净，切成小段；苹果洗净，去核，切成小块；柠檬连皮切成3片。

(2)先将连皮的柠檬放入粉碎机内,粉碎出汁;其次再放入芹菜、苹果和纯净水搅打成汁。

(3)然后用滤网过滤,注入盛有冰块的杯内。

风味特点:色泽微青,口味微甜。

9. 苹果油菜汁

原料配方:油菜300克,苹果200克,柠檬2片,冰块2~3块,蜂蜜15毫升,纯净水350毫升。

制作工具或设备:粉碎机,滤网,透明玻璃杯,吧匙。

制作过程:

(1)油菜洗净,切成3段;苹果洗净,去核,切成小块。

(2)在粉碎机中加入油菜、苹果和纯净水,搅打2~3分钟。

(3)用滤网过滤,注入放有冰块的杯内,放入蜂蜜搅匀,用柠檬片装饰后即可。

风味特点:色泽碧绿,口味鲜甜。

10. 西瓜白菜汁

原料配方:西瓜瓤250克,白菜100克,纯净水350毫升。

制作工具或设备:粉碎机,滤网,透明玻璃杯,吧匙。

制作过程:

(1)西瓜瓤去籽,切块;白菜洗净,切碎备用。

(2)将西瓜块和白菜碎等一起放入粉碎机中,加入纯净水,搅打2~3分钟。

(3)用滤网过滤,注入放有冰块的杯内,即可。

风味特点:香甜诱人,入口清凉。

11. 皇家果菜汁

原料配方:生菜20克,香菜5克,芹菜50克,番茄75克,苹果150克,柠檬15克,蜂蜜10毫升,脱脂牛奶200毫升。

制作工具或设备:粉碎机,滤网,透明玻璃杯,吧匙。

制作过程:

(1)番茄用开水浸泡后去皮和蒂;苹果去皮、核后切成小块;柠檬切块,去皮和籽;生菜、香菜、芹菜洗净切碎。

(2)将上述材料先后放入粉碎机中,搅打成汁,然后加入脱脂牛奶和蜂蜜,再搅打 10 秒钟即可。

风味特点:营养丰富,色泽金黄。

12. 橙柠香菜汁

原料配方:柠檬 150 克,柳橙 150 克,香菜 15 克,冰块 3 块,纯净水 350 毫升。

制作工具或设备:粉碎机,滤网,透明玻璃杯,吧匙。

制作过程:

(1)香菜洗净切碎,把柠檬、柳橙去皮去籽切成块。

(2)将香菜碎、柠檬、橙块等放入粉碎机中,加入纯净水搅打 2~3 分钟。

(3)滤入放有冰块的玻璃杯中即可。

风味特点:色泽浅黄,口味清凉。

13. 草莓小白菜汁

原料配方:小白菜 50 克,草莓 150 克,柠檬 2 片,冰块 2~3 块,纯净水 350 毫升。

制作工具或设备:粉碎机,滤网,透明玻璃杯,吧匙。

制作过程:

(1)小白菜洗净,切碎;草莓洗净切块。

(2)在玻璃杯中放入冰块。

(3)将小白菜、草莓等放入粉碎机中,加入纯净水搅打 2~3 分钟。

(4)滤入放有冰块的玻璃杯中即可。

风味特点:色泽粉红,口味微甜。

14. 凤梨番茄汁

原料配方:番茄 1 个,凤梨 1/4 个,柠檬汁 15 毫升,纯净水 350 毫升。

制作工具或设备:粉碎机,滤网,透明玻璃杯,吧匙。

制作过程:

(1)把番茄洗净,切块;凤梨去皮,切成小块。

(2)将番茄、凤梨等放入粉碎机中,加入纯净水搅打2~3分钟。

(3)滤入放有冰块的玻璃杯中即可。

风味特点:色泽浅黄,口味酸甜。

15. 杏胡萝卜汁

原料配方:胡萝卜150克,杏150克,橘子200克,柠檬汁5毫升,冰块2~3块,纯净水350毫升。

制作工具或设备:粉碎机,滤网,透明玻璃杯,吧匙。

制作过程:

(1)胡萝卜洗净,切成小块;杏洗净去核,切成小块;橘子去皮,除去内膜和籽。

(2)将以上原料放入粉碎机中,搅打出汁,滤出注入放有冰块的玻璃杯内,放入柠檬汁调和均匀。

风味特点:色泽橙黄,口味酸甜。

16. 葡萄凤梨香菜汁

原料配方:香菜10克,葡萄150克,凤梨150克,柠檬0.5个,冰块2~3块,纯净水350毫升。

制作工具或设备:粉碎机,滤网,透明玻璃杯,吧匙。

制作过程:

(1)香菜洗净,切碎;葡萄洗净,去皮和籽;凤梨去皮,切成小碎块;柠檬连皮切成3片。

(2)将香菜、葡萄、凤梨、连皮的柠檬放入粉碎机内,搅打出汁,用滤网过滤,注入放有冰块的玻璃杯中,搅匀饮用。

风味特点:色泽浅黄,口味酸甜,清凉爽口。

17. 葡萄凤梨芹菜汁

原料配方:芹菜50克,葡萄100克,凤梨200克,柠檬汁15毫升,冰块2~3块,纯净水350毫升。

制作工具或设备:粉碎机,滤网,透明玻璃杯,吧匙。

制作过程:

(1)芹菜洗净,将茎与叶切开,把茎切成小碎块;芹菜叶洗净,用开水焯一下,切碎;葡萄洗净,去皮和籽;凤梨去皮,切成小块。

(2)将芹菜、芹菜叶、葡萄、凤梨放入粉碎机内,搅打出汁,用滤网过滤,注入放有冰块的杯中。

(3)加入柠檬汁搅匀饮用。

风味特点:色泽浅绿,口味酸甜。

18. 苹果菠菜汁

原料配方:菠菜50克,牛奶250毫升,苹果1个,冰块2~3块,纯净水50毫升。

制作工具或设备:粉碎机,滤网,透明玻璃杯,吧匙。

制作过程:

(1)菠菜洗净,用开水焯一下,切碎;苹果洗净,剥皮去核,切成小块。

(2)可将苹果、菠菜一起放入粉碎机内,加入纯净水搅打出汁,用滤网过滤,注入玻璃杯中,加入牛奶搅匀即成。

风味特点:色泽浅绿,奶香四溢。

19. 苹果茄子汁

原料配方:茄子50克,苹果150克,柠檬0.5个,冰块2~3块,蜂蜜15毫升,纯净水350毫升。

制作工具或设备:粉碎机,滤网,透明玻璃杯,吧匙。

制作过程:

(1)茄子洗净,去皮,切成小碎块;苹果洗净,去皮去核,切成小块;柠檬切成片。

(2)将茄子、苹果、柠檬、纯净水放入粉碎机内,搅打出汁,用滤网过滤,注入盛有冰块的杯内。

(3)加入蜂蜜调匀即可。

风味特点:色泽浅黄,口味酸甜。

20. 萝卜果蔬汁

原料配方:苹果200克,柠檬半个,萝卜50克,冰块2~3块,蜂蜜15毫升,纯净水350毫升。

制作工具或设备:粉碎机,滤网,透明玻璃杯,吧匙。

制作过程:

(1)苹果洗净,去核,切成小块;萝卜洗净,切成小块;柠檬切成3片备用。

(2)将连皮的柠檬、小萝卜块、苹果、纯净水放入粉碎机内,搅打出汁。

(3)过滤,注入放有冰块的杯内。

风味特点:色泽浅黄,止咳化痰。

21. 鸭梨白菜汁

原料配方:白菜50克,鸭梨150克,柠檬2片,蜂蜜15毫升,冰块2~3块,纯净水350毫升。

制作工具或设备:粉碎机,滤网,透明玻璃杯,吧匙。

制作过程:

(1)白菜洗净,剁碎。

(2)鸭梨洗净,去皮去核,切成小块。

(3)将白菜、鸭梨、连皮的柠檬、纯净水放入粉碎机内,搅打出汁。再用滤网过滤,注入放有冰块的杯中。

风味特点:清热解渴,浅绿清凉。

22. 香蕉白菜汁

原料配方:白菜250克,香蕉150克,蜂蜜15毫升,柠檬汁5毫升,冰块2~3块,纯净水350毫升。

制作工具或设备:粉碎机,滤网,透明玻璃杯,吧匙。

制作过程:

(1)白菜洗干净,将叶剥下,剁碎。

(2)香蕉剥皮,切成小块。

(3)将白菜、香蕉放入粉碎机内,加入纯净水搅打出汁。用滤网过滤,注入放有冰块的杯中。

(4)再加入蜂蜜和柠檬汁搅匀即可。

风味特点:色泽金黄,口感细腻。

23. 强化番茄汁

原料配方:番茄100克,香菜5克,凤梨肉50克,橘子35克,草莓30克,冰块2~3块,纯净水350毫升,蜂蜜10毫升。

制作工具或设备:粉碎机,滤网,透明玻璃杯,吧匙。

制作过程:

(1)番茄用开水浸泡后去皮,切成小块;草莓洗净去蒂后一切为二;橘子去皮及籽;香菜洗净切碎备用。

(2)将上述材料全部投入粉碎机中,搅打粉碎1分钟,即可过滤,倒入放有冰块的玻璃杯中。

(3)放入蜂蜜调味即可。

风味特点:色泽粉红,酸中带有果香。

24. 玫瑰黄瓜汁

原料配方:西红柿150克,黄瓜150克,鲜玫瑰花15克,柠檬汁5毫升,蜂蜜15毫升,纯净水150毫升。

制作工具或设备:粉碎机,滤网,透明玻璃杯,吧匙。

制作过程:

(1)将西瓜去皮、去籽切块;黄瓜去蒂去籽;玫瑰花洗净备用。

(2)将西红柿、黄瓜、玫瑰花等放入粉碎机中,加入纯净水,搅拌均匀,过滤,取汁,与柠檬汁、蜂蜜混合一起,用吧匙拌匀即成。

风味特点:清凉爽口,甜味浓郁。

25. 热带风情果蔬汁

原料配方:芹菜50克,西瓜150克,炼乳25克,原味酸奶250毫升,冰块3块,纯净水100毫升。

制作工具或设备:粉碎机,滤网,透明玻璃杯,吧匙。

制作过程:

(1)芹菜用盐水浸泡10分钟后,清洗干净,切成小段。

(2)将芹菜、西瓜、炼乳放入粉碎机中,加适量纯净水打出汁液。

(3)滤出后放入透明玻璃杯中,然后加入冰块,最后徐徐倒入原味酸奶。

风味特点:色泽洁白,口味甜香。

26. 薄荷茶

原料配方:薄荷5克,开水350毫升,冰糖15克。

制作工具或设备:滤网,透明玻璃杯,吧匙。

制作过程:

将薄荷入杯中,加少量开水略泡,滤去水,然后冲入剩余的开水,加入冰糖浸泡数分钟即可饮用。

风味特点:疏散风热,清凉解暑。

27. 苹果西芹汁

原料配方:西芹1根,苹果1个,柠檬0.5个,蜂蜜15毫升,纯净水350毫升。

制作工具或设备:粉碎机,滤网,透明玻璃杯,吧匙。

制作过程:

(1)西芹洗净,掰成小段,去硬纤维。

(2)苹果去皮,去核,切块;柠檬切片。

(3)各种材料放在粉碎机里,搅打2~3分钟即可。

风味特点:色泽浅黄,具有西芹的香气。

28. 冰镇芦笋汁

原料配方:芦笋50克,纯净水150毫升,鲜奶油100毫升,冰块10块。

制作工具或设备:粉碎机,滤网,透明玻璃杯,吧匙。

制作过程:

(1)芦笋洗净,切成段。

(2)将芦笋段、纯净水、鲜奶油等一起放入粉碎机中搅打2~3分钟。

(3)滤入放有冰块的透明玻璃杯中,即可。

风味特点:色泽浅绿,风味爽口。

29. 冰镇胡萝卜汁

原料配方:胡萝卜100克,纯净水150毫升,鲜奶油100毫升,冰块10块。

制作工具或设备:粉碎机,滤网,透明玻璃杯,吧匙。

制作过程:

(1)胡萝卜洗净,切成段。

(2)将胡萝卜段、纯净水、鲜奶油等一起放入粉碎机中搅打2~3分钟。

(3)滤入放有冰块的透明玻璃杯中,即可。

风味特点:色泽浅橙,奶香浓郁。

30. 冰镇番茄汁

原料配方:番茄 150 克,红甜椒 1 只,罗勒叶 3 片,纯净水 350 毫升,蜂蜜 15 毫升。

制作工具或设备:粉碎机,滤网,透明玻璃杯,吧匙。

制作过程:

(1)番茄洗净去籽,连同切成丁的红甜椒放入粉碎机,再加入纯净水一起榨汁。

(2)滤入透明玻璃杯中,加上蜂蜜调味即可。

风味特点:口味微酸甜,清凉爽口。

31. 南瓜冰糖水

原料配方:南瓜 250 克,冰糖 25 克,开水 350 毫升。

制作工具或设备:粉碎机,滤网,透明玻璃杯,吧匙。

制作过程:

(1)南瓜去皮切小块,加冰糖、开水,煲 1 小时。

(2)晾凉后放入粉碎机中粉碎搅打均匀,滤入透明玻璃杯即可。

风味特点:色泽金黄,口感细腻。

32. 胡萝卜生姜汁

原料配方:胡萝卜 1 根,芹菜 1 根,生姜 1 小块,鲜辣椒 1 个,纯净水 350 毫升,蜂蜜 15 毫升。

制作工具或设备:粉碎机,滤网,透明玻璃杯,吧匙。

制作过程:

(1)将所有材料清洗干净,其中生姜去皮,辣椒去蒂和籽。

(2)将洗净的材料和纯净水放入粉碎机中榨汁,搅拌均匀,滤去渣子,倒入玻璃杯中,即可饮用。

风味特点:色泽浅黄,口味鲜甜微辣。

33. 百合蜜茶

原料配方:鲜百合 50 克,蜂蜜 50 克,开水 50 毫升。

制作工具或设备:蒸锅,透明玻璃杯,吧匙。

制作过程:

(1)鲜百合去老皮洗净。

(2)加上蜂蜜和开水入蒸锅蒸熟。

风味特点:润喉开胃,沁人心脾。

34. 番茄椰菜汁

原料配方:番茄 1 个,椰菜 1 个,纯净水 350 毫升,蜂蜜 15 毫升。

制作工具或设备:粉碎机,滤网,透明玻璃杯,吧匙。

制作过程:

(1)将番茄泡烫 5 秒钟,去皮去籽;椰菜摘成小朵洗净备用。

(2)将以上原料放入粉碎机中搅打,滤入玻璃杯中。

(3)放入蜂蜜调味即可。

风味特点:清新爽口,富含维生素。

35. 茴香黄瓜汁

原料配方:茴香 1 头,黄瓜 1/2 根,胡萝卜 2 个,纯净水 350 毫升。

制作工具或设备:粉碎机,滤网,透明玻璃杯,吧匙。

制作过程:

将茴香、黄瓜、胡萝卜彻底洗净,放入粉碎机中,加入纯净水榨汁,滤入透明玻璃杯中,搅拌均匀即成。

风味特点:色浅味淡,提神解渴。

36. 大蒜胡萝卜甜菜根汁

原料配方:大蒜 2 瓣,胡萝卜 2 个,甜菜根 2 个,芹菜 2 根,纯净水 350 毫升。

制作工具或设备:粉碎机,滤网,透明玻璃杯,吧匙。

制作过程:

(1)将所有蔬菜洗净,切成块,同时将大蒜剥皮洗净。

(2)把所有原料放入粉碎机中搅拌均匀。

(3)滤入玻璃杯中即可。

风味特点:色浅味淡,提高抵抗力。

37. 甘薯韭葱胡萝卜汁

原料配方:甘薯 1 个,韭葱 1 根,胡萝卜 2 个,芹菜 2 根,纯净水

350 毫升,蜂蜜 15 毫升。

制作工具或设备:粉碎机,滤网,透明玻璃杯,吧匙。

制作过程:

(1)将所有蔬菜洗净,切成块。

(2)把所有原料放入粉碎机中榨汁。

(3)滤入玻璃杯中即可。

风味特点:色泽浅黄,口味鲜甜。

38. 洋葱药芹黄瓜汁

原料配方:药芹 2 根,小洋葱 1/2 个,黄瓜 1 个,胡萝卜 2 个,纯净水 350 毫升,蜂蜜 15 毫升。

制作工具或设备:粉碎机,滤网,透明玻璃杯,吧匙。

制作过程:

(1)将所有蔬菜洗净,切成块。

(2)把所有原料放入粉碎机中榨汁。

(3)滤入玻璃杯中即可。

风味特点:色泽浅黄,口味微辣。

39. 百合糖水

原料配方:雀巢淡奶 20 毫升,鲜百合 20 克,枸杞 10 克,纯净水 350 毫升。

制作工具或设备:煮锅,透明玻璃杯,吧匙。

制作过程:

将鲜百合与枸杞洗净,加入雀巢淡奶、纯净水等,以小火炖 15 分钟,即成。

风味特点:色泽洁白,止咳解渴,明目补血。

40. 木瓜生姜汁

原料配方:木瓜 2 个,生姜 1 块,纯净水 250 毫升。

制作工具或设备:粉碎机,滤网,透明玻璃杯,吧匙。

制作过程:

(1)将木瓜去皮或洗净,挖出中间的籽。

(2)将生姜去皮,擦洗干净。

(3)将木瓜、生姜、纯净水等放入粉碎机榨汁后滤入玻璃杯中即可。

风味特点:醒脾开胃,具有木瓜的甜香味。

41. 辣椒生姜汁

原料配方:胡萝卜2个,黄椒1个,凤梨1片,生姜1块,纯净水350毫升。

制作工具或设备:粉碎机,滤网,透明玻璃杯,吧匙。

制作过程:

(1)去掉凤梨和生姜的皮以及黄椒中的籽。

(2)将生姜、胡萝卜和黄椒洗净,然后放入粉碎机榨汁,过滤。

(3)搅拌后立即饮用。

风味特点:色泽金黄,口味辛辣。

42. 西蓝花胡萝卜辣椒汁

原料配方:西蓝花1个,胡萝卜2个,红辣椒1个,纯净水350毫升。

制作工具或设备:粉碎机,滤网,透明玻璃杯,吧匙。

制作过程:

(1)将所有蔬菜洗净,去掉辣椒的蒂和籽。

(2)将所有蔬菜切成合适大小的块(片),放入粉碎机中榨汁,过滤,搅拌后立即饮用。

风味特点:色泽浅绿,口味微辣。

43. 金橘牛蒡汁

原料配方:金橘5颗,牛蒡100克,紫苏梅汁20毫升,蜂蜜20毫升,纯净水200毫升,冰块10块。

制作工具或设备:粉碎机,滤网,透明玻璃杯,吧匙。

制作过程:

(1)金橘洗净去蒂,对切,牛蒡削皮后,切成小段,放入盐水中浸泡3分钟备用。

(2)将以上原料及紫苏梅汁,冷开水一起放入粉碎机,搅打取汁,至所有材料呈现无颗粒状时,添加蜂蜜充分拌匀,食用时加入适量冰块即可。

风味特点:色泽浅黄,可以增强新陈代谢,促进肠胃蠕动及血液循环。

44. 鲜梨姜汁

原料配方:新鲜水梨 2 个,老姜 15 克,蜂蜜 15 毫升,纯净水 350 毫升。

制作工具或设备:粉碎机,滤网,透明玻璃杯,吧匙,微波炉。

制作过程:

(1)将水梨洗净,削皮除果核后切成块状。

(2)将老姜洗净,与水梨、冷开水一同放入粉碎机中打成汁。

(3)将汁过滤后倒入杯中,放入微波炉内加热约 90 秒。

(4)加入蜂蜜调匀即可饮用。

风味特点:色泽澄清,具有生姜的微辣味。

45. 凤梨莲藕汁

原料配方:凤梨 100 克,蜂蜜 15 毫升,莲藕汁 200 毫升,碎冰 0.5 杯。

制作工具或设备:粉碎机,滤网,透明玻璃杯,吧匙。

制作过程:

(1)将凤梨削皮后切成块状放入粉碎机内。

(2)加入蜂蜜、莲藕汁打成汁倒入杯中。

(3)加入碎冰调匀后即可饮用。

风味特点:色泽浅白,口味酸甜。

46. 美颜蔬菜汁

原料配方:胡萝卜 6 根,青椒 1/2 个,纯净水 350 毫升。

制作工具或设备:粉碎机,滤网,透明玻璃杯,吧匙。

制作过程:

(1)胡萝卜去头尾,切成 2 ~ 3 厘米长条状;青椒切片备用。

(2)将原料一起放入粉碎机,搅打 2 ~ 3 分钟,滤入透明玻璃杯即可。

风味特点:色泽橙黄,富含维生素。

47. 综合藕汁

原料配方:藕1节,胡萝卜1根,苹果2只,纯净水350毫升,蜂蜜15毫升。

制作工具或设备:粉碎机,滤网,透明玻璃杯,吧匙。

制作过程:

(1)将藕、胡萝卜、苹果等去皮洗净,切成小块。

(2)将上述材料一同放入粉碎机内,加纯净水,打成汁,最后滤入透明玻璃杯中,加蜂蜜调味即可。

风味特点:色泽浅白,微甜爽口。

48. 美肤果菜汁

原料配方:胡萝卜5根,苹果1个,姜1小块,纯净水350毫升。

制作工具或设备:粉碎机,滤网,透明玻璃杯,吧匙。

制作过程:

(1)胡萝卜去头尾,切成2~3厘米长条状;苹果切成数块;姜也切成薄片。

(2)再将所有材料放入粉碎机里搅打成汁,最后滤入玻璃杯中即可。

风味特点:色泽橙黄,略有生姜的辣味。

49. 橘香胡萝卜汁

原料配方:橘子3个,胡萝卜1根,纯净水350毫升。

制作工具或设备:粉碎机,滤网,透明玻璃杯,吧匙。

制作过程:

(1)橘子去皮,剥成小瓣;胡萝卜洗净,去头尾,纵切成长条。

(2)橘子、胡萝卜、纯净水放入粉碎机中打成汁,过滤后搅拌均匀即可饮用。

风味特点:色泽橙黄,具有橘子的香味。

50. 辣椒生姜胡萝卜汁

原料配方:胡萝卜2根,黄椒1只,凤梨1大片,生姜10克,纯净水350毫升。

制作工具或设备:粉碎机,滤网,透明玻璃杯,吧匙。

制作过程:

(1)去掉风梨和生姜的皮以及黄椒中的籽,切成丁状。胡萝卜洗净去皮,切条。

(2)然后将上述材料放入粉碎机中,加入纯净水,搅打均匀,滤入玻璃杯中即可。

风味特点:色泽鹅黄,具有生姜的微辣味。

51. 山楂果茶

原料配方:胡萝卜 1 根,山楂 25 克,冰糖 15 克,纯净水 500 毫升。

制作工具或设备:煮锅,粉碎机,滤网,透明玻璃杯,吧匙。

制作过程:

(1)胡萝卜洗净,去皮,切成菱形小块。

(2)把山楂放入锅内煮,煮至山楂外皮破裂,然后捞出,去核去蒂。

(3)然后接着煮胡萝卜。

(4)将煮好、去核去蒂的山楂放入粉碎机,再加入适量纯净水,搅打成山楂果泥。用同样的方法处理胡萝卜,获得两种蔬果泥。

(5)将两种果泥混合,再加入适量纯净水和冰糖,大火烧开,然后转小火煮 5 分钟左右,中间要不停地搅拌。

(6)煮好后使其冷却,最后再滤入玻璃杯中。

风味特点:口味酸甜,开胃健脾。

52. 可口橙子胡萝卜汁

原料配方:橙子 2 个,胡萝卜 3 根,纯净水 350 毫升。

制作工具或设备:粉碎机,滤网,透明玻璃杯,吧匙。

制作过程:

(1)将橙子去皮,胡萝卜擦洗干净,切成块。

(2)放入粉碎机中榨汁,滤入玻璃杯中即可。

风味特点:色泽橙黄,口味似橙汁,富含维生素。

53. 番茄西芹汁

原料配方:番茄 2 个,西芹汁 50 毫升,蜂蜜 15 克,纯净水 150 毫升。

制作工具或设备:粉碎机,滤网,透明玻璃杯,吧匙。

制作过程:

(1)去皮的番茄切成块状,放入搅拌机中,再加进蜂蜜,与纯净水一起搅拌成汁,滤入玻璃杯中。

(2)加上西芹汁和冰块即可。

风味特点:色泽粉红,消暑怡人。

54. 橄榄萝卜汁

原料配方:鲜橄榄 50 克,生白萝卜 350 克,纯净水 350 毫升。

制作工具或设备:粉碎机,滤网,透明玻璃杯,吧匙。

制作过程:

(1)将鲜橄榄捣烂,生白萝卜切成块,一起放入粉碎机中搅打成汁。

(2)上述汁中净水 350 毫升,用小火熬 15 分钟,滤入玻璃杯中即成。

风味特点:色泽浅白,润喉止咳。

55. 百合糖水

原料配方:百合 100 克,白糖 50 克,纯净水 350 毫升。

制作工具或设备:煮锅,透明玻璃杯,吧匙。

制作过程:

百合剥去膜衣,加纯净水,放锅中煮酥熟后加糖拌匀即可饮用。

风味特点:色泽浅白,口味甜香。

56. 蜂蜜番茄汁

原料配方:番茄 1 个,圣女果 10 颗,蜂蜜 10 毫升,纯净水 350 毫升。

制作工具或设备:粉碎机,滤网,透明玻璃杯,吧匙。

制作过程:

(1)番茄洗净去蒂,切丁;圣女果洗净去蒂备用。

(2)将以上原料加入纯净水一起放入粉碎机中以慢速搅打均匀,倒入杯中拌入蜂蜜调味即可。

风味特点:色泽粉红,口味酸甜。

57. 甘蔗马蹄糖水

原料配方:甘蔗 200 克,马蹄 150 克,红枣 50 克,红糖 50 克,桂圆肉 10 克,纯净水 1000 毫升。

制作工具或设备:煮锅,粉碎机,滤网,透明玻璃杯,吧匙。

制作过程:

(1)甘蔗去皮切成圆段,马蹄去皮,红枣洗净。

(2)在煮锅中加入甘蔗、马蹄、红枣、桂圆肉、红糖,注入纯净水,加盖。

(3)小火炖煮 1 小时,取汁即可。

风味特点:色泽浅棕,澄清透明,口味清甜。

58. 黄瓜生姜汁

原料配方:黄瓜 1 根,生姜 1 小块,纯净水 350 毫升。

制作工具或设备:粉碎机,滤网,透明玻璃杯,吧匙。

制作过程:

(1)将黄瓜去皮洗净,挖出中间的籽;将生姜擦洗干净,切成片。

(2)将原料一起放入粉碎机中榨汁,滤入玻璃杯中即可。

风味特点:色泽绿色,具有生姜的味道。

59. 清润红绿糖水

原料配方:红豆 25 克,绿豆 25 克,红糖 50 克,纯净水 1000 毫升。

制作工具或设备:煮锅,粉碎机,滤网,透明玻璃杯,吧匙。

制作过程:

(1)将红豆、绿豆洗净,加纯净水,放煮锅中同煲(使豆易稔起沙)。

(2)煲好后晾凉,放入粉碎机中榨汁,过滤后取汁,冷藏后滤入玻璃杯中即可。

风味特点:清热解暑,祛湿防暑。

60. 蜂蜜枸杞百合饮

原料配方:百合 100 克,枸杞 3 克,蜂蜜 20 克,纯净水 350 毫升。

制作工具或设备:煮锅,透明玻璃杯,吧匙。

制作过程:

将百合去杂洗净,放煮锅内,加入蜂蜜、枸杞和纯净水,小火煮 15 分钟,取出即成。

风味特点:色泽浅白,温肺止咳、补中润燥。

61. 养颜茶

原料配方:生姜 10 克,红枣 50 克,盐 0.5 克,甘草 3 克,丁香 0.5 克,纯净水 1000 毫升。

制作工具或设备:煮锅,粉碎机,滤网,透明玻璃杯,吧匙。

制作过程:

(1)将生姜、红枣、盐、甘草、丁香和纯净水放入煮锅中,煮开后,小火炖煮 1 小时。

(2)晾凉后滤入玻璃杯中即可。

风味特点:色泽浅棕,口味清甜。

62. 蜂蜜芦笋汁

原料配方:绿芦笋 20 克,冰块 0.5 杯,蜂蜜 15 克,桂花酱 10 克,纯净水 350 毫升。

制作工具或设备:粉碎机,滤网,透明玻璃杯,吧匙。

制作过程:

(1)将芦笋切成小段。

(2)将除冰块以外的所有原料放入粉碎机内,打匀至糊状。

(3)过滤后,倒入杯中加入冰块即可饮用。

风味特点:色泽浅绿,具有桂花的清香味。

63. 番茄梅汁

原料配方:番茄 1 个,柠檬汁 10 克,紫苏梅汁 25 克,蜂蜜 15 毫升,纯净水 350 毫升,冰块 0.5 杯。

制作工具或设备:粉碎机,滤网,透明玻璃杯,吧匙。

制作过程:

(1)将番茄净洗切块,放入粉碎机中,加入纯净水、柠檬汁、紫苏梅汁、蜂蜜,搅拌打匀。

(2)将打好的果汁,以滤网滤除果渣后,即可倒入装有冰块的杯中饮用。

风味特点:色泽暗红,口味酸甜。

64. 牛蒡芹菜汁

原料配方:牛蒡 25 克,芹菜 2 根,蜂蜜 15 克,纯净水 350 毫升。

制作工具或设备:粉碎机,滤网,透明玻璃杯,吧匙。

制作过程:

(1)将牛蒡洗净去皮切块;芹菜洗净去叶,切段。

(2)然后再一起榨汁后,滤入玻璃杯中,加入蜂蜜拌匀即可。

风味特点:色泽浅绿,口味清甜。

65. 苹果柠檬蔬菜汁

原料配方:苹果 1 个,柠檬汁 15 克,莴苣 100 克,红萝卜 1 个,纯净水 350 毫升,冰块 0.5 杯。

制作工具或设备:粉碎机,滤网,透明玻璃杯,吧匙。

制作过程:

(1)将苹果去皮切块;莴苣和红萝卜等洗净切块。

(2)将所有原料放入粉碎机中,加上纯净水搅打均匀。

(3)滤入玻璃杯中加入冰块即可。

风味特点:色泽浅绿,具有蔬菜水果的清甜味。

66. 番茄芹菜汁

原料配方:番茄 1 个,芹菜 100 克,柠檬汁 15 克,纯净水 350 毫升。

制作工具或设备:粉碎机,滤网,透明玻璃杯,吧匙。

制作过程:

(1)把番茄洗净切小块;芹菜洗净切段。

(2)与纯净水一起放入粉碎机内,搅打 2 ~ 3 分钟。

(3)滤入玻璃杯中加入柠檬汁调匀即可。

风味特点:色泽浅红,口味微酸。

67. 冬瓜皮茶

原料配方:冬瓜皮 100 克,生姜 10 克,砂糖 15 克,纯净水 1000 毫升。

制作工具或设备:煮锅,透明玻璃杯,吧匙。

制作过程:

(1)冬瓜皮洗净切小块,生姜切丝。

(2)把冬瓜小块和生姜丝放入煮锅,加入纯净水,水开后用小火煮5分钟。

(3)再加砂糖煮1分钟即可。

风味特点:色泽浅绿,清暑解热。

68. 花椰菜汁

原料配方:花椰菜1棵,胡萝卜1根,苹果1个,柠檬0.5个,纯净水350毫升,蜂蜜15克。

制作工具或设备:粉碎机,滤网,透明玻璃杯,吧匙。

制作过程:

(1)将花椰菜切碎,将胡萝卜和苹果去皮切成大小相当的块状。

(2)然后将其放入粉碎机中,再加上榨好的柠檬汁、纯净水搅打均匀,滤入玻璃杯中,加入蜂蜜调匀即可。

风味特点:色泽浅绿,富含维生素,口感清爽。

69. 萝卜蜜汁

原料配方:白萝卜1根,蜂蜜15克,纯净水250毫升。

制作工具或设备:粉碎机,滤网,透明玻璃杯,吧匙。

制作过程:

(1)白萝卜去皮,切成小块。

(2)将白萝卜块与纯净水、蜂蜜等一起放入粉碎机中,搅打成汁,滤入玻璃杯中即成。

风味特点:色泽浅白,止咳化痰。

70. 胡萝卜蜜汁

原料配方:胡萝卜1根,蜂蜜15克,纯净水350毫升。

制作工具或设备:粉碎机,滤网,透明玻璃杯,吧匙。

制作过程:

(1)将胡萝卜去皮切成小块。

(2)加上纯净水和蜂蜜榨汁,滤入玻璃杯中即可。

风味特点:色泽橙黄,口味微甜。

71. 萝卜姜汁

原料配方：萝卜1根，生姜10克，蜂蜜15克，纯净水350毫升。

制作工具或设备：粉碎机，滤网，透明玻璃杯，吧匙。

制作过程：

(1)将萝卜洗净切块，生姜切片备用。

(2)把萝卜块和生姜片加上纯净水，放入粉碎机中，搅打均匀。

(3)滤入玻璃杯中，加入蜂蜜，用吧匙搅拌均匀即可。

风味特点：色泽浅白，具有生姜的味道。

72. 鲜杏白菜混合汁

原料配方：鲜杏100克，白菜150克，柠檬0.5个，白兰地3滴，冰块2~3块，纯净水350毫升。

制作工具或设备：粉碎机，滤网，透明玻璃杯，吧匙。

制作过程：

(1)白菜洗净，将叶剥下、剁碎。

(2)鲜杏去核，切碎。柠檬切成3片。

(3)分别将白菜、鲜杏、柠檬、纯净水放入粉碎机中，搅打出汁，过滤后注入盛有冰块的玻璃杯内。

(4)再加数滴白兰地酒，则别具风味。

风味特点：色泽浅白，具有柠檬和白兰地的香味。

73. 芹菜汁

原料配方：芹菜50克，蜂蜜15克，纯净水350毫升。

制作工具或设备：粉碎机，滤网，透明玻璃杯，吧匙。

制作过程：

(1)芹菜洗净切段备用。

(2)加入蜂蜜和纯净水用粉碎机搅打均匀，滤入玻璃杯中即可。

风味特点：色泽浅绿，清凉止咳。

74. 番茄胡萝卜饮

原料配方：番茄150克，胡萝卜100克，蛋黄1个，胡椒粉0.5克，盐0.5克，纯净水350毫升。

制作工具或设备：粉碎机，滤网，透明玻璃杯，吧匙。

制作过程：

将除盐和胡椒粉以外的所有原料放入粉碎机中搅打成汁，过滤后倒入玻璃杯中，然后再加调料饮用。

风味特点：色泽浅黄，口味鲜咸。

75. 凤梨酸菜汁

原料配方：凤梨 0.5 个，橙子 2 个，酸菜汁 150 毫升，柠檬汁 10 克，蜂蜜 25 克。

制作工具或设备：粉碎机，滤网，透明玻璃杯，吧匙。

制作过程：

(1)将凤梨切成块，榨取成汁，然后与酸菜汁和柠檬汁一起加入粉碎机中，搅打均匀。

(2)滤入玻璃杯中，加入蜂蜜调匀即可。

风味特点：色泽浅黄，口味酸甜。

76. 芹菜胡萝卜饮

原料配方：胡萝卜 3 根，芹菜 0.5 根，橙子 2 个，奶油 25 克，盐 0.5 克，胡椒粉 0.5 克，纯净水 250 毫升。

制作工具或设备：粉碎机，滤网，透明玻璃杯，吧匙。

制作过程：

(1)胡萝卜和芹菜去皮后切成小块，把橙子压榨成汁。

(2)然后把除盐和胡椒粉以外的所有原料连同奶油统统倒入粉碎机中搅打均匀，滤入玻璃杯中，用盐和胡椒粉来调味即可。

风味特点：色泽橙黄，口感细腻。

77. 凤梨胡萝卜汁

原料配方：胡萝卜 3 根，凤梨 3 片，纯净水 350 毫升，蜂蜜 25 克，柠檬汁 5 克。

制作工具或设备：粉碎机，滤网，透明玻璃杯，吧匙。

制作过程：

(1)将胡萝卜洗干净，切成小块；凤梨去皮去硬芯后切块。

(2)凤梨与胡萝卜、纯净水一起放入榨汁机中，搅打成汁。

(3)滤入玻璃杯中，再加入蜂蜜和柠檬汁，搅匀即可。

风味特点:色泽橙黄,口味鲜甜。

78. 香瓜胡萝卜汁

原料配方:香瓜 200 克,胡萝卜 100 克,蜂蜜 15 克,柠檬汁 10 克,纯净水 350 毫升。

制作工具或设备:粉碎机,滤网,透明玻璃杯,吧匙。

制作过程:

(1)将胡萝卜洗干净,切成小块;香瓜洗干净,削皮去籽,切成小块。

(2)将香瓜块与胡萝卜块一起放入粉碎机中,搅打成鲜汁,滤入玻璃杯中,再加入蜂蜜和柠檬汁,搅匀即可。

风味特点:色泽橙黄,具有香瓜的甜香味。

79. 西芹汁

原料配方:西芹 150 克,矿泉水 350 毫升,柠檬汁 20 毫升,蜂蜜 10 克。

制作工具或设备:粉碎机,滤网,透明玻璃杯,吧匙。

制作过程:

(1)将西芹洗净、去筋,切段。

(2)放入粉碎机中,倒入矿泉水,搅打滤出汁倒入杯中。

(3)兑入蜂蜜、柠檬汁,搅匀。

风味特点:清热润肤、健脾利湿。

80. 番茄菠菜汁

原料配方:番茄 1 个,菠菜 100 克,柠檬 1/2 个,盐 0.5 克。

制作工具或设备:粉碎机,滤网,透明玻璃杯,吧匙。

制作过程:

(1)将番茄、柠檬洗净去皮,切成小丁。

(2)菠菜洗净去根,焯熟后切成小段。

(3)将除盐以外的全部原料放入粉碎机中搅打成汁,过滤后倒入杯中。

(4)加入盐调味,即可饮用。

风味特点:色泽浅绿,生津止渴、清热解毒。

81. 雪梨香蕉生菜汁

原料配方:雪梨2个,香蕉1根,生菜100克,柠檬1个。

制作工具或设备:粉碎机,滤网,透明玻璃杯,吧匙。

制作过程:

(1)雪梨洗净切皮,切成块;香蕉去皮切成数段;生菜洗净,撕成碎片备用。

(2)柠檬连皮对切4份,去核。

(3)将所有原料放入粉碎机内搅打成汁,滤入玻璃杯中即可。

风味特点:色泽浅黄,止咳润肺,清甜生津。

82. 冬瓜红豆汤

原料配方:冬瓜250克,红豆150克,白糖25克,纯净水1000毫升。

制作工具或设备:煮锅,透明玻璃杯,吧匙。

制作过程:

(1)红豆洗净后浸泡,备用;冬瓜洗净,去瓤,连皮切成块状。

(2)将红豆、冬瓜放入煮锅内,加1000毫升纯净水用大火煮沸。

(3)改用小火熬1个小时,放入白糖,再煮5分钟即可。

风味特点:色泽浅红,消暑解渴,健胃助消化。

83. 胡萝卜美颜汁

原料配方:胡萝卜100克,橙子1个,柠檬汁10克,蜂蜜10毫升,冰块10块,纯净水350毫升。

制作工具或设备:粉碎机,滤网,透明玻璃杯,吧匙。

制作过程:

(1)胡萝卜洗净切块;橙去皮取肉切块。

(2)将胡萝卜、橙子、纯净水等放入粉碎机中搅打成汁。

(3)滤入放有冰块的玻璃杯中,加入柠檬汁和蜂蜜调味即可。

风味特点:色泽橙黄,美容健肤。

84. 玉米汁

原料配方:鲜玉米粒25克,炼乳25克,蜂蜜10克,纯净水350毫升。

制作工具或设备:煮锅,粉碎机,滤网,透明玻璃杯,吧匙。

制作过程：

将玉米粒放入粉碎机中，加入纯净水，打成玉米浆，倒入锅中煮沸后关火，放入炼乳、蜂蜜搅拌均匀即可，食用前可冷藏。

风味特点：香甜可口，解暑降温。

85. 马蹄绿豆爽

原料配方：马蹄 15 克，绿豆 15 克，桂花酱 10 克，蜂蜜 10 克，纯净水 350 毫升，冰块 10 块。

制作工具或设备：煮锅，透明玻璃杯，吧匙。

制作过程：

(1)绿豆泡 3 小时，放入锅中，煮烂，马蹄拍碎切成末，待汤煮好后放入汤中，转小火加热，同时放入桂花酱、蜂蜜搅匀。

(2)饮用时在玻璃杯中加入冰块，滤入汤汁即可。

风味特点：爽口香甜，口感清凉。

86. 纯真玛丽

原料配方：番茄 3 个，柠檬汁 15 毫升，辣酱油 1 滴，辣椒汁 1 滴，胡椒粉 0.5 克，盐 0.5 克，柠檬角 1 只，芹菜枝 1 根。

制作工具或设备：果汁杯，吧匙，粉碎机。

制作过程：

(1)将番茄洗净切块，放入粉碎机中搅打成泥状，过滤成汁。

(2)在杯中放入冰块，依次加入番茄汁、柠檬汁、辣酱油、辣椒汁、胡椒粉、盐等搅拌均匀。

(3)再加上柠檬角、芹菜枝装饰即成。

风味特点：色泽番茄红，口味多样，装饰美观。

87. 豆奶百莲汁

原料配方：百合 25 克，莲子 25 克，陈皮 3 克，红豆 50 克，鲜牛奶 150 毫升，冰糖 15 克，纯净水 1000 毫升。

制作工具或设备：煮锅，透明玻璃杯，吧匙。

制作过程：

(1)将百合、莲子肉、陈皮、红豆放入纯净水中，先用大火煮 10 分钟，再转成小火煲 1 小时，直到红豆豆衣分离，豆肉熟烂。

(2)最后加入冰糖,待完全溶化后,盛于玻璃杯内,稍凉,注入鲜牛奶,即可饮用。

风味特点:色泽洁白,补血养颜,润肺健脾。

88. 复合圆白菜汁

原料配方:圆白菜 200 克,苹果 0.5 个,柠檬 1 个,草莓 10 颗,纯净水 350 毫升,冰块 10 块。

制作工具或设备:粉碎机,滤网,透明玻璃杯,吧匙。

制作过程:

(1)把圆白菜、苹果、草莓、柠檬洗净。

(2)草莓去蒂、切成两片;柠檬切半,用榨汁器榨取其果汁;苹果削皮、去蒂及核芯部分,切成适当大小块状。

(3)将草莓、苹果和圆白菜、纯净水一起放入粉碎机内搅拌,最后加入柠檬汁拌匀,过滤后倒入玻璃杯内,加碎冰块饮用。

风味特点:色泽浅绿,富含维生素,去火解热。

89. 姜苏茶

原料配方:生姜 3 克,紫苏叶各 3 克,开水 350 毫升。

制作工具或设备:透明玻璃杯,吧匙。

制作过程:

将生姜切成细丝,紫苏叶洗净,用开水冲泡 5 分钟代茶饮用。

风味特点:姜味突出,疏风散寒。

90. 苹果姜汁饮

原料配方:苹果 150 克,胡萝卜 150 克,生姜 15 克,蜂蜜 15 克,纯净水 350 毫升。

制作工具或设备:粉碎机,滤网,透明玻璃杯,吧匙。

制作过程:

(1)把胡萝卜、生姜洗净,切小块;苹果削皮去核,切小块。

(2)将以上原料一起放入粉碎机中搅打出汁,滤入玻璃杯中加入蜂蜜拌匀即可。

风味特点:色泽浅黄,具有浓浓的姜味。

91. 芹菜混合汁

原料配方:苹果0.5个,牛奶250毫升,芹菜0.5棵,蜂蜜10毫升,盐0.5克,纯净水100毫升,冰块10块。

制作工具或设备:粉碎机,滤网,透明玻璃杯,吧匙。

制作过程:

(1)芹菜洗净,用开水焯一下,切碎,备用。

(2)苹果削皮,去核,切成小块。

(3)将苹果、芹菜、牛奶、蜂蜜、盐、纯净水等原料一起放进粉碎机内,搅打出汁。

(4)滤入玻璃杯内,加入冰块即可。

风味特点:爽口清凉,色泽洁白,具有芹菜的淡淡香味。

92. 苹果凤梨生姜汁

原料配方:生姜10克,苹果1/2个,凤梨1/3个,纯净水350毫升。

制作工具或设备:粉碎机,滤网,透明玻璃杯,吧匙。

制作过程:

(1)将生姜去皮切成薄片;苹果去皮去核切成小块;凤梨去皮切成小块。

(2)将以上原料放入搅拌机中,加入纯净水搅打均匀,滤入玻璃杯中即可。

风味特点:色泽橙黄,味道甘甜,具有生姜的辣味。

93. 草莓番茄汁

原料配方:番茄1个,草莓100克,蜂蜜15毫升,柠檬汁10毫升,冰水250毫升。

制作工具或设备:粉碎机,滤网,透明玻璃杯,吧匙。

制作过程:

(1)将番茄用开水烫一下,剥去外皮,切成块。

(2)草莓去蒂洗净,同番茄一起放入粉碎机中,搅打粉碎成鲜汁,倒入杯中。

(3)杯中加入蜂蜜、柠檬汁和冰水,搅匀即可。

风味特点：色泽粉红，口感清凉。

94. 玫瑰番茄汁

原料配方：番茄100克，黄瓜80克，鲜玫瑰花20克，柠檬汁10克，蜂蜜10克，纯净水250毫升。

制作工具或设备：粉碎机，滤网，透明玻璃杯，吧匙。

制作过程：

(1)番茄去皮、籽；鲜玫瑰花、黄瓜洗净。

(2)将番茄、鲜玫瑰花、黄瓜等放入粉碎机中，加入纯净水搅打3分钟。

(3)滤入玻璃杯中加入柠檬汁、蜂蜜即成。

风味特点：色泽粉红，口味酸甜。

95. 凤梨油菜汁

原料配方：凤梨0.5个，油菜50克，柠檬汁15克，纯净水350毫升。

制作工具或设备：粉碎机，滤网，透明玻璃杯，吧匙。

制作过程：

(1)凤梨去皮，切成小块；油菜洗净，切成平均的若干段。

(2)将凤梨、油菜、纯净水一起放入粉碎机中，搅打出鲜汁。

(3)滤出倒入杯中，加入柠檬汁，搅匀即可。

风味特点：色泽浅绿，具有凤梨的香味。

96. 蜂蜜南瓜汁

原料配方：南瓜150克，白糖或蜂蜜15克，纯净水350毫升。

制作工具或设备：粉碎机，滤网，透明玻璃杯，吧匙。

制作过程：

(1)将南瓜洗净切成小片，加入纯净水放入粉碎机中搅拌成汁。

(2)饮用时用白糖或蜂蜜调味。

风味特点：色泽金黄，口味鲜甜，具有南瓜的香味。

97. 雪耳山药糖水

原料配方：山药25克，银耳10克，川贝3克，冰糖10克，纯净水500毫升。

制作工具或设备:煮锅,滤网,透明玻璃杯,茶匙。

制作过程:

(1)山药洗净,去皮,再切小片;雪耳浸泡、去杂质;川贝洗净。

(2)在煮锅中加入纯净水,再加入所有原料,煮开后,小火熬至200毫升。

(3)滤入玻璃杯中饮用。

风味特点:色泽浅白,口味甘甜。

98. 冬瓜茶

原料配方:冬瓜250克,姜5克,纯净水1000毫升,蜂蜜15克。

制作工具或设备:煮锅,滤网,透明玻璃杯,吧匙。

制作过程:

(1)冬瓜去皮去籽洗干净,切成块状。在锅内加水煮开后,加入姜片及冬瓜,焖煮40分钟,熄火后盖上锅盖再闷20分钟。

(2)取汁,加入蜂蜜搅拌均匀即可。

风味特点:色泽浅白,解暑降燥。

99. 蜂蜜土豆汁

原料配方:土豆350克,蜂蜜15克,纯净水350毫升。

制作工具或设备:煮锅,粉碎机,滤网,透明玻璃杯,吧匙。

制作过程:

(1)将土豆削皮、切碎,然后与纯净水一起用粉碎机榨成土豆汁。

(2)再将榨好的土豆汁放入煮锅里,用小火煮。

(3)当土豆汁变得黏稠时,加入适量蜂蜜,搅拌均匀后即可。

风味特点:色泽浅白,健脾益气。

100. 番茄蜜汁

原料配方:中型红番茄约200克,蜂蜜60毫升,纯净水100毫升,碎冰120克。

制作工具或设备:粉碎机,滤网,透明玻璃杯,吧匙。

制作过程:

(1)红番茄洗净,蒂部划出十字刀纹,放入沸水中汆烫,捞出泡冰水后去皮,切小块备用。

(2)将所有原料放入粉碎机中搅打30秒即成。

风味特点:色泽粉红,口味酸甜。

101.萝卜蜂蜜生姜茶

原料配方:白萝卜1根,蜂蜜15克,生姜10克,纯净水500毫升。

制作工具或设备:煮锅,透明玻璃杯,茶匙。

制作过程:

(1)白萝卜洗净切块,生姜去皮切块。

(2)煮锅内烧开纯净水,放入萝卜和生姜烧开,继续焖2~3分钟关火。

(3)晾凉后倒入杯中,加入蜂蜜即可饮用。

风味特点:色泽浅白,醒脾开胃。

102.姜味薄荷茶

原料配方:生姜1000克,白糖350克,薄荷50克,开水350毫升。

制作工具或设备:粉碎机,滤网,透明玻璃杯,吧匙。

制作过程:

(1)将生姜去皮,剁碎。

(2)将泡好的薄荷叶剁碎,和白糖一起放进姜末里,拌匀,腌渍10分钟,使其入味。

(3)放入玻璃杯中用开水冲泡即可。

风味特点:色泽微黄,具有生姜和薄荷混合的香味。

103.人参果鲜百合露

原料配方:鲜百合50克,人参果100克,冰糖20克,纯净水350毫升。

制作工具或设备:煮锅,粉碎机,滤网,透明玻璃杯,吧匙。

制作过程:

(1)将鲜百合表面的泥土刷掉,掰成瓣,用水洗净,浸泡1小时,人参果切成小块。

(2)将百合捞出,放入锅内,加纯净水,上火煮至酥烂,加入冰糖和人参果块,待冰糖溶化后离火晾凉。

(3)放入粉碎机中,搅打成汁,滤入玻璃杯中,冰镇饮用。

风味特点:色泽浅黄,口味微甜,口感清凉。

104. 橄榄生姜茶

原料配方:鲜橄榄 7 个,红糖 15 克,生姜 5 片,纯净水 350 毫升。

制作工具或设备:研钵,煮锅,滤网,透明玻璃杯,吧匙。

制作过程:

把鲜橄榄捣碎,与红糖、生姜一起放入煮锅,加水煎 10 分钟,滤入杯中,即可。

风味特点:色泽浅黄,具有浓浓的生姜味。

105. 姜母茶

原料配方:老姜 10 克,葱白 4 根,红糖 25 克,纯净水 350 毫升。

制作工具或设备:煮锅,透明玻璃杯,吧匙。

制作过程:

(1)老姜切片,葱白切段。

(2)姜与葱白放煮锅中,注入纯净水煮沸,改用小火煮 15 分钟左右。

(3)放入红糖溶化,注入玻璃杯中趁热饮用。

风味特点:色泽浅黄,祛风散寒。

106. 红糖薄荷饮

原料配方:薄荷 15 克,红糖 60 克,纯净水 350 毫升。

制作工具或设备:煮锅,透明玻璃杯,吧匙。

制作过程:

将以上原料,放入煮锅,煎汤后加糖调味即成。

风味特点:色泽浅红,口感清凉。

107. 红薯红枣汁

原料配方:红薯 200 克,红枣 30 克,蜂蜜 20 克,纯净水 350 毫升。

制作工具或设备:煮锅,透明玻璃杯,吧匙。

制作过程:

(1)红薯洗净,削去外皮,切碎。

(2)红枣洗净,去核,切片。

(3)将红薯和红枣片放入煮锅中,加入纯净水 350 毫升,用旺火煎煮。

(4)至水剩下一半时,加入蜂蜜调匀,改用小火煎5分钟。

(5)将煎煮好的液汁滤入玻璃杯中,放凉后即可饮用。

风味特点:色泽浅红,口味清甜。

108.话梅南瓜饮

原料配方:南瓜50克,话梅20克,果珍25克,纯净水400毫升。

制作工具或设备:煮锅,透明玻璃杯,吧匙,冰箱。

制作过程:

(1)将南瓜去皮去瓤用清水洗净,切成约0.5厘米见方的块后用200毫升纯净水汆熟,取出南瓜丁晾凉待用。

(2)再取纯净水烧开,将其中150毫升纯净水用来冲泡果珍。

(3)另外将话梅用50毫升烧开的纯净水烫一下(烫话梅的水弃去不用),然后将话梅放入果珍汁中浸泡。

(4)待果珍汁放凉后,将晾凉的南瓜丁放入,再一起入冰箱冷藏。

(5)最后装入玻璃杯中即可。

风味特点:色泽金黄,口味清凉。

109.豆浆南瓜饮

原料配方:南瓜150克,豆浆350毫升,砂糖15克。

制作工具或设备:蒸锅,煮锅,粉碎机,滤网,透明玻璃杯,吧匙。

制作过程:

(1)老南瓜切块,蒸熟。

(2)和豆浆一起搅拌成浓汁,再煮熟,滤入杯中加砂糖调味即可。

风味特点:色泽浅黄,具有南瓜的香味。

110.西米露芋泥

原料配方:芋头150克,西米50克,白砂糖15克,椰浆350毫升,纯净水350毫升。

制作工具或设备:煮锅,透明玻璃杯,吧匙。

制作过程:

(1)芋头去皮洗净、切片、蒸熟,趁热碾碎。

(2)西米放入200毫升纯净水中煮10分钟,呈半透明时捞出,用冷水略冲,沥干。

(3)150 毫升纯净水烧开,加糖煮化,先放芋泥,再将西米及椰浆倒入,煮开后关火,即可盛出食用。

风味特点:色泽洁白,口感细腻软糯。

111. 黄瓜绿豆汁

原料配方:新鲜黄瓜 1 条,绿豆汤 350 毫升。

制作工具或设备:粉碎机,滤网,透明玻璃杯,吧匙。

制作过程:

新鲜黄瓜洗净,切成小块,加入绿豆汤搅打均匀即可。

风味特点:口味清香,冰爽宜人。

112. 甘蔗杏百汁

原料配方:甘蔗 3 段,杏仁 15 克,百合 15 克,香菜叶 25 克,纯净水 500 毫升。

制作工具或设备:煮锅,滤网,透明玻璃杯,吧匙。

制作过程:

(1)甘蔗去皮节,枇杷叶装入煲汤纱布袋,与其他各种原料一起放入煮锅,煲浓汤。

(2)滤入玻璃杯中即可。

风味特点:生津止渴、味道鲜甜。

113. 圆白菜汁

原料配方:圆白菜 150 克,胡萝卜 100 克,苹果 200 克,纯净水 250 毫升。

制作工具或设备:粉碎机,滤网,透明玻璃杯,吧匙。

制作过程:

(1)将圆白菜洗净;胡萝卜洗净去皮切块;苹果去皮去核切块。

(2)将原料一起放入粉碎机中,加上纯净水,搅打成汁。

(3)滤入玻璃杯中即可。

风味特点:色泽浅绿,口味微甜。

114. 莲藕汁

原料配方:藕节 5 小段,蜂蜜 25 克,纯净水 350 毫升。

制作工具或设备:粉碎机,滤网,透明玻璃杯,吧匙。

制作过程:

藕节洗净、切段后,放入粉碎机中,加入纯净水,榨汁去渣,再加入适量蜂蜜,放入冰箱中,冰凉饮用。

风味特点:色泽浅黄,降火解燥。

第十章　水果类饮品

1. 绿香蕉汁

原料配方：香蕉 1 根，椰浆 150 毫升，香瓜 25 克，冷开水 150 毫升，冰块 0.5 杯。

制作工具或设备：榨汁机，滤网，透明玻璃杯，吧匙。

制作过程：

(1)将香蕉去皮切块；香瓜去皮切小块备用。

(2)将以上原料加椰浆、冷开水等放入榨汁机中打至汁状，过滤后倒入杯中。

(3)加上半杯冰块即可。

风味特点：色泽浅黄，焦香味浓。

2. 柚瓜汁

原料配方：葡萄柚 0.5 个，木瓜 50 克，牛奶 100 毫升，蜂蜜 15 克，纯净水 150 毫升。

制作工具或设备：粉碎机，滤网，透明玻璃杯，吧匙。

制作过程：

(1)木瓜削皮去籽后，洗净后切小块，放进粉碎机里。

(2)将葡萄柚榨成汁，入粉碎机里。

(3)将木瓜块、葡萄柚汁放入粉碎机，再加入牛奶及冷开水搅打混合成汁，并滤除残渣。

(4)注入玻璃杯中，加入蜂蜜调味即可。

风味特点：色泽浅黄，柚香诱人。

3. 奇异果冻饮

原料配方：奇异果 2 个，香蕉 1 根，冰块 0.5 杯，原味优酪乳 150 毫升，冷开水 100 毫升。

制作工具或设备：粉碎机，滤网，透明玻璃杯，吧匙。

制作过程:

(1)将奇异果、香蕉去皮后切丁。

(2)将(1)中材料放进粉碎机中,加入优酪乳、冰块和冷开水以中速搅拌10秒即可。

风味特点:色泽浅绿,奶香馨浓,口味甜酸。

4. 白菜香芹苹果汁

原料配方:苹果2个,白菜100克,西芹梗1根,蜂蜜15克,纯净水350毫升。

制作工具或设备:粉碎机,滤网,透明玻璃杯,吧匙。

制作过程:

(1)将白菜、西芹梗洗净切碎,苹果切块。

(2)加入纯净水一起放入粉碎机中搅打成汁。

(3)把果蔬汁过滤后注入玻璃杯中,添加蜂蜜即可饮用。

风味特点:色泽浅黄,具有成熟的苹果香和西芹的香气。

5. 牛奶蜜梨饮

原料配方:酪梨0.5个,香蕉1根,椰奶100毫升,果糖25克,牛奶200毫升,冰块0.5杯。

制作工具或设备:粉碎机,滤网,透明玻璃杯,吧匙。

制作过程:

(1)将酪梨去皮去核,切成小块;香蕉去皮切成小块。

(2)将所有原料放入粉碎机中打匀,滤入装有冰块的杯中。

风味特点:色泽洁白,具有酪梨和香蕉的香气。

6. 奇异果之梦

原料配方:猕猴桃3个,浓缩橙汁15克,鲜奶100毫升,纯净水250毫升,冰块0.5杯,薄荷蜜10克。

制作工具或设备:粉碎机,滤网,透明玻璃杯,吧匙。

制作过程:

(1)将猕猴桃去皮,切成丁。

(2)把猕猴桃丁、浓缩橙汁、纯净水、冰块、鲜奶依次放入粉碎机内打成带有冰霜的混合汁。

(3)将打好的汁倒入玻璃杯中,加入少许薄荷蜜,用吧匙搅拌均匀即可。

风味特点:色泽浅绿,凉如冰霜,口感清凉。

7. 香蕉冰糖汤

原料配方:香蕉 5 根,冰糖 25 克,陈皮 1 片,纯净水 350 毫升。

制作工具或设备:煮锅,滤网,透明玻璃杯,吧匙。

制作过程:

(1)香蕉去皮,切成段;陈皮浸软,去白。

(2)把香蕉、陈皮放入煮锅内,加纯净水,小火煮制 15 分钟,加冰糖,煮沸至糖溶即成。

风味特点:色泽浅黄,蕉香甜浓,冷饮热饮皆可。

8. 养颜菜果汁

原料配方:优酪乳 150 毫升,番茄 1 个,香蕉 1 根,纯净水 100 毫升。

制作工具或设备:粉碎机,滤网,透明玻璃杯,吧匙。

制作过程:

(1)番茄经过泡烫后去皮,切块;香蕉去皮切块。

(2)将所有原料放入到粉碎机中搅打成汁。

(3)滤入到玻璃杯中即可。

风味特点:色泽粉红,养颜美容,口感细腻。

9. 奇异果凤梨汁

原料配方:凤梨 250 克,猕猴桃 1 个,原味优酪乳 150 毫升,冰块 0.5 杯,纯净水 100 毫升。

制作工具或设备:粉碎机,滤网,透明玻璃杯,吧匙。

制作过程:

(1)将凤梨去皮切成块;猕猴桃去皮,切成丁。

(2)将除冰块外的所有原料放入到粉碎机中搅打成汁。

(3)滤入盛有冰块的玻璃杯中即可。

风味特点:色泽浅黄,具有凤梨的热带果香。

10. 新鲜橘茶

原料配方:绿色橘子 3 ~4 颗,百香果浓缩汁 15 克,柠檬汁 10 克,蜂蜜 15 克,纯净水 350 毫升。

制作工具或设备:煮锅,榨汁机,透明玻璃杯,吧匙。

制作过程:

(1)将橘子对半切开将汁压出放入煮锅中。

(2)依序放入百香果浓缩汁、柠檬汁、糖及纯净水。

(3)煮沸后再加入挤完汁的橘子,泡制 3 分钟。

风味特点:色泽澄清,口味微甜,具有橘子的香味。

11. 柠香汁

原料配方:柠檬 0.5 个,香菜 25 克,苹果 1 个,荷兰芹 15 克,纯净水 350 毫升。

制作工具或设备:粉碎机,滤网,透明玻璃杯,吧匙。

制作过程:

(1)将柠檬挤汁;香菜、荷兰芹等洗净,切碎;苹果去皮去核,切成块。

(2)将材料一起放入粉碎机,加入纯净水搅打成汁后,滤入玻璃杯中,再加入柠檬汁即可。

风味特点:色泽碧绿,具有柠檬和香菜的清香味。

12. 香蕉冰沙饮

原料配方:原味优酪乳 250 毫升,香蕉 2 根,鲜奶油 50 毫升,牛奶 50 毫升,冰块 0.5 杯。

制作工具或设备:粉碎机,滤网,透明玻璃杯,吧匙。

制作过程:

(1)香蕉去皮切成段。

(2)将所有原料放入粉碎机中搅打成冰沙状,装入玻璃杯中即可。

风味特点:焦香浓郁,口感细腻如沙。

13. 多味水果饮

原料配方:苹果 1 个,草莓 10 颗,凤梨 50 克,西瓜瓤 50 克,酸奶

250 毫升,冰块 0.5 杯。

制作工具或设备:粉碎机,滤网,透明玻璃杯,吧匙。

制作过程:

(1)各种鲜水果洗净,切成 1 厘米大小的棱子块,草莓可一切两半或四瓣。

(2)加入粉碎机中搅打均匀,滤入盛有冰块的玻璃杯中加入酸奶拌匀即可。

风味特点:色泽洁白,具有各种水果的味道。

14. 酸梅蜜饮

原料配方:糖渍梅子 300 克,蜂蜜 25 克,纯净水 350 毫升。

制作工具或设备:煮锅,粉碎机,滤网,透明玻璃杯,吧匙。

制作过程:

(1)将糖渍梅子放入煮锅内加入纯净水焖煮至熟烂,即可倒入干净容器内,并除去果核。

(2)然后将蜂蜜和梅子肉汁一起放入粉碎机中搅打均匀成汁,过滤后注入玻璃杯中即可。

风味特点:色泽暗红,口味酸甜。

15. 奶橙汁

原料配方:橙汁 200 毫升,奶精 15 克,炼乳 25 克,纯净水 150 毫升,冰块 10 块。

制作工具或设备:雪克壶,透明玻璃杯,吧匙。

制作过程:

(1)将所有原料放入雪克壶中,加入冰块,用单手或双手摇匀。

(2)滤入玻璃杯中即可。

风味特点:色泽浅黄,橙香奶味俱全。

16. 樱桃汁

原料配方:樱桃 100 克,砂糖 15 克,纯净水 350 毫升。

制作工具或设备:粉碎机,滤网,透明玻璃杯,吧匙。

制作过程:

(1)樱桃洗净后去核,放入粉碎机中加纯净水搅成樱桃汁。

(2)滤出后注入玻璃杯中,加上砂糖搅拌溶解即可。

风味特点:色泽鲜红,口味酸甜。

17. 复合橘子汁

原料配方:橘子 100 克,苹果 200 克,胡萝卜 150 克,蜂蜜 15 毫升,纯净水 150 毫升。

制作工具或设备:粉碎机,滤网,透明玻璃杯,吧匙。

制作过程:

(1)橘子洗净一切为二,去籽,带皮切成细丝;苹果去皮、芯后切块;胡萝卜洗净切片。

(2)将(1)中原料依次放入粉碎机中,加入纯净水搅打成汁,过滤入玻璃杯中即可。

风味特点:色泽金黄,具有各种水果的香味。

18. 西瓜黄瓜汁

原料配方:西瓜 500 克,黄瓜 1 根,纯净水 250 毫升,冰块 0.5 杯。

制作工具或设备:粉碎机,滤网,透明玻璃杯,吧匙。

制作过程:

(1)西瓜去皮去籽,切块备用。

(2)黄瓜洗净,去掉有苦味的尾部,切成细小的碎块。

(3)将西瓜块、黄瓜块、纯净水放入粉碎机内,打成汁。

(4)用滤网过滤,注入盛入冰块的玻璃杯内。

风味特点:色泽粉红,口味鲜甜。

19. 圆白菜草莓汁

原料配方:草莓 200 克,圆白菜 50 克,柠檬 2 片,冰块 2 ~ 3 块,纯净水 350 毫升。

制作工具或设备:粉碎机,滤网,透明玻璃杯,吧匙。

制作过程:

(1)圆白菜洗净,将叶剥下,剁碎。

(2)在玻璃杯中放入冰块。

(3)将圆白菜、草莓、纯净水放入粉碎机内,搅打出汁。

(4)用滤网过滤,注入放有冰块的杯中。

(5)放入柠檬2片即可。

风味特点:色泽浅红,口感清凉,具有柠檬的香味。

20. 圆白菜李子汁

原料配方:鲜李子250克,圆白菜250克,柳橙0.5个,白兰地3滴,冰块2~3块,纯净水350毫升。

制作工具或设备:粉碎机,滤网,透明玻璃杯,吧匙。

制作过程:

(1)圆白菜洗净,将叶剥下、剁碎。

(2)鲜李子去核,切碎。

(3)柳橙切成3片。

(4)在玻璃杯中放入冰块。

(5)将圆白菜、鲜李子、柳橙(连皮)、纯净水放入粉碎机内,搅打出汁。

(6)用滤网过滤,注入放有冰块的杯中。

(7)再加3滴白兰地酒,即可。

风味特点:色泽浅黄,口味微酸,具有白兰地的香味。

21. 葡萄杨桃汁

原料配方:葡萄200克,杨桃1个,纯净水300毫升,蜂蜜15克,冰块0.5杯。

制作工具或设备:粉碎机,滤网,透明玻璃杯,吧匙。

制作过程:

(1)将葡萄、杨桃用水洗净,葡萄去皮去籽,杨桃切块备用。

(2)将(1)中原料置粉碎机内,加入300毫升纯净水,再加入适量蜂蜜混合搅打成汁。

(3)用滤网将果汁过滤。

(4)在杯中放入冰块,注入果汁即成。

风味特点:甜酸适口,生津止渴。

22. 复合苹果汁

原料配方:苹果150克,橙汁15克,柠檬汁10毫升,纯净水150毫升,冰块2块,蜂蜜15克。

制作工具或设备:粉碎机,滤网,透明玻璃杯,吧匙。

制作过程:

(1)将苹果洗净,削去皮,切去芯,再切成小块,和纯净水一起放入粉碎机内打匀。

(2)将苹果汁倒入玻璃杯中,加橙汁、柠檬汁、蜂蜜和冰块调匀,即可饮用。

风味特点:色泽浅黄,健胃润肠。

23. 鲜哈密瓜汁

原料配方:鲜哈密瓜 150 克,柠檬汁 10 毫升,纯净水 150 毫升,冰块 10 块。

制作工具或设备:粉碎机,滤网,透明玻璃杯,吧匙。

制作过程:

(1)将鲜哈密瓜洗净,削去皮、籽,再切成小块,和纯净水一起放入粉碎机内打匀。

(2)将果汁倒入玻璃杯中,加柠檬汁和冰块调匀,即可。

风味特点:色泽鹅黄,口味鲜甜。

24. 西瓜皮茶

原料配方:西瓜皮 250 克,纯净水 1000 毫升,白糖 15 克。

制作工具或设备:煮锅,透明玻璃杯,吧匙。

制作过程:

(1)将西瓜皮洗净切成细条,加纯净水 1000 毫升,煎煮至沸,再略煎数分钟。

(2)取煎液加少许白糖,待凉当茶喝。

风味特点:色泽浅黄,清热解毒。

25. 西米芒果露

原料配方:小西米 25 克,芒果 150 克,纯净水 1000 毫升,冰块 0. 5 杯。

制作工具或设备:煮锅,粉碎机,滤网,透明玻璃杯,吧匙。

制作过程:

(1)芒果去皮去核,放入粉碎机中粉碎搅打成汁。

(2)煮锅放入纯净水烧开,放入西米,煮到中间还有个小白点的时候关火,闷3分钟,捞出过纯净水。

(3)将芒果汁和西米等放入盛有冰块的玻璃杯中即可。

风味特点:色泽金黄,口感软糯,口味清甜。

26. 梨香杏仁饮

原料配方:香梨3个,冰镇杏仁奶350毫升。

制作工具或设备:粉碎机,滤网,透明玻璃杯,吧匙。

制作过程:

(1)将香梨去皮洗净切小块。

(2)把香梨块和冰镇杏仁奶一起放入粉碎机中,搅打均匀。

(3)滤入玻璃杯中即可。

风味特点:色泽洁白,冰冰爽爽。

27. 蜂蜜柚子茶

原料配方:蜂蜜15克,柚子皮15克,柚子果肉150克,冰糖15克,纯净水250克,淡盐水适量。

制作工具或设备:煮锅,粉碎机,滤网,透明玻璃杯,吧匙。

制作过程:

(1)把柚子皮削去白瓤,放淡盐水里泡10分钟,切成丝(柚子皮有苦味,用盐水泡泡可以减轻一点)。

(2)柚子肉用粉碎机打碎,过滤成汁,加入切成丝的柚子皮、纯净水和冰糖一起煮开。

(3)滤入玻璃杯中,加入蜂蜜调匀即可。

风味特点:色泽浅黄,口味微苦。

28. 柠檬荔枝汁

原料配方:柠檬汁10克,冰镇荔枝汁250毫升,冰块0.5杯。

制作工具或设备:透明玻璃杯,吧匙。

制作过程:

将柠檬汁、冰镇荔枝汁、冰块等兑和在一起,略作装饰即成。

风味特点:清甜可口,生津止渴。

29. 香浓水果茶

原料配方：番石榴15克，蛇果25克，香梨25克，柠檬0.5个，橙子0.5个，纯净水1000毫升，冰糖50克。

制作工具或设备：煮锅，滤网，透明玻璃杯，吧匙。

制作过程：

(1)将各种水果洗净，需要削皮的削去外皮，需要去核的去核，然后切成块状。

(2)将切成块的水果放进煮锅内，加入纯净水淹没过水果块，再加入冰糖。

(3)开大火煮开后转小火再煮10分钟即可。

(4)滤入玻璃杯中即可。

风味特点：色泽浅黄，口味香甜。

30. 蜜桃爽

原料配方：新鲜水蜜桃1个，罐头水蜜桃1/2罐，蜂蜜25克，冰块0.5杯，纯净水350毫升。

制作工具或设备：粉碎机，滤网，透明玻璃杯，吧匙。

制作过程：

将所有原料放入粉碎机中，搅打均匀，呈雪霜状即可。

风味特点：蜜桃鲜甜，口感清爽。

31. 石榴凤梨汁

原料配方：红石榴汁15克，凤梨罐头8片，盐0.5克，蜂蜜15克，水果醋10克，纯净水350毫升。

制作工具或设备：粉碎机，滤网，透明玻璃杯，吧匙。

制作过程：

(1)将凤梨去皮、洗干净切成小片。

(2)将凤梨小片与石榴汁等所有原料一起放入粉碎机中搅打均匀，滤入玻璃杯中即可。

风味特点：色泽粉红，口味酸甜。

32. 凤梨苦瓜汁

原料配方：凤梨1颗，苦瓜1根，纯净水350毫升，蜂蜜15克，冰块0.5杯。

制作工具或设备:粉碎机,滤网,透明玻璃杯,吧匙。

制作过程:

(1)凤梨削皮切块状,先放入粉碎机中。

(2)将苦瓜表皮彻底洗净,小心去掉当中的籽,切块后放入粉碎机中,与凤梨同打成果汁。

(3)滤入放有冰块的玻璃杯中,加上蜂蜜搅匀即可。

风味特点:色泽浅黄,口味微苦。

33. 猕猴桃冰沙饮

原料配方:新西兰猕猴桃果肉100克,牛奶50克,酸奶25克,糖浆50克,椰奶100毫升,芒果啫喱10克,冰块0.5杯,纯净水100毫升。

制作工具或设备:粉碎机,滤网,透明玻璃杯,吧匙。

制作过程:

(1)将猕猴桃果肉、牛奶、酸奶、糖浆、纯净水和冰块放进粉碎机内,然后先用中速打3~5秒,再转到高速打10~15秒,搅打成果汁。

(2)将芒果啫喱放进玻璃杯内,然后将果汁缓慢倒进杯内,再放少许椰浆搅匀即可。

风味特点:色泽浅绿,口感细腻如冰沙。

34. 西米西瓜露

原料配方:西米25克,西瓜200克,纯净水150毫升。

制作工具或设备:煮锅,粉碎机,滤网,透明玻璃杯,吧匙。

制作过程:

(1)将西米放入煮锅里加水煮熟,要一边煮一边用勺子搅拌,否则西米会粘锅底。煮到西米半透明的时候,把西米放入纯净水里冲洗,使之成为好看的粒粒状。

(2)将西瓜去皮去籽后,用粉碎机搅打成汁,用滤网过滤后,滤入玻璃杯中,加入西米即可。

风味特点:色泽粉红,芬芳甜美。

35. 樱桃香蕉汁

原料配方:樱桃12颗,香蕉2根,酸奶350毫升。

制作工具或设备:粉碎机,滤网,透明玻璃杯,吧匙。

制作过程:

(1)将其中一半酸奶冰盛出放杯子里。

(2)另一半则盛入粉碎机中,然后放入去核的樱桃和香蕉搅拌。

(3)搅拌好的果汁后倒入盛酸奶冰的杯里,用吧匙搅匀即可。

风味特点:酸得适度,甜得婉转,冰得爽口。

36. 香蕉木瓜汁

原料配方:木瓜150克,香蕉2根,酸奶350毫升。

制作工具或设备:粉碎机,滤网,透明玻璃杯,吧匙。

制作过程:

(1)将其中一半酸奶冰盛出放杯子里。

(2)另一半则盛入粉碎机中,然后放入去皮切成块的木瓜和香蕉搅拌。

(3)搅拌好的果汁后倒入盛酸奶冰的杯里,用吧匙搅匀即可。

风味特点:色泽金黄,口感稠腻。

37. 奶香苹果沙

原料配方:苹果2个,纯净水150毫升,鲜奶油25克,柠檬汁15克,冰块0.5杯。

制作工具或设备:粉碎机,透明玻璃杯,吧匙。

制作过程:

苹果去皮切块,加一点纯净水搅拌打碎,然后加入冰块、鲜奶油,滴些柠檬汁,搅拌即可。

风味特点:口感绵沙,色泽浅黄。

38. 蜜瓜桃子汁

原料配方:蜜瓜150克,桃子2只,酸奶350毫升。

制作工具或设备:粉碎机,滤网,透明玻璃杯,吧匙。

制作过程:

(1)将其中一半酸奶冰盛出放杯子里。

(2)另一半则盛入粉碎机中,然后放入去皮去籽或去核切成块的蜜瓜和桃子搅拌。

(3)搅拌好的果汁后倒入盛酸奶冰的杯里,用吧匙搅匀即可。

风味特点:色泽金黄,口感细腻,口味清香。

39. 奇异果汁

原料配方:奇异果2颗,蜂蜜15克,纯净水350毫升。

制作工具或设备:粉碎机,透明玻璃杯,吧匙。

制作过程:

(1)将奇异果削去果皮,连同水、蜂蜜放入粉碎机中。

(2)启动粉碎机约1分钟,将奇异果打成小颗粒状,即可装入杯中饮用。

风味特点:色泽浅绿,口感清爽。

40. 橘子凤梨汁

原料配方:凤梨100克,橘子2个,西芹15克,番茄1/2个,柠檬1/3个,蜂蜜15克,纯净水350毫升。

制作工具或设备:粉碎机,滤网,透明玻璃杯,吧匙。

制作过程:

(1)橘子去皮取瓣,凤梨去皮与心,番茄去皮,柠檬去皮,西芹切段,各切成适当大小。

(2)将除蜂蜜外的所有原料放入粉碎机中搅打成汁,添加蜂蜜搅拌均匀。

(3)滤入玻璃杯中即可。

风味特点:色泽橙黄,口味酸甜爽口。

41. 芒柚甘露

原料配方:西米50克,芒果2个,西柚1个,椰浆1罐,三花淡奶1罐,冰糖15克,纯净水250毫升。

制作工具或设备:煮锅,粉碎机,滤网,透明玻璃杯,吧匙。

制作过程:

(1)西米放进煮开的水里,大火煮1分钟后加盖焖煮至透明;最后用滤网盛着以凉水冲净,沥干后备用。

(2)芒果去皮去核切块,用粉碎机打成汁。

(3)西柚将肉剥出后轻轻揉散,备用。

(4)将冰糖放进纯净水里煮溶,先加入三花淡奶,再加入椰浆,然后加入芒果汁,搅匀、试味。

(5)最后加入西柚肉粒和西米,置入雪柜冷藏后即可食用。

风味特点:色泽洁白,口味清甜。

42. 西米椰香露

原料配方:西米 15 克,椰粉 10 克,鲜奶 350 毫升,冰糖 25 克,纯净水 250 毫升。

制作工具或设备:煮锅,滤网,透明玻璃杯,吧匙。

制作过程:

(1)西米放进煮开的水里,大火煮 1 分钟后加盖焖煮至透明。

(2)把煮好的西米过纯净水,这时候的西米就像一粒粒小珍珠似的,非常漂亮。

(3)煮锅里加水烧开改小火,倒入椰粉,加入冰糖,倒入鲜牛奶继续煮。

(4)将煮好的椰奶倒入西米中,放凉,即可。

风味特点:色泽洁白,口感软糯,具有椰子的香味。

43. 自制西米水果露

原料配方:西米 15 克,牛奶 350 毫升,各种水果丁 150 克,纯净水 250 毫升,砂糖 25 克。

制作工具或设备:煮锅,粉碎机,滤网,透明玻璃杯,吧匙。

制作过程:

(1)西米放进煮开的水里,大火煮 1 分钟后加盖焖煮至透明。(注意:要一边煮一边用勺子搅拌,否则西米会粘锅底)。

(2)把煮好的西米过纯净水,备用。

(3)煮锅内放入牛奶,烧开后,放入砂糖,加入西米搅拌均匀。

(4)玻璃杯内加入各种水果丁,倒入晾凉的牛奶西米粒即可。

风味特点:色泽洁白,具有各种水果的颜色和香味。

44. 多情百香果汁

原料配方:百香果 2 个,鲜牛奶 350 克,蜂蜜 15 克,碎冰 0.5 杯。

制作工具或设备:粉碎机,滤网,透明玻璃杯,吧匙。

制作过程:

(1)将百香果洗净切开,以汤匙将果肉挖出,放入粉碎机中。

(2)加入鲜牛奶、蜂蜜,打匀过滤后倒入玻璃杯中加入碎冰即可饮用。

风味特点:色泽洁白,口味香甜。

45. 蜂蜜圣女果汁

原料配方:圣女果 40 只,蜂蜜 10 毫升,纯净水 350 毫升。

制作工具或设备:粉碎机,滤网,透明玻璃杯,吧匙。

制作过程:

(1)圣女果洗净去蒂备用。

(2)将圣女果和纯净水一起放入粉碎机中以慢速搅打均匀,滤入杯中拌入蜂蜜调味即可。

风味特点:色泽粉红,口味酸甜。

46. 三鲜汁

原料配方:西瓜 150 克,番茄 150 克,黄瓜 50 克,白糖 30 克,纯净水 150 克。

制作工具或设备:粉碎机,滤网,透明玻璃杯,吧匙。

制作过程:

(1)将西瓜切开,取瓤,去籽;番茄用水洗净,去皮,切块;黄瓜洗净去皮,切丁。

(2)放入粉碎机中搅打取汁,滤入玻璃杯中,加入白糖拌匀搅溶即成。

风味特点:色泽粉红,清热利湿,生津止渴。

47. 冰镇甜橙水

原料配方:银耳 10 克,橙子 1 只,冰糖 25 克,枸杞 3 克,花旗参 1 克,纯净水 350 毫升。

制作工具或设备:煮锅,粉碎机,滤网,透明玻璃杯,吧匙。

制作过程：

(1)煮锅中注入纯净水，放入水泡过的银耳煮10分钟。

(2)放入花旗参、枸杞小火炖5分钟，放入冰糖熬化。

(3)最后加入用粉碎机榨取的橙汁，滤入杯中即可。

风味特点：香甜润口，冷饮热饮皆可。

48. 橙子胡萝卜汁

原料配方：橙子2个，胡萝卜3个，纯净水350毫升。

制作工具或设备：粉碎机，滤网，透明玻璃杯，吧匙。

制作过程：

(1)将橙子去皮切块，胡萝卜洗净切块。

(2)加入纯净水一起放入粉碎机中搅打均匀，用滤网过滤到玻璃杯中即可。

风味特点：色泽橙黄，口味微甜。

49. 番茄柠檬汁

原料配方：番茄2个，柠檬汁15克，蜂蜜15克，纯净水150毫升。

制作工具或设备：粉碎机，滤网，透明玻璃杯，吧匙。

制作过程：

(1)将番茄去皮切成块状，放入粉碎机中，再加进蜂蜜，与纯净水一起搅打成汁。

(2)最后加上柠檬汁和冰块即可。

风味特点：色泽粉红，口味微酸，富含维生素，消暑怡人。

50. 山楂酸梅汤

原料配方：山楂果15克，酸梅25克，麦芽10克，冰糖25克，纯净水1000毫升。

制作工具或设备：煮锅，透明玻璃杯，吧匙。

制作过程：

将除冰糖外的所有原料放入煮锅中，加入纯净水，以慢火煮25分钟，然后加入冰糖，待完全溶化后即可饮用。

风味特点：色泽浅红，生津止渴，开胃消滞。

51. 香蕉冰糖汁

原料配方:香蕉 5 根,冰糖 25 克,陈皮 1 片,纯净水适量。

制作工具或设备:煮锅,粉碎机,滤网,透明玻璃杯,吧匙。

制作过程:

(1)香蕉剥皮,切 3 段,陈皮浸软,去白。

(2)把香蕉、陈皮放入煮锅内,加入纯净水,文火煮沸 15 分钟,加冰糖,煮沸至糖溶。

(3)晾凉后用粉碎机搅打均匀,滤入玻璃杯中即可。

风味特点:色泽浅黄,润肺止咳。

52. 草莓综合果汁

原料配方:草莓 100 克,优酪乳 150 毫升,柠檬 0.5 个,砂糖 15 克,纯净水 100 毫升。

制作工具或设备:粉碎机,滤网,透明玻璃杯,吧匙。

制作过程:

(1)将草莓洗净去蒂,切成两半;柠檬去皮备用。

(2)将草莓、柠檬块放入粉碎机中,加上优酪乳、砂糖、纯净水等,搅打均匀,滤入玻璃杯中即可。

风味特点:色泽粉红,口味酸甜。

53. 糖水蜜橘

原料配方:蜜橘 2 个,白糖 25 克,松子仁 3 克,纯净水 350 毫升。

制作工具或设备:粉碎机,滤网,透明玻璃杯,吧匙。

制作过程:

(1)把蜜橘去掉外皮层,再去内皮层,剥出橘瓣备用。

(2)将橘瓣、白糖和纯净水等放入粉碎机中搅打均匀,过滤后注入玻璃杯中。

(3)最后在糖水中撒几粒松子仁即可。

风味特点:色泽浅黄,口味甜香,润喉开胃。

54. 三汁饮

原料配方:山楂 10 个,西瓜皮 100 克,鲜藕 50 克,蜂蜜 15 克,纯净水 150 毫升。

制作工具或设备:粉碎机,滤网,透明玻璃杯,吧匙。

制作过程:

(1)山楂去核、洗净,备用。

(2)鲜藕、西瓜皮分别去外皮,切成小块,入沸水中焯一下。

(3)将山楂、鲜藕、西瓜皮块、纯净水榨成汁,滤入杯中,加入蜂蜜调匀饮用。

风味特点:色泽浅白,口味鲜甜。

55. 清凉草莓汁

原料配方:鲜草莓 100 克,柠檬 2 个,白糖 15 克,酸奶 150 毫升,蜂蜜 10 毫升,纯净水 50 毫升,冰块 0.5 杯。

制作工具或设备:粉碎机,滤网,透明玻璃杯,吧匙。

制作过程:

(1)将草莓洗净去蒂,沥干水分,柠檬洗净去皮切成块。

(2)将柠檬块和草莓放进粉碎机里,加入酸奶、白糖、蜂蜜和纯净水等,搅打成汁。

(3)滤入玻璃杯中,加入冰块即可。

风味特点:口感清凉,酸甜适口。

56. 香蕉橘子汁

原料配方:鲜香蕉 100 克,橘子 100 克,蜂蜜 30 毫升,纯净水 250 毫升。

制作工具或设备:粉碎机,滤网,透明玻璃杯,吧匙。

制作过程:

(1)香蕉去皮,切成段;橘子去皮取橘瓣备用。

(2)将香蕉段和橘子瓣放入粉碎机,加上蜂蜜和纯净水,搅打 2 ~ 3 分钟。

(3)滤入玻璃杯中,装饰即可。

风味特点:色泽橙黄,口感细腻。

57. 雪梨苹果汁

原料配方:雪梨 150 克,苹果 300 克,芫荽茸 3 克,纯净水 200 毫升。

制作工具或设备:粉碎机,滤网,透明玻璃杯,吧匙。

制作过程:

(1)将雪梨、苹果等去皮去核,切成块。

(2)将雪梨、苹果块等放入粉碎机中搅打均匀,打成汁,滤入玻璃杯中,撒入适量芫荽茸即可。

风味特点:色泽浅黄,口味甜香,具有芫荽的清香味。

58. 杨梅蜜汁

原料配方:杨梅 2000 克,蜂蜜 25 克,纯净水 100 毫升,冰块 10 块。

制作工具或设备:粉碎机,滤网,透明玻璃杯,吧匙。

制作过程:

(1)将杨梅洗净去核,加蜂蜜和纯净水等一起放入粉碎机中搅打成汁。

(2)滤入放有冰块的玻璃杯中即可。

风味特点:色泽暗红,口味甜酸。

59. 黄沙万里

原料配方:香蕉 2 根,凤梨汁 250 毫升,橙汁 15 毫升,樱桃 1 颗,凤梨 1 片。

制作工具或设备:粉碎机,果汁杯,吧匙。

制作过程:

(1)将香蕉去皮,切成段。

(2)将凤梨汁、橙汁、香蕉段等一起放入粉碎机中,搅打成汁,滤入果汁杯中。

(3)饰以樱桃、凤梨等水果即可。

风味特点:色泽浅黄,口感细腻。

60. 鲜葡萄汁

原料配方:新鲜葡萄 100 克,白糖 15 克,纯净水 300 毫升。

制作工具或设备:粉碎机,滤网,透明玻璃杯,吧匙。

制作过程:

(1)新鲜葡萄洗净后去皮去籽。

(2)新鲜葡萄肉加上白糖、纯净水等放入粉碎机中,搅打均匀,滤入玻璃杯中即可。

风味特点:色泽微绿,口味微甜酸,和中健胃。

61. 芹菜柠檬汁

原料配方:芹菜(连叶)30 克,柠檬 1/2 个,苹果 1 个,纯净水适量,盐 0.5 克。

制作工具或设备:粉碎机,滤网,透明玻璃杯,吧匙。

制作过程:

(1)芹菜选用新鲜的嫩叶,洗净后切段,与去皮的柠檬、苹果、纯净水等全部放进粉碎机中榨汁。

(2)滤入杯中加入盐调味即可。

风味特点:色泽碧绿,口味微酸,具有柠檬的清香。

62. 番茄凤梨汁

原料配方:番茄 2 个,凤梨 2 片,砂糖 15 克,纯净水 200 毫升。

制作工具或设备:粉碎机,滤网,透明玻璃杯,吧匙。

制作过程:

(1)番茄去蒂切成块状备用。

(2)将番茄片、凤梨片分别放入粉碎机中,加入糖、纯净水,一同搅拌,搅拌过后,用滤网过滤后,再倒入杯中即可。

风味特点:色泽粉红,口味酸甜,具有凤梨的清香味。

63. 猕猴桃菜果汁

原料配方:猕猴桃 100 克,生菜 30 克,芹菜 15 克,香菜 5 克,柠檬汁 15 克,蜂蜜 25 克,纯净水 200 毫升。

制作工具或设备:粉碎机,滤网,透明玻璃杯,吧匙。

制作过程:

(1)猕猴桃去皮,与生菜、芹菜、香菜洗净,加上纯净水,一起由粉碎机搅打成汁。

(2)上述汁液加柠檬汁、蜂蜜,与冰块混合后,注入玻璃杯中即可。

风味特点:色泽浅绿,口味酸甜,具有各种蔬菜的清香。

64. 鲜李肉汁

原料配方:鲜李子 150 克,白糖 15 克,纯净水 300 毫升。

制作工具或设备:粉碎机,滤网,透明玻璃杯,吧匙。

制作过程:

(1)把李子洗净后去核与纯净水一起放入粉碎机中,搅打成汁。

(2)过滤后注入玻璃杯中即可。

风味特点:色泽浅黄,口味甜鲜。

65. 草莓橘瓣汁

原料配方:鲜草莓 200 克,鲜橘子 75 克,白糖 15 克,纯净水 350 毫升。

制作工具或设备:粉碎机,滤网,透明玻璃杯,吧匙。

制作过程:

(1)橘子剥皮,分瓣;鲜草莓去蒂洗净切成块。

(2)将鲜草莓、鲜橘子瓣、纯净水一起放入粉碎机中,搅打 3 分钟,形成浆汁。

(3)将浆汁过滤后,注入玻璃杯中即可。

风味特点:色泽粉红,口味微甜,具有水果的自然果香。

66. 蜜柚茶汁

原料配方:葡萄柚 1 个,开水 240 毫升,蜜柚茶 15 克。

制作工具或设备:榨汁机,透明玻璃杯,吧匙。

制作过程:

(1)葡萄柚切开、榨汁,滤出。

(2)将葡萄柚汁倒入杯中,再加入蜜柚茶,倒入开水,搅匀即可。

风味特点:色泽浅黄,柚香诱人。

67. 蜂蜜柠檬茶

原料配方:柠檬 2 个,蜂蜜 15 克,冰水 300 毫升。

制作工具或设备:透明玻璃杯,吧匙。

制作过程:

(1)柠檬洗净切开,将汁挤入杯中,再加入蜂蜜调匀。

(2)加入冰水,搅拌均匀即可。

风味特点:色泽浅黄,具有柠檬的清香。

68. 玫瑰香橙茶

原料配方:柳橙2个,玫瑰花5克,纯净水300毫升。

制作工具或设备:煮锅,粉碎机,滤网,透明玻璃杯,吧匙。

制作过程:

(1)柳橙切开、榨汁;再将其中1小片果皮切成细丝,加入柳橙汁内。

(2)玫瑰花加纯净水,放炉上,用小火煮5分钟,滤出汁,待凉。

(3)将柳橙汁和玫瑰汁倒入杯中,搅拌均匀即可。

风味特点:色泽橙黄,具有玫瑰的香味,浪漫诱人。

69. 西梅果汁

原料配方:西梅150克,柳橙150克,纯净水300毫升。

制作工具或设备:粉碎机,滤网,透明玻璃杯,吧匙。

制作过程:

(1)柳橙切开、榨汁;再将其中1小片果皮切成细丝,加入柳橙汁内。

(2)西梅同样榨汁,滤出,备用。

(3)将柳橙汁和西梅汁倒入杯中,加上纯净水搅拌均匀即可。

风味特点:色泽橙黄,具有西梅的香味。

70. 草莓鸭梨苹果汁

原料配方:苹果100克,鸭梨30克,蜂蜜15克,草莓50克,纯净水300毫升。

制作工具或设备:粉碎机,滤网,透明玻璃杯,吧匙。

制作过程:

(1)苹果、鸭梨去皮、核,洗净,切成小块,榨成汁滤入杯中。

(2)草莓去蒂、洗净,切成两半同样榨汁。

(3)将三汁倒入杯中加蜂蜜、纯净水调匀,即可饮用。

风味特点:色泽浅黄,具有三种水果的香味。

71. 双葡汁

原料配方:葡萄100克,提子100克,白糖25克,纯净水300

毫升。

制作工具或设备:粉碎机,滤网,透明玻璃杯,吧匙。

制作过程:

(1)把葡萄、提子洗净去梗,去皮去核后,加入粉碎机中,加纯净水搅打均匀。

(2)滤入玻璃杯中,加入白糖调匀即可。

风味特点:色泽澄清,口味甜酸,双重美味。

72. 草莓橙汁

原料配方:鲜草莓 200 克,柳橙 100 克,白糖 100 克,纯净水 350 毫升。

制作工具或设备:粉碎机,滤网,透明玻璃杯,吧匙。

制作过程:

(1)将柳橙洗净,去皮切成块;鲜草莓去蒂切成块。

(2)将两种水果块放入粉碎机中,分次加入纯净水,搅打 3 分钟,滤出果汁。

(3)注入玻璃杯中即可。

风味特点:色泽浅黄,口味甜鲜。

73. 绿豆香蕉汁

原料配方:绿豆 50 克,香蕉 2 根,纯净水 350 毫升。

制作工具或设备:煮锅,粉碎机,透明玻璃杯,吧匙。

制作过程:

(1)绿豆去杂,洗净;放入煮锅加纯净水用旺火煮沸,改用小火煮 30 分钟,至绿豆酥烂,晾凉备用。

(2)将煮酥的绿豆汁加上去皮切块的香蕉,搅打成汁,倒入杯中即成。

风味特点:色泽浅绿,口感稠厚细腻。

74. 蓝莓蜜汁

原料配方:蓝莓 200 克,蜂蜜 25 克,纯净水 350 毫升。

制作工具或设备:粉碎机,滤网,透明玻璃杯,吧匙。

制作过程:

(1)蓝莓洗净去皮,与纯净水一起放入粉碎机中搅打成汁,滤入玻璃杯中。

(2)加上蜂蜜搅匀即可。

风味特点:色泽浅紫,口味酸甜。

75. 柑皮汁

原料配方:柑皮 50 克,蜂蜜 25 克,纯净水 350 毫升。

制作工具或设备:煮锅,滤网,透明玻璃杯,吧匙。

制作过程:

(1)将柑皮洗净,撕成片状。

(2)将柑皮片放入煮锅,加入纯净水,用大火烧开,然后改用小火焖制 15 分钟。

(3)滤入玻璃杯中,加入蜂蜜搅拌均匀即可。

风味特点:色泽浅黄,口味洋溢着柑皮的香味。

76. 鲜柠蜜

原料配方:鲜柠檬 3 个,砂糖 50 克,纯净水 350 毫升。

制作工具或设备:玻璃碗,透明玻璃杯,吧匙,冰箱。

制作过程:

(1)在玻璃碗底部铺上一层柠檬片,均匀铺上一层砂糖。

(2)按此规律一层柠檬一层砂糖交替相间,最后以砂糖覆盖柠檬表面。

(3)盖上盖子,放冰箱保存一天。

(4)取两块柠檬片和适量鲜柠汁用纯净水冲调一杯鲜柠蜜。

风味特点:色泽浅黄,口味酸甜,具有柠檬的清香味。

77. 木瓜橘子汁

原料配方:木瓜 1 个,橘子 130 克,柠檬 50 克,纯净水 350 毫升。

制作工具或设备:粉碎机,滤网,透明玻璃杯,吧匙。

制作过程:

(1)先将木瓜削皮去籽,洗净后切碎,与纯净水一起用粉碎机搅打成汁,滤出备用。

(2)再将橘子和柠檬切开,挤出汁液与木瓜汁混合,搅匀即成。

风味特点:色泽橙黄,口味鲜甜。

78. 桃柿子汁

原料配方:桃 1 个,柿子 1 个,纯净水 350 毫升。

制作工具或设备:粉碎机,滤网,透明玻璃杯,吧匙。

制作过程:

(1)将桃子和柿子彻底洗净,去掉桃子中间的核。

(2)将所有原料放入粉碎机榨汁,滤入杯中即可饮用。

风味特点:色呈橘黄,口味稠甜。

79. 青沁黄桃汁

原料配方:糖水黄桃 200 克,玉米粉 10 克,糖 10 克,纯净水 350 毫升。

制作工具或设备:煮锅,粉碎机,滤网,透明玻璃杯,吧匙。

制作过程:

(1)将糖水黄桃用粉碎机现榨成汁。

(2)将黄桃汁、纯净水等放入煮锅用火加热煮开。

(3)倒入用纯净水化开的玉米粉,煮至沸腾,并不断搅拌。

(4)晾凉后注入玻璃杯中,插上吸管。

风味特点:色泽金黄,口味甜浓。

80. 杏猕猴桃汁

原料配方:杏 4 个,猕猴桃 2 个,纯净水 350 毫升。

制作工具或设备:粉碎机,滤网,透明玻璃杯,吧匙。

制作过程:

(1)将杏洗净,并将杏核取出;猕猴桃去皮后切块备用。

(2)然后将所有原料放入粉碎机榨汁,滤入杯中即可饮用。

风味特点:色泽碧绿,口味清香。

81. 葡萄凤梨杏汁

原料配方:葡萄 150 克,凤梨 1/3 个,杏 2 个,纯净水 350 毫升。

制作工具或设备:粉碎机,滤网,透明玻璃杯,吧匙。

制作过程:

(1)将葡萄和杏洗净,去掉杏中的核,但葡萄中的籽则可留下;凤梨去皮,切成块。

(2)放入粉碎机中加上纯净水榨汁过滤并注入玻璃杯中即可。

风味特点:色泽浅黄,口味清新。

82. 纯芒果汁

原料配方:芒果2～3个,纯净水150毫升,冰块适量。

制作工具或设备:粉碎机,滤网,透明玻璃杯,吧匙。

制作过程:

(1)将芒果去皮,去掉其中的核,加上纯净水一起粉碎榨汁后搅拌。

(2)滤入盛有冰块的玻璃杯中饮用。

风味特点:色泽金黄,口味醇浓。

83. 树莓苹果汁

原料配方:树莓150克,苹果3个,香蕉1根,纯净水300毫升。

制作工具或设备:粉碎机,滤网,透明玻璃杯,吧匙。

制作过程:

(1)用流水将树莓和苹果彻底洗净,然后将苹果切成块,香蕉去皮,切成块。

(2)先将香蕉块加入纯净水榨汁,滤入玻璃杯中;然后是树莓和苹果榨汁。

(3)将两种果汁充分混合并立即饮用。

风味特点:色泽粉红,口味香甜,具有树莓的淡淡香味。

84. 豆芽苹果汁

原料配方:绿豆芽50克,甜苹果3个,纯净水300毫升。

制作工具或设备:粉碎机,滤网,透明玻璃杯,吧匙。

制作过程:

(1)将豆芽掐头去尾,洗净;苹果去皮去核洗净,切成块。

(2)将豆芽和苹果块及纯净水一起放入粉碎机中,搅打成汁,滤入玻璃杯中即可。

风味特点:色泽浅黄,口味清甜。

85. 柠檬胡萝卜汁

原料配方:柠檬2个,胡萝卜3个,纯净水350毫升。

制作工具或设备:粉碎机,滤网,透明玻璃杯,吧匙。

制作过程:

(1)将柠檬去皮,切块;胡萝卜洗净,切块。

(2)将两种原料榨汁后滤入玻璃杯中即可。

风味特点:色泽橙黄,具有柠檬的清香和微甜。

86. 姜味苹果凤梨汁

原料配方:生姜10克,苹果1/2个,凤梨1/2个,纯净水300毫升。

制作工具或设备:粉碎机,滤网,透明玻璃杯,吧匙。

制作过程:

(1)生姜和凤梨去皮,将生姜、凤梨切成可榨汁的薄片;苹果洗净,然后切成块。

(2)将生姜、苹果、凤梨、纯净水放入粉碎机中榨汁,滤入玻璃杯中,即可。

风味特点:色泽橙黄,口感浓稠,口味甘甜,具有生姜的香味。

87. 木瓜蜂蜜糖水

原料配方:木瓜1个,蜂蜜15克,纯净水500毫升。

制作工具或设备:煮锅,透明玻璃杯,吧匙。

制作过程:

(1)将木瓜洗净,去皮,去瓤,切片。

(2)将木瓜片放入煮锅中,加入纯净水煮沸后,改用小火煮制15分钟,加入蜂蜜搅拌均匀,滤入玻璃杯中即可。晾凉饮用。

风味特点:色泽浅黄,消暑解渴。

88. 奶香雪梨沙

原料配方:雪梨2个,牛奶150毫升,鲜奶油25克,柠檬汁10克,冰淇淋2球。

制作工具或设备:粉碎机,滤网,透明玻璃杯,吧匙。

制作过程:

雪梨去皮切块,加一点水搅拌打碎,滤入杯中,然后加入冰淇淋球、鲜奶油,滴些柠檬汁,搅拌均匀即可。

风味特点:色泽浅白,口感绵沙。

89. 凤梨冻饮

原料配方:凤梨 1/6 个,凤梨汁 350 毫升,果冻粉 3 克,冰块 0.5 杯。

制作工具或设备:煮锅,果冻模,粉碎机,透明玻璃杯,吧匙。

制作过程:

(1)凤梨去皮后果肉切丁备用。

(2)取 100 毫升凤梨汁以小火加热至 80℃时,加入果冻粉拌匀,倒入果冻模后冷藏,待凝固时将凤梨果冻切丁备用。

(3)将(1)中的凤梨丁,150 毫升凤梨汁及冰块放入粉碎机中搅打至细沙状后,倒入杯中,放入(2)的凤梨果冻丁稍加搅拌即可。

风味特点:色泽浅黄,口感清凉,具有凤梨的香味。

90. 什锦水果冰茶

原料配方:苹果 1/2 个,奇异果 1/2 个,柠檬 1/2 个,凤梨 1/6 个,柳橙汁 300 毫升,冰块 0.5 杯。

制作工具或设备:粉碎机,滤网,透明玻璃杯,吧匙。

制作过程:

(1)将苹果、奇异果、柠檬、凤梨去皮去核,切丁备用。

(2)将所有水果块,放入粉碎机中,加柳橙汁搅打成汁,注入玻璃杯中,加入冰块即可。

风味特点:色泽浅黄,口味鲜甜。

91. 灵芝柚皮饮

原料配方:柚子皮 100 克,灵芝片 3 片,冰糖 25 克,纯净水 500 克。

制作工具或设备:煮锅,粉碎机,滤网,透明玻璃杯,吧匙。

制作过程:

(1)整只柚子洗净,剥下柚皮。

(2)将柚皮和纯净水放入煮锅,同时放入灵芝片;水开后,改为小火,再煮 20 分钟。

(3)加上冰糖煮溶后倒入杯中即可。

风味特点:色泽浅黄,口感清冽,柚香微甜。

92. 凤梨汁

原料配方:凤梨 1/4 片,蜂蜜 25 克,柠檬汁 10 克,碎冰 0.5 杯。

制作工具或设备:粉碎机,滤网,透明玻璃杯,吧匙。

制作过程:

(1)将凤梨削皮后切成块状放入粉碎机内,加入蜂蜜、柠檬汁打成汁倒入杯中。

(2)加入碎冰调匀后即可饮用。

风味特点:色泽浅黄,口味甜香,具有凤梨的热带水果香味。

93. 香蜜桑葚汁

原料配方:桑葚 300 克,蜂蜜 15 克,纯净水 300 毫升。

制作工具或设备:粉碎机,滤网,透明玻璃杯,吧匙。

制作过程:

(1)将桑葚洗净后放入粉碎机内,加纯净水打成汁,滤入玻璃杯中。

(2)加入蜂蜜搅拌一下即可。

风味特点:色泽紫红,口味甜浓。

94. 百香果汁

原料配方:百香果 3 个,纯净水 200 毫升,蜂蜜 15 克,柠檬汁 10 克,碎冰 0.5 杯。

制作工具或设备:粉碎机,滤网,透明玻璃杯,汤匙,吧匙。

制作过程:

(1)将百香果洗净切开,以汤匙将果肉挖出,放入粉碎机中。

(2)加入蜂蜜、纯净水、柠檬汁打匀过滤后倒入杯中加入碎冰即可饮用。

风味特点:果香浓郁,口味微甜酸。

95. 柳橙汁

原料配方:柳橙 3 个,蜂蜜 15 克,柠檬汁 5 克,碎冰 0.5 杯,纯净水300毫升。

制作工具或设备:粉碎机,滤网,透明玻璃杯,吧匙。

制作过程:

(1)将柳橙洗净,去皮后切成块,放入粉碎机中。

(2)加入纯净水打成汁,滤入玻璃杯中。

(3)加上蜂蜜、柠檬汁搅拌均匀,加上碎冰即可。

风味特点:色泽金黄,口味微甜酸。

96. 葡萄柚汁

原料配方:葡萄柚1个,蜂蜜15克,纯净水350毫升,碎冰0.5杯。

制作工具或设备:粉碎机,滤网,透明玻璃杯,吧匙。

制作过程:

(1)将葡萄柚洗净,去皮切成块,放入粉碎机中,加入纯净水搅打成汁,滤入玻璃杯中。

(2)加入蜂蜜、碎冰调匀即可饮用。

风味特点:色泽浅黄,具有葡萄柚的香味。

97. 蜂蜜杨桃汁

原料配方:杨桃2个,柠檬汁10克,蜂蜜15克,纯净水350毫升,碎冰0.5杯。

制作工具或设备:粉碎机,滤网,透明玻璃杯,吧匙。

制作过程:

(1)将杨桃洗净,去头尾切成片状,籽的部分亦切除不用。

(2)放入粉碎机内加入柠檬汁、纯净水、蜂蜜打成汁过滤后注入玻璃杯中即可饮用。

风味特点:色泽浅绿,口味微酸,富含维生素。

98. 鲜橘汁

原料配方:橘子3个,蜂蜜15克,碎冰0.5杯,纯净水350毫升。

制作工具或设备:粉碎机,滤网,透明玻璃杯,吧匙。

制作过程:

(1)将橘子洗净,取出橘瓣撕去白筋,加上纯净水搅打成汁,滤入玻璃杯中。

(2)加入蜂蜜、碎冰调匀即可饮用。

风味特点:色泽鲜黄,口味微甜,口感凉爽。

99. 清甜哈密瓜汁

原料配方:哈密瓜0.5个,柠檬汁10克,柳橙汁50毫升,蜂蜜15克,碎冰0.5杯,纯净水150毫升。

制作工具或设备:粉碎机,滤网,透明玻璃杯,吧匙。

制作过程:

(1)将哈密瓜削皮切成块状放入粉碎机内。

(2)加入纯净水、碎冰打成汁倒入杯中。

(3)加入柠檬汁、柳橙汁、蜂蜜调匀后即可饮用。

风味特点:色泽金黄,口味甘甜。

100. 杨梅果汁

原料配方:杨梅100克,生菜40克,鲜牛奶300毫升,柠檬1/3个,蜂蜜15克。

制作工具或设备:粉碎机,滤网,透明玻璃杯,吧匙。

制作过程:

(1)将杨梅、生菜洗净,柠檬去皮,全部放进粉碎机中榨汁,滤出。

(2)与鲜牛奶混合,再注入杯中。

风味特点:色泽浅红,奶香果味浓郁。

101. 番茄雪梨汁

原料配方:番茄2个,雪梨2个,砂糖15克,纯净水200毫升。

制作工具或设备:粉碎机,滤网,透明玻璃杯,吧匙。

制作过程:

(1)番茄去蒂切成块状备用。

(2)将番茄块、凤梨片分别放入粉碎机中,加入砂糖。

(3)将纯净水倒入粉碎机里一同搅拌,搅拌过后,用滤网过滤至杯中即可。

风味特点:色泽粉红,口味酸甜。

102. 草莓苹果汁

原料配方：苹果100克，蜂蜜15克，草莓50克，纯净水200毫升。

制作工具或设备：粉碎机，滤网，透明玻璃杯，吧匙。

制作过程：

(1)苹果去皮、核，洗净，切成小块；草莓去蒂洗净。

(2)将苹果块、草莓、纯净水放入粉碎机榨成汁注入玻璃杯中。

(3)加入蜂蜜搅匀即可。

风味特点：色泽粉红，果香飘逸。

103. 西芹柠檬汁

原料配方：芹菜(连叶)30克，柠檬1/2个，苹果1个，盐0.5克，纯净水350毫升。

制作工具或设备：粉碎机，滤网，透明玻璃杯，吧匙。

制作过程：

(1)选用新鲜带嫩叶的芹菜，洗净后切段，与去皮的柠檬、苹果块、纯净水全部放进粉碎机中榨汁。

(2)滤入玻璃杯中，加入盐调匀即可。

风味特点：色泽碧绿，口味微酸。

104. 蜂蜜柠檬汁

原料配方：蜂蜜25克，柠檬2个，纯净水350毫升，冰块10块。

制作工具或设备：粉碎机，滤网，透明玻璃杯，吧匙。

制作过程：

(1)柠檬去皮，入粉碎机加上纯净水搅拌成汁，滤入玻璃杯中。

(2)加入蜂蜜调味即可；也可加少许冰块搅匀饮用。

风味特点：色泽浅黄，口味酸甜。

105. 冰镇西瓜露

原料配方：西瓜瓤500克，白糖25克，纯净水350毫升。

制作工具或设备：粉碎机，滤网，透明玻璃杯，吧匙，冰箱。

制作过程：

(1)将西瓜去皮、去籽，瓜瓤切成方丁，放入粉碎机中，加入纯净水，搅打成汁，然后将汁滤入玻璃杯内。

(2)将白糖放入调匀,放入冰箱冷藏即可。

风味特点:色泽鲜红,口味甘甜,口感清凉,解暑去热。

106. 薄荷青果汁

原料配方:奇异果3个,苹果1个,薄荷叶2~3片。

制作工具或设备:粉碎机,滤网,透明玻璃杯,吧匙,冰箱。

制作过程:

(1)奇异果削皮、切成4块;苹果不必削皮,去核切块。

(2)薄荷叶放入粉碎机中打碎,再加入奇异果、苹果、纯净水等一起打成汁。

(3)滤入玻璃杯中即可。

风味特点:色泽浅绿,果香突出,薄荷清凉。

107. 紫沙果酿

原料配方:李子3个,葡萄200克,苹果1/2个,柠檬1/4个,纯净水350毫升。

制作工具或设备:粉碎机,滤网,透明玻璃杯,吧匙,冰箱。

制作过程:

(1)李子去核、不必削皮,将其切成4块;柠檬削皮、果肉切块。

(2)材料分别加入冷开水,放入粉碎机中打成汁。

(3)4种汁搅拌均匀后,室温下饮用或依个人喜好冷藏后饮用。

风味特点:色泽微紫,口味鲜甜清凉。

108. 豆瓣菜苹果汁

原料配方:豆瓣菜15克,苹果3个,纯净水300毫升。

制作工具或设备:粉碎机,滤网,透明玻璃杯,吧匙,冰箱。

制作过程:

(1)将豆瓣菜洗净,切碎;苹果去皮切块。

(2)2种原料和纯净水放入粉碎机中,搅打成汁,滤入玻璃杯中。

风味特点:色泽微黄,口味清新,具有豆瓣菜的清香。

109. 可口青木瓜汁

原料配方:青木瓜3~4个,砂糖15克,纯净水100毫升。

制作工具或设备:粉碎机,滤网,透明玻璃杯,吧匙,冰箱。

制作过程:

(1)将青木瓜剖洗干净切块。

(2)与砂糖、纯净水一起放入粉碎机榨汁即可。

风味特点:色泽微黄,清甜可口。

110. 可口西瓜桃子汁

原料配方:西瓜瓤100克,香瓜75克,鲜桃50克,蜂蜜25克,柠檬汁10克,蜂蜜10克,纯净水300毫升。

制作工具或设备:粉碎机,滤网,透明玻璃杯,吧匙,冰箱。

制作过程:

(1)将西瓜、香瓜、鲜桃,去皮、核,果肉切块,加入蜂蜜和纯净水混合,共入榨汁机中搅碎。

(2)过滤后加柠檬汁及冰块即可饮用。

风味特点:清热消暑、解渴生津。

111. 橘子山楂汁

原料配方:橘子250克,山楂100克,白糖15克,纯净水200毫升。

制作工具或设备:煮锅,粉碎机,滤网,透明玻璃杯,吧匙。

制作过程:

(1)橘子去皮,榨汁。

(2)山楂入煮锅,加纯净水200毫升煮烂,取汁。

(3)与橘汁混合,加入白糖,即成。

风味特点:色泽微红,开胃生津。

112. 冰橙

原料配方:橙子3个,白糖25克,纯净水350毫升。

制作工具或设备:煮锅,粉碎机,滤网,透明玻璃杯,吧匙。

制作过程:

(1)橙子3个,1个一切两半,直接挤汁,另2个,切去顶部一小片。

(2)然后用勺子小心地边挤汁边挖出挤得没有多少水分的果肉。

(3)剩下2个比较完整的橙子皮,要做冰橙的容器,所以,把它们和切下的那小片,一起放到冰箱冻层,备用。

(4)再用削皮刀从第一个橙子皮上,削一点下来,切丝或者末。

注意别把橙皮上的白膜也削下来,会很苦。

(5)煮锅里,加入现榨的橙汁和纯净水,加上白糖,小火烧开,边烧边搅拌,直到糖溶。

(6)然后,放入橙皮丝儿,倒入剩下的橙汁,拌匀。

(7)将汁滤到浅的容器里,盖好盖子,晾凉后放冰箱冻层3个小时。然后取出,用搅拌机打碎。

(8)再冻1~2个小时,拿勺子舀入橙子皮里,盖上切下的那1小片做盖子,即可。

风味特点:颜色鲜艳、酸甜可口,外观整齐漂亮。

113.香蕉苹果汁

原料配方:香蕉4个,苹果2个,纯净水350毫升。

制作工具或设备:粉碎机,滤网,透明玻璃杯,吧匙。

制作过程:

(1)将香蕉去皮,切成块;苹果洗净,去皮切块。

(2)将2种原料放入粉碎机中加上纯净水搅打成汁,滤出注入玻璃杯中即可。

风味特点:色泽浅黄,口感细腻,果香蕉美。

114.双桃汁

原料配方:猕猴桃3个,樱桃100克,冰块0.5杯,纯净水300毫升。

制作工具或设备:粉碎机,滤网,透明玻璃杯,吧匙。

制作过程:

(1)削掉猕猴桃的皮,并切成小块;樱桃洗净去核备用。

(2)将2种原料放入粉碎机中,加入纯净水,搅打均匀成汁。

(3)滤出放入玻璃杯中即可。

风味特点:色泽艳丽,口味鲜甜,具有猕猴桃和樱桃的清香。

115.爱情果汁

原料配方:西瓜250克,浓缩橙汁20毫升,糖水25毫升,冰块0.5杯。

制作工具或设备:粉碎机,滤网,雪克壶,高脚杯,吧匙。

制作过程:

(1)将西瓜去皮去籽,切成块,放入粉碎机中,搅打成汁,过滤后备用。

(2)将浓缩橙汁、糖水、冰块等放入雪克壶中,摇匀,滤入玻璃杯中。

(3)再将西瓜汁缓缓倒入其中即成。

风味特点:色泽艳丽,口味甜美。

116. 清凉蓝莓汁

原料配方:鲜蓝莓 150 克,柠檬 0.5 个,白糖 15 克,蜂蜜 15 克,纯净水 300 毫升。

制作工具或设备:粉碎机,滤网,透明玻璃杯,吧匙。

制作过程:

(1)将蓝莓洗净去蒂,沥干水分,柠檬洗净去皮切成块。

(2)将柠檬块和蓝莓放进粉碎机里,加入砂糖和蜂蜜,打成浆,滤入玻璃杯中。

(3)喝时用纯净水稀释后饮用。

风味特点:色泽鲜艳,酸甜适口。

117. 番茄冰沙

原料配方:番茄 3 个,冰块 1 杯,蜂蜜 15 克,纯净水 100 毫升。

制作工具或设备:粉碎机,滤网,透明玻璃杯,吧匙。

制作过程:

(1)将番茄洗净,切开,先去蒂再改刀切片,将籽剔除,切小丁,放入粉碎机内。

(2)加入冰块、纯净水和蜂蜜打匀,看到两者融合时,即可盛出装杯。

风味特点:色泽粉红,口味酸甜,口感有沙粒状。

118. 橘味醒酒汤

原料配方:橘子罐头 100 克,莲子罐头 100 克,青梅 20 克,山楂糕 50 克,白糖 25 克,白醋 1 克,桂花 0.5 克,纯净水适量。

制作工具或设备:煮锅,粉碎机,滤网,透明玻璃杯,吧匙。

制作过程:

(1)将青梅、山楂糕均切成小丁备用。

(2)将橘子、莲子罐头连汤汁倒入煮锅内,加入青梅、山楂糕、白糖、白醋、桂花和适量纯净水烧开。

(3)晾凉后放入粉碎机中搅打均匀后,装入玻璃杯中即可。

风味特点:色泽鲜艳,酸甜可口。

119. 化积解热饮

原料配方:山楂 25 克,红糖 25 克,麦芽 15 克,枳实 9 克,纯净水 500 毫升。

制作工具或设备:煮锅,透明玻璃杯,吧匙。

制作过程:

将以上原料放入煮锅,大火烧开后,改为小火焖制 10 分钟,滤出注入玻璃杯中即可。

风味特点:解暑去热,清热祛痰。

120. 番茄山竹汁

原料配方:番茄 2 个,山竹 3 个,砂糖 15 克,纯净水 200 毫升。

制作工具或设备:粉碎机,滤网,透明玻璃杯,吧匙。

制作过程:

(1)番茄去蒂切成块状;山竹去壳去核备用。

(2)将番茄片、山竹分别放入粉碎机中,加入砂糖和纯净水,搅拌均匀。

(3)用滤网滤入玻璃杯中即可。

风味特点:色泽粉红,口味酸甜,口感清凉。

121. 什锦水果羹

原料配方:白兰瓜 50 克,鲜百合 15 克,黄河蜜瓜 25 克,鲜桃 25 克,草莓 25 克,西米 15 克,冰糖 30 克,纯净水 1000 毫升。

制作工具或设备:煮锅,粉碎机,滤网,透明玻璃杯,吧匙。

制作过程:

(1)将白兰瓜、黄河蜜瓜、鲜桃洗净去皮去籽去核后,切成约 0.5 厘米的方丁,鲜百合去根洗净泥沙,草莓除去蒂叶洗净备用。

(2)将百合放入开水锅内略煮片刻,黄河蜜、鲜桃、白兰瓜略微汆水即可。

(3)西米放入开水中用小火煮制,至西米透明,放入凉水中冲凉。

(4)煮锅内加入纯净水,放入冰糖,待水开后倒入百合改小火约煮10分钟后,放入白兰瓜、黄河蜜瓜、鲜桃再煮约2分钟后,加入煮透明的西米,最后放入草莓即可。

(5)晾凉后饮用。

风味特点:色泽艳丽,具有各种水果的香味,西米软糯。

122. 香蕉橙汁

原料配方:鲜香蕉100克,橙子100克,蜂蜜30毫升,纯净水300毫升。

制作工具或设备:粉碎机,滤网,透明玻璃杯,吧匙。

制作过程:

(1)香蕉去皮,切成块;橙子去皮切块。

(2)香蕉块和橙子块同时放入粉碎机中加入冷开水,搅打均匀成汁。

(3)滤入玻璃杯中,加入蜂蜜调匀即可。

风味特点:色泽金黄,口感绵软细腻。

123. 胡萝卜苹果汁

原料配方:胡萝卜4根,苹果2个,冷开水350毫升。

制作工具或设备:粉碎机,滤网,透明玻璃杯,吧匙。

制作过程:

(1)将胡萝卜擦洗干净,保留其顶部的嫩叶,切成块;苹果洗净去皮去核切块。

(2)先将胡萝卜榨汁,然后再将苹果榨汁。

(3)将2种汁混合、搅拌,并立即饮用。

风味特点:色泽橙黄,口味微甜。

124. 高丽水果汁

原料配方:高丽菜100克,凤梨1/2个,柠檬15克,苹果1/2个,冷开水300毫升。

制作工具或设备:粉碎机,滤网,透明玻璃杯,吧匙。

制作过程:

(1)将高丽菜择洗干净,柠檬、凤梨去皮切块;苹果去皮去核洗净。

(2)将各种原料放入粉碎机中,搅打5分钟,滤入玻璃杯中即可。

风味特点:色泽艳丽,具有各种水果的香味。

125. 高丽葡萄汁

原料配方:高丽菜100克,葡萄20粒,苹果0.5个,柠檬汁15克,纯净水300毫升。

制作工具或设备:粉碎机,滤网,透明玻璃杯,吧匙。

制作过程:

将高丽菜、葡萄与苹果分别洗净,高丽菜切小块;葡萄去皮去籽、苹果去核,切小块,加入纯净水搅拌成汁,加入柠檬汁用吧匙拌匀滤入杯中即可。

风味特点:色泽微黄,口味甜酸。

126. 菠菜橘子汁

原料配方:菠菜100克,橘子2个,牛奶250毫升,冰块0.5杯。

制作工具或设备:粉碎机,滤网,透明玻璃杯,吧匙。

制作过程:

将菠菜洗净,切段,橘子去皮,然后把全部的材料放入粉碎机打成汁。

风味特点:色泽浅绿,具有橘子的清香味。

127. 柑橘茶

原料配方:柑橘5个,冰糖15克,纯净水350毫升。

制作工具或设备:煮锅,透明玻璃杯,吧匙。

制作过程:

(1)柑橘洗净切片,加冰糖与纯净水放入煮锅蒸20分钟。

(2)取汁注入玻璃杯中即可。

风味特点:色泽棕黄,口味甘甜,理气化痰。

128.酸枣仁汤

原料配方:酸枣仁 25 克,纯净水 350 毫升。

制作工具或设备:煮锅,透明玻璃杯,吧匙。

制作过程:

酸枣仁加纯净水煎煮 10 分钟,注入玻璃杯中即可。

风味特点:色泽棕红,口味甜酸。

129.西兰花香蕉汁

原料配方:西兰花 150 克,香蕉 1 根,砂糖 15 克,纯净水 300 毫升。

制作工具或设备:粉碎机,滤网,透明玻璃杯,吧匙。

制作过程:

(1)西兰花洗净切成块状,香蕉去皮切成块状,一同放入粉碎机。

(2)再加入砂糖和纯净水,搅拌均匀后将滤汁盛于杯中即可。

风味特点:色泽浅绿,口感细腻浓稠。

130.番茄鲜橙汁

原料配方:番茄 1 个,橙子 1 个,纯净水 350 毫升。

制作工具或设备:粉碎机,滤网,透明玻璃杯,吧匙。

制作过程:

(1)番茄洗净切块,橙子去皮切块。

(2)将准备好的原料放入粉碎机,搅拌均匀后将滤汁盛于杯中即可。

风味特点:色泽艳丽,口味微酸。

131.芹菜雪梨汁

原料配方:芹菜 100 克,雪梨 1 个,鲜柠檬汁 10 克,砂糖 25 克,纯净水 300 毫升。

制作工具或设备:粉碎机,滤网,透明玻璃杯,吧匙。

制作过程:

(1)芹菜洗净切块,雪梨去皮去籽,一同放入粉碎机中。

(2)加入适量砂糖、纯净水及鲜柠檬汁打匀。

(3)将滤汁盛于杯中即可。

风味特点:色泽微绿,润肺止咳。

132. 生菜苹果汁

原料配方:生菜 200 克,苹果 1 个,蜂蜜 10 克,鲜柠檬汁 10 克,纯净水 300 毫升。

制作工具或设备:粉碎机,滤网,透明玻璃杯,吧匙。

制作过程:

(1)生菜洗净切成细块,苹果去皮切成细块,一同放入粉碎机中。

(2)然后加入蜂蜜、纯净水、柠檬汁一起打匀。

(3)将滤汁盛于杯中即可。

风味特点:色泽微绿,味道清新且略带苦味。

133. 健康果汁

原料配方:土豆 1 个,苹果 1 个,梨 1 个,胡萝卜 1 根,蜂蜜 15 克,纯净水 300 毫升。

制作工具或设备:粉碎机,滤网,透明玻璃杯,吧匙。

制作过程:

(1)苹果、梨去皮去核切成块;土豆去皮切丁用冷水清洗浸泡;胡萝卜去皮切丁。

(2)将以上所有原料放入粉碎机中搅打均匀,成汁。

(3)滤入到玻璃杯中即可。

风味特点:色泽浅黄,口味鲜甜。

134. 柠檬醋

原料配方:柠檬 2 个,苹果醋 250 毫升,冰糖 150 克。

制作工具或设备:广口玻璃罐,透明玻璃杯,吧匙。

制作过程:

(1)柠檬洗净沥干,切薄片后放入广口玻璃罐中,再添加冰糖以及苹果醋后,用保鲜膜将瓶口封住,放至冰糖溶化。

(2)饮用时注入玻璃杯中,加上纯净水稀释即可。

风味特点:色泽浅黄,口味酸甜。

135. 番茄橙汁

原料配方:番茄 2 个,橙汁 150 毫升,蜂蜜 15 克,纯净水 150 毫升,冰块0.5杯。

制作工具或设备:粉碎机,滤网,透明玻璃杯,吧匙。

制作过程:

(1)将去皮的番茄切成块状,放入粉碎机中。

(2)再加进蜂蜜,与纯净水一起搅拌,最后加上橙汁和冰块即可。

风味特点:色泽橙黄,清热解毒。

136. 猕猴桃芝麻汁

原料配方:猕猴桃2个,香蕉1个,橙子4个,熟芝麻15克,纯净水300毫升。

制作工具或设备:粉碎机,滤网,透明玻璃杯,吧匙。

制作过程:

(1)把香蕉和猕猴桃果肉放入粉碎机内,加上纯净水搅打均匀成汁。

(2)滤入到玻璃杯中加上橙汁,撒上熟芝麻即可。

风味特点:色泽浅绿,口味鲜甜,芝麻味香。

137. 桑葚果汁

原料配方:桑葚250克,砂糖15克,柠檬0.5个,纯净水200毫升。

制作工具或设备:粉碎机,滤网,透明玻璃杯,吧匙。

制作过程:

(1)桑葚洗净后去掉小枝,加上砂糖和纯净水搅打均匀,使桑葚颗粒破碎成汁。

(2)滤入玻璃杯中,加入柠檬汁搅拌均匀即可。

风味特点:色泽浅紫,口味甘甜。

138. 三果美体汁

原料配方:木瓜1/3个,香蕉1根,柠檬汁20毫升,纯净水300毫升。

制作工具或设备:粉碎机,滤网,透明玻璃杯,吧匙。

制作过程:

(1)将木瓜去皮及瓤,切成小块;香蕉去皮,切块备用。

(2)将木瓜、香蕉放入粉碎机中,加入柠檬汁、纯净水搅打均匀,即可滤入杯中饮用。

风味特点:色泽金黄,口感细腻,口味微甜。

139. 桂枝山楂红糖汤

原料配方:桂枝 10 克,山楂 20 克,红糖 30 克,纯净水 500 毫升。

制作工具或设备:煮锅,透明玻璃杯,吧匙。

制作过程:

(1)桂枝、山楂及红糖加纯净水适量煎成汤,去渣取汁。

(2)注入玻璃杯中即可。

风味特点:色泽浅红,具有桂枝的香味。

140. 百合鲜果茶

原料配方:鲜百合 2 个,梨 1 个,冰糖 15 克,纯净水 350 毫升。

制作工具或设备:煮锅,滤网,透明玻璃杯,吧匙。

制作过程:

(1)将百合洗净。

(2)将梨洗净去皮,切小块或条状。

(3)将洗好的百合和梨、纯净水入煮锅里煮 20 分钟左右,放入少许冰糖再煮 10 分钟,滤入杯中即可。

风味特点:色泽浅黄,清凉可口。

141. 西芹凤梨汁

原料配方:西芹 300 克,凤梨 100 克,蜂蜜 20 克,柠檬汁 20 克,纯净水 200 毫升。

制作工具或设备:粉碎机,滤网,透明玻璃杯,吧匙。

制作过程:

(1)西芹去皮、去硬芯切成小块。凤梨洗净去皮,切成小块。

(2)将西芹、凤梨放入粉碎机中榨成汁,倒入杯中。

(3)加柠檬汁、纯净水及蜂蜜调味饮用。

风味特点:色泽浅绿,口味微甜,西芹的清香和凤梨的果香相互交融。

142. 香蕉苹果蜜汁

原料配方:香蕉1根,苹果0.5个,蜂蜜15克,牛奶350毫升。

制作工具或设备:粉碎机,滤网,透明玻璃杯,吧匙。

制作过程:

(1)香蕉去皮,苹果去皮去核,同切成小块。

(2)将牛奶、蜂蜜、香蕉、苹果一起放入粉碎机中搅打拌匀,滤入玻璃杯中,加以装饰即可。

风味特点:香滑滋润,口感香甜。

143. 香橙木瓜汁

原料配方:柳橙300克,木瓜100克,蜂蜜15克,纯净水200毫升。

制作工具或设备:粉碎机,滤网,透明玻璃杯,吧匙。

制作过程:

(1)将橙子去皮去核,切小块,放入粉碎机中。

(2)将木瓜去皮去瓤,切成小丁,放入粉碎机中,同橙子一起榨汁,倒入杯中。

(3)将蜂蜜、纯净水倒入杯中,搅匀,加以装饰即可。

风味特点:口味香甜、微酸清爽。

144. 西柚苹果汁

原料配方:柚子1个,苹果1个,蜂蜜、纯净水适量。

制作工具或设备:粉碎机,滤网,透明玻璃杯,吧匙。

制作过程:

(1)将柚子洗干净,去皮去核,取肉;苹果洗净,削皮去核,切块。

(2)柚子和苹果同放入粉碎机中,加入纯净水榨出果汁。

(3)将果汁滤入玻璃杯中,加入蜂蜜拌匀即可。

风味特点:色泽浅黄,口味微酸甜。

145. 番茄葡萄汁

原料配方:葡萄100克,抱子甘蓝75克,番茄100克,蜂蜜20克,纯净水150毫升。

制作工具或设备:粉碎机,滤网,透明玻璃杯,吧匙。

制作过程:

(1)将葡萄洗净去皮、籽;甘蓝菜、番茄洗净切成小块。

(2)将上述材料放入粉碎机中榨汁,滤入玻璃杯中,加入蜂蜜调匀即成。

风味特点:色泽粉红,口味蜜甜。

146. 羊奶果蜜饮

原料配方:羊奶果 50 克,蜂蜜 15 克,纯净水 350 毫升。

制作工具或设备:粉碎机,滤网,透明玻璃杯,吧匙。

制作过程:

(1)将羊奶果果皮搓洗干净,去皮切成块。

(2)与纯净水一起放入粉碎机中搅打均匀成汁,滤入玻璃杯中,加入适量蜂蜜调匀即成。

风味特点:色泽艳丽,甜酸适口,润肺止咳。

147. 冰水果茶

原料配方:圣女果 10 颗,奇异果 1 个,柠檬 0.5 个,凤梨 1/3 个,苹果 0.5 个,柳橙 1 个,冰块 0.5 杯,果糖 10 克,滇红茶水 100 毫升,纯净水 100 毫升。

制作工具或设备:粉碎机,滤网,透明玻璃杯,吧匙。

制作过程:

(1)将奇异果去皮切片;凤梨、苹果、柳橙去皮切块。

(2)将上面切好的原料、整颗的圣女果,一起放入粉碎机里;再往里加入冰块、果糖、柠檬汁、滇红茶水、纯净水搅打均匀成汁。

(3)滤入玻璃杯中即可。

风味特点:口感冰凉,口味鲜甜。

148. 苹果葡萄汁

原料配方:苹果 3 个,葡萄 500 克,柠檬 1 个,蜂蜜 50 克,纯净水 350 毫升。

制作工具或设备:粉碎机,滤网,透明玻璃杯,吧匙。

制作过程:

(1)苹果和柠檬洗净去皮切块;葡萄洗净去皮去核。

(2)将苹果、葡萄、柠檬和纯净水放入粉碎机中搅拌均匀,滤入玻璃杯中加入蜂蜜调匀即可饮用。

风味特点:色泽浅黄,口味甘甜。

149. 柳橙凤梨汁

原料配方:柳橙 2 个,凤梨 1/4 个,柠檬 0.5 个,苹果 0.5 个,纯净水 350 毫升。

制作工具或设备:粉碎机,滤网,透明玻璃杯,吧匙。

制作过程:

(1)将凤梨和苹果去皮,去核,分别放入粉碎机,加纯净水榨出纯汁。

(2)再将柳橙、柠檬挤出汁。

(3)最后 4 种水果汁倒入杯中,混合均匀即可。

风味特点:色泽橙黄,口味鲜甜,具有各种水果的香味。

150. 柠檬苹果汁

原料配方:苹果 2 个,柠檬 1/4 个,胡萝卜 1/4 根,纯净水 350 毫升。

制作工具或设备:粉碎机,滤网,透明玻璃杯,吧匙。

制作过程:

(1)将苹果去皮去核,切成块;胡萝卜洗净切块;柠檬挤汁备用。

(2)将苹果块、胡萝卜块与纯净水一起放入粉碎机中搅打成汁,滤入玻璃杯中,加上柠檬汁拌匀即可。

风味特点:色泽浅黄,口感如绸,口味甜润。

151. 草莓可乐达

原料配方:金色甘蔗汁 90 毫升,椰奶 30 毫升,凤梨汁 120 毫升,生鲜草莓 6 颗,凤梨带皮 1 片,冰块 6 块。

制作工具或设备:粉碎机,滤网,透明玻璃杯,吧匙。

制作过程:

(1)留下凤梨片和 1 颗草莓备用。

(2)将其他材料与碎冰放入粉碎机,搅打至呈雪泥状后,倒入冷却的透明玻璃杯。

(3)最后,以凤梨片和剩余的草莓装饰。

风味特点:色泽粉红,口感如雪泥,口味甜香,具有椰奶等材料热带风情。

152. 罗汉果饮

原料配方:罗汉果1个,干红枣25克,藕1节,冰糖25克,纯净水500毫升。

制作工具或设备:煮锅,透明玻璃杯,吧匙。

制作过程:

(1)将罗汉果去壳取内瓤;干红枣洗净;藕节切块。

(2)将(1)中原料加入冰糖和纯净水,放入煮锅,用大火煮开,改用小火焖煮10分钟,滤汁于玻璃杯中,冷热饮皆可。

风味特点:色泽棕红,酸甜可口,清凉解暑。

153. 蜜饯糖水

原料配方:话梅蜜饯2个,白糖15克,松子3克,蜜橘汁150克,纯净水200毫升。

制作工具或设备:透明玻璃杯,吧匙。

制作过程:

(1)话梅蜜饯放入玻璃杯中,用纯净水浸泡10分钟取汁。

(2)加入蜜橘汁和白糖搅拌均匀,撒上松子即可。

风味特点:色泽棕黄,口味甜酸,具有松子的清香。

154. 木瓜炖梨

原料配方:木瓜1/4个(约250克),梨1个,枸杞约20粒,冰糖50克,纯净水1000毫升。

制作工具或设备:煮锅,透明玻璃杯,吧匙。

制作过程:

(1)将木瓜洗净去皮剖成两半,用勺挖去籽。

(2)梨去皮后和木瓜分别切成橘瓣状,枸杞洗净。

(3)煮锅中加纯净水,烧沸后下木瓜、梨、冰糖,加盖用大火烧沸后改小火煮20分钟。

(4)放入枸杞续煮5分钟。

(5)连汁装入玻璃杯中,冷热饮皆可。

风味特点:色泽浅黄,口味甜润。

155. 胡萝卜橙汁

原料配方:胡萝卜 200 克,柳橙 1 个,蜂蜜 15 克,柠檬汁 10 克,碎冰 0.5 杯。

制作工具或设备:粉碎机,滤网,透明玻璃杯,吧匙。

制作过程:

(1)柳橙洗净,剥去外皮,去籽;胡萝卜洗净,切块。

(2)柳橙和胡萝卜一起放入粉碎机中,榨成鲜汁,过滤后倒入杯中,再加入蜂蜜和柠檬汁,搅匀,投入碎冰即可。

风味特点:色泽橙黄,口味酸甜。

156. 杨桃凤梨鲜汁

原料:杨桃 200 克,凤梨 200 克,蜂蜜 15 克,冰水 0.5 杯。

制作工具或设备:粉碎机,滤网,透明玻璃杯,吧匙。

制作过程:

(1)将凤梨洗净,削皮去硬芯,切块。

(2)杨桃洗净,与冰水一起放入粉碎机中榨出果汁,再加入凤梨一起榨汁,滤出后加入蜂蜜,搅匀即可。

风味特点:色泽浅黄,口味清甜。

157. 苹果哈密瓜汁

原料配方:苹果 200 克,哈密瓜 200 克,蜂蜜 15 克,柠檬汁 15 克,纯净水 200 毫升。

制作工具或设备:粉碎机,滤网,透明玻璃杯,吧匙。

制作过程:

(1)苹果洗净,削皮去核,切块;哈密瓜削皮去掉瓤,切块。

(2)苹果、哈密瓜、纯净水一起放入粉碎机中榨出果汁,加入蜂蜜、柠檬汁搅匀即可。

风味特点:色泽金黄,味道香甜。

158. 鲜橙葡萄汁

原料配方:鲜橙 100 克,橘子 100 克,葡萄 150 克,蜂蜜 15 克,柠檬汁 10 克,纯净水 300 毫升。

制作工具或设备:粉碎机,滤网,透明玻璃杯,吧匙。

制作过程:

(1)将橘子洗干净,去掉皮、核;鲜橙洗净,削皮去籽,切块;葡萄去皮去籽。

(2)处理好的主料和纯净水一起放入粉碎机中榨出果汁,加入蜂蜜、柠檬汁拌匀即可。

风味特点:色泽浅黄,口味酸甜,清爽宜人。

159. 柚橘橙混合果汁

原料配方:橙子 150 克,柚子 250 克,橘子 200 克,碎冰 0.5 杯。

制作工具或设备:粉碎机,滤网,透明玻璃杯,吧匙。

制作过程:

(1)将柚子、橘子和橙子去皮去核,放入粉碎机中榨汁。

(2)将榨好的果汁倒入杯中,投入碎冰,加以装饰即可。

风味特点:色泽浅黄,口味酸甜,润肺消渴。

160. 红枣花茶

原料配方:红枣 50 克,冰糖 10 克,花茶 5 克,纯净水 500 毫升。

制作工具或设备:煮锅,透明玻璃杯,吧匙。

制作过程:

(1)红枣去核捣碎,倒入煮锅内,加入冰糖,加纯净水煮 8 ~ 10 分钟,滤渣。

(2)汁水倒入放有花茶茶叶的玻璃杯中,冲泡 3 分钟。

风味特点:色泽棕红,口味甘甜。

161. 蜂蜜苹果汁

原料配方:苹果 100 克,苹果汁 100 毫升,冰水 0.5 杯,碎冰 0.5 杯,蜂蜜 15 克。

制作工具或设备:粉碎机,滤网,透明玻璃杯,吧匙。

制作过程:

(1)苹果洗净去皮去核,切小块,放入粉碎机中。

(2)再加入苹果汁、冰水、蜂蜜,搅打 30 秒,倒入杯中,加入碎冰即可。

风味特点:色泽浅黄,口味甜酸。

162. 芦荟苹果汁

原料配方:苹果 0.5 个,胡萝卜丁 15 克,芦荟 25 克,蜂蜜 15 毫升,冰水 300 毫升,冰块 2 ~ 3 块。

制作工具或设备:粉碎机,滤网,透明玻璃杯,吧匙。

制作过程:

(1)将芦荟洗净,去刺,切碎。

(2)苹果去核,切成黄豆小块。

(3)将芦荟、胡萝卜丁、苹果和冰水放入粉碎机内,捣碎出汁。

(4)再用滤网过滤,注入玻璃杯中,加进蜂蜜搅匀,饮用前,加 2 ~ 3 块冰块,即成。

风味特点:色泽浅黄,清凉可口。

163. 番茄葡萄凤梨汁

原料配方:番茄 150 克,葡萄 100 克,凤梨 200 克,柠檬汁 5 毫升,纯净水 200 毫升,冰块 2 ~ 3 块。

制作工具或设备:粉碎机,滤网,透明玻璃杯,吧匙。

制作过程:

(1)番茄洗净,切成碎块,葡萄洗净,去皮和籽。凤梨去皮,切成小碎块。

(2)将番茄、葡萄、凤梨、纯净水放入粉碎机内,搅打出汁,用滤网过滤,注入放有冰块的杯中搅匀,即成。

风味特点:色泽浅红,口味酸甜。

164. 杏醋木瓜汁

原料配方:木瓜 150 克,杏 250 克,冰糖 100 克,醋 50 克,蜂蜜 30 克,纯净水 200 毫升。

制作工具或设备:粉碎机,滤网,透明玻璃杯,吧匙。

制作过程:

(1)将杏洗净,泡软去核;将木瓜洗净,去皮去籽。

(2)将所有原料放入粉碎机中,搅打成汁,滤入玻璃杯中饮用。

风味特点:色泽棕红,口味酸甜。

165. 蜂皇浆橘汁

原料配方:鲜橘汁 500 毫升,蜂皇浆 30 克,蜂蜜 15 克。

制作工具或设备:透明玻璃杯,吧匙。

制作过程:

将蜂蜜加入蜂皇浆中拌匀,再加入橘汁混合均匀,注入玻璃杯中即可。

风味特点:色泽浅黄,口味略甜酸。

166. 哈密瓜苹果乳酸汁

原料配方:哈密瓜 150 克,苹果 150 克,乳酸饮料 200 毫升,蜂蜜 15 克。

制作工具或设备:粉碎机,滤网,透明玻璃杯,吧匙。

制作过程:

(1)将哈密瓜洗净,去皮去核,切块;苹果洗净后去皮去核,切块。

(2)将哈密瓜、苹果、乳酸饮料一起放入粉碎机中,搅拌成果汁,加入蜂蜜调匀即可。

风味特点:色泽乳黄,口味酸甜。

167. 红艳天使

原料配方:橙汁 200 毫升,石榴糖浆 20 毫升,蛋黄 1 个,安格斯图拉苦酒 2 大滴,碎冰适量,樱桃 1 颗。

制作工具或设备:粉碎机,滤网,笛型香槟酒杯,吧匙,吸管。

制作过程:

将材料与碎冰一起用粉碎机搅拌,注入笛型香槟酒杯,装饰上樱桃,插入 2 根吸管。

风味特点:色泽红艳,酸甜中具有丝丝的苦意。

168. 凤梨香瓜汁

原料配方:凤梨 0.5 个,香瓜 1 个,蜂蜜 15 克,纯净水 300 毫升。

制作工具或设备:粉碎机,滤网,笛型香槟酒杯,吧匙。

制作过程:

(1)将凤梨削皮去硬芯,切块;香瓜洗净,削皮去瓤,切块。

(2)凤梨、香瓜、纯净水一起放入粉碎机中榨出果汁,倒入杯中,加入蜂蜜,搅匀即可。

风味特点:色泽浅黄,口味清甜。

169. 苹果青提汁

原料配方:苹果 200 克,青提 200 克,柠檬汁 15 克,纯净水 150 毫升。

制作工具或设备:粉碎机,滤网,透明玻璃杯,吧匙。

制作过程:

(1)将苹果洗净,削皮去核切块;青提洗干净,去皮去掉核。

(2)苹果、青提、纯净水一起放入粉碎机中榨出果汁,加入柠檬汁拌匀即可。

风味特点:色泽浅黄,口味酸甜。

170. 美白果汁

原料配方:木瓜 30 克,梨 30 克,苹果 30 克,柳橙 30 克,冰糖 10 克,蜂蜜 15 克,冰水 0.5 杯,碎冰 0.5 杯。

制作工具或设备:粉碎机,滤网,透明玻璃杯,吧匙。

制作过程:

(1)所有水果洗净,去皮去核,切成小块,榨成果汁。

(2)粉碎机中再加入冰糖、蜂蜜、冰水,搅拌均匀,倒入杯中,加入碎冰即可。

风味特点:色泽浅黄,口味甜香。

171. 猕猴桃酸酸乳果汁

原料配方:猕猴桃 4 个,酸酸乳 60 毫升,蜂蜜 15 克,冰水 0.5 杯,碎冰 0.5 杯。

制作工具或设备:粉碎机,滤网,透明玻璃杯,吧匙。

制作过程:

(1)猕猴桃去皮,切小块。

(2)所有用料放入粉碎机中,搅拌 30 秒,倒入杯中,加以装饰即可。

风味特点:色泽浅绿,酸酸甜甜。

172. 参乳雪梨汁

原料配方:雪梨1个,百合30克,杏仁10克,冰糖25克,纯净水500毫升。

制作工具或设备:煮锅,粉碎机,滤网,透明玻璃杯,吧匙。

制作过程:

(1)将雪梨洗净,去皮、核,切成小块;百合、杏仁洗净。

(2)雪梨、百合、杏仁一起放煮锅中,加纯净水煮沸,放入冰糖,炖20分钟。

(3)晾凉后,放入粉碎机中搅打成汁,滤入玻璃杯中即可。

风味特点:色泽浅白,润喉开胃。

173. 佛手栀子饮

原料配方:佛手50克,栀子30克,纯净水500毫升。

制作工具或设备:煮锅,透明玻璃杯,吧匙。

制作过程:

(1)佛手洗净,切成片;栀子洗净。

(2)一起放入煮锅中,加入纯净水,大火煮开3分钟,改小火煮30分钟,滤渣取汁,注入玻璃杯中即可。

风味特点:色泽浅黄,口味清甜。

174. 无花果蜂蜜汁

原料配方:无花果8个,蜂蜜15克,纯净水350毫升。

制作工具或设备:粉碎机,滤网,透明玻璃杯,吧匙。

制作过程:

(1)将无花果洗净,去皮取瓤备用。

(2)加上蜂蜜、纯净水一起放入粉碎机中,搅打成汁,滤入玻璃杯中即可。

风味特点:色泽浅红,口味绵甜。

175. 猕猴桃凤梨汁

原料配方:猕猴桃150克,凤梨150克,酸酸乳25克,蜂蜜15克,纯净水300毫升。

制作工具或设备:粉碎机,滤网,透明玻璃杯,吧匙。

制作过程:

(1)将猕猴桃洗净去皮,切块;凤梨洗净,去皮去硬芯,切块。

(2)猕猴桃、凤梨、酸酸乳、纯净水一起放入粉碎机中榨出果汁,加入蜂蜜,搅匀即可。

风味特点:色泽浅绿,口味鲜甜。

176. 葡萄苹果汁

原料配方:葡萄 10 颗,苹果 1 个,蜂蜜 15 克,雪碧汽水 250 毫升。

制作工具或设备:粉碎机,滤网,透明玻璃杯,吧匙。

制作过程:

(1)将葡萄洗净,去核;苹果洗净,削皮去核切块。

(2)葡萄与苹果同放入粉碎机中,榨出鲜汁,倒入杯中,加入雪碧汽水、蜂蜜搅匀即可。

风味特点:色泽浅黄,口味甜润,微有酸甜。

177. 番茄橘子汁

原料配方:番茄 2 个,橘子 2 个,纯净水 350 毫升,冰块 0.5 杯。

制作工具或设备:粉碎机,滤网,透明玻璃杯,吧匙。

制作过程:

(1)番茄洗净,去皮,去蒂,切成均匀小块。

(2)橘子洗净去皮,掰成瓣。

(3)将番茄、橘子、纯净水等放入粉碎机中榨汁,滤入玻璃杯中,加入冰块即可。

风味特点:色泽粉红,口味微酸。

178. 丝瓜苹果汁

原料配方:嫩丝瓜 1 根,苹果 200 克,柠檬 1 片,冰块 2 ~ 3 块,纯净水 300 毫升。

制作工具或设备:粉碎机,滤网,透明玻璃杯,吧匙。

制作过程:

(1)苹果洗净,切成小块。丝瓜洗净后切成小块。

(2)在玻璃杯中放入冰块。

(3)将苹果、丝瓜、纯净水放入粉碎机内,搅打出汁,用滤网过滤,注入盛有冰块的玻璃杯内。

(4)将柠檬片放入杯中即可。

风味特点:色泽浅绿,丝瓜的淡苦味与苹果的酸甜味可融合成较好的风味。

179. 桃味苹果冰

原料配方:青苹果丁 25 克,桃味水果茶 50 毫升,青苹果汁 50 毫升,越橘汁 50 毫升,草莓浆 50 毫升,冰块 0.5 杯,纯净水 150 毫升。

制作工具或设备:雪克壶,透明玻璃杯,吧匙。

制作过程:

(1)将桃味水果茶、青苹果汁、越橘汁、草莓浆、纯净水混合,放入雪克壶中摇至均匀。

(2)盛入杯中,加入青苹果丁及冰块即可。

风味特点:色泽艳丽,口感冰凉。

180. 西瓜翠衣露

原料配方:西瓜翠衣 100 克,冰糖 25 克,纯净水 500 毫升。

制作工具或设备:煮锅,透明玻璃杯,吧匙。

制作过程:

(1)西瓜翠衣洗干净后,切块。

(2)放入煮锅内,加纯净水,大火烧开后,加入冰糖,改用小火煮 15 分钟。

(3)然后取汁注入玻璃杯中,晾凉饮用。

风味特点:色泽碧绿,清暑解热,口味清凉。

181. 莴苣苹果汁

原料配方:苹果 100 克,莴苣 150 克,蜂蜜 15 克,柠檬汁 10 克,冰水 0.5 杯。

制作工具或设备:粉碎机,滤网,透明玻璃杯,吧匙。

制作过程:

(1)将莴苣洗干净,去皮切成块;苹果削皮去核,切块。

(2)苹果、莴苣、冰水一起放入粉碎机中榨成鲜汁,再加入蜂蜜、柠檬汁,搅匀即可。

风味特点:色泽浅绿,口味鲜甜。

182. 清晨养胃汤

原料配方:红枣50克,蜜饯15个,白糖25克,纯净水500毫升。

制作工具或设备:煮锅,滤网,透明玻璃杯,吧匙。

制作过程:

(1)将洗净的红枣和蜜饯一起入煮锅,加纯净水,煮沸后改用小火慢煎15分钟。

(2)滤汁入玻璃杯中,加入白糖调味即成。

风味特点:汤甜味美,养胃健脾,润肺生津。

183. 小黄瓜梨汁

原料配方:梨100克,小黄瓜150克,柠檬汁10克,蜂蜜15克,冰水0.5杯。

制作工具或设备:粉碎机,滤网,透明玻璃杯,吧匙。

制作过程:

(1)将小黄瓜洗净,切成段。

(2)梨洗净,削皮去核切块,与黄瓜一起放入粉碎机中,加入适量冰水榨成鲜汁,过滤后注入玻璃杯中再加入蜂蜜和柠檬汁,搅匀即可。

风味特点:色泽浅绿,口味清香甜润。

184. 西瓜蜜桃汁

原料配方:西瓜150克,香瓜150克,鲜桃150克,蜂蜜15克,柠檬汁10克,纯净水150毫升,冰块0.5杯。

制作工具或设备:粉碎机,滤网,透明玻璃杯,吧匙。

制作过程:

(1)将西瓜、香瓜、鲜桃去皮、核,切块,加入蜂蜜和纯净水混合,共入粉碎机中搅碎,过滤成果汁。

(2)果汁中加入柠檬汁及冰块搅匀,加以装饰即可。

风味特点:色泽粉红,口味甘甜。

185. 蜂蜜柳橙汁

原料配方:橙子2个,冰块0.5杯,蜂蜜15克,纯净水350毫升。

制作工具或设备:粉碎机,滤网,透明玻璃杯,吧匙。

制作过程:

(1)橙子去皮和核后切块,与纯净水一起加入粉碎机中榨汁。

(2)将榨好的橙汁注入玻璃杯中,加入蜂蜜搅匀,最后加冰块即可饮用。

风味特点:色泽金黄,口味微甜酸。

186. 胡萝卜西瓜汁

原料配方:胡萝卜 150 克,西瓜 200 克,蜂蜜 15 克,柠檬汁 10 克,碎冰 0.5 杯。

制作工具或设备:粉碎机,滤网,透明玻璃杯,吧匙。

制作过程:

(1)将西瓜去皮,去籽;胡萝卜洗净,切成块。

(2)西瓜和胡萝卜一起放入粉碎机中,榨成鲜汁。

(3)将鲜汁过滤后倒入杯中,加入蜂蜜和柠檬汁搅匀,加入碎冰即可。

风味特点:色泽红艳,口味爽甜。

187. 香蕉柳橙汁

原料配方:香蕉 100 克,柳橙 150 克,蜂蜜 15 克,冰块 0.5 杯,纯净水 150 毫升。

制作工具或设备:粉碎机,滤网,透明玻璃杯,吧匙。

制作过程:

(1)将柳橙洗干净,去掉皮、核,切块;香蕉洗净,去皮切块。

(2)香蕉和橙子、纯净水一起放入粉碎机中搅拌成果汁,加入蜂蜜拌匀即可。

风味特点:色泽金黄,口味酸甜,果汁浓厚。

188. 苹果蜜桃汁

原料配方:苹果 100 克,桃子 100 克,蜂蜜 15 克,冰块 0.5 杯,纯净水 300 毫升。

制作工具或设备:粉碎机,滤网,透明玻璃杯,吧匙。

制作过程:

(1)苹果洗净,削皮去核,切块;桃子削皮去核,切块。

（2）苹果和桃子块、纯净水一起放入粉碎机中榨汁，过滤后加入冰块、蜂蜜拌匀即可。

风味特点：色泽浅黄，味道甜润微酸。

189. 山楂糯米汁

原料配方：山楂干15克，山楂酱50克，糯米15克，冰糖25克，纯净水500毫升。

制作工具或设备：煮锅，透明玻璃杯，吧匙。

制作过程：

（1）糯米洗净，在清水中浸泡；山楂干洗净。

（2）在煮锅中加入纯净水，煮开后放入山楂干、冰糖，煮到山楂干软烂为止。

（3）倒入泡好的糯米，煮熟后放入山楂酱搅拌均匀即可。

风味特点：色泽暗红，口味清甜，口感黏稠。

190. 莲藕苹果汁

原料配方：苹果1个，莲藕150克，柠檬汁15克，纯净水350毫升，冰块0.5杯。

制作工具或设备：粉碎机，滤网，透明玻璃杯，吧匙。

制作过程：

（1）将莲藕洗净，去皮切片；苹果去皮去核，切块。

（2）莲藕与苹果一起放入粉碎机中，加入纯净水，榨汁。

（3）将榨好的汁过滤，倒入杯中，加入柠檬汁、冰块，搅匀即可。

风味特点：色泽浅白，口味爽甜，口感如绸。

191. 香芒火龙果西米露

原料配方：芒果粒50克，火龙果1个，西米15克，椰汁500毫升，纯净水500毫升。

制作工具或设备：煮锅，吧匙。

制作过程：

（1）将纯净水入锅煮开，加入西米，煮制，边煮边搅拌，直至透明，捞出后入冷开水中过凉。

（2）火龙果对半切开，用挖勺挖出果肉，保持果皮完整，然后将挖出来的果肉粒放回果皮中,加入芒果粒,加入西米、椰汁即可。

风味特点:色泽艳丽,造型自然,口味甜香。

192. 葡萄柚苹果汁

原料配方:苹果150克,葡萄柚200克,橙子100克,柠檬汁10克,蜂蜜15克,纯净水150毫升,冰块0.5杯。

制作工具或设备:粉碎机,滤网,透明玻璃杯,吧匙。

制作过程:

(1)葡萄柚洗净,取瓤。苹果去皮去核,切小块备用。

(2)橙子去皮切块,放入粉碎机中,加入苹果块和葡萄柚、纯净水打匀,滤渣留汁。

(3)果汁注入玻璃杯中加入柠檬汁和蜂蜜、冰块拌匀即可。

风味特点:色泽浅黄,口味酸甜,口感如绸。

193. 香蕉香瓜汁

原料配方:香蕉100克,香瓜150克,酸酸乳350毫升,冰块0.5杯。

制作工具或设备:粉碎机,滤网,透明玻璃杯,吧匙。

制作过程:

(1)将香瓜洗净后去皮去瓤,切块;香蕉去皮切块。

(2)与酸酸乳一起放入粉碎机中,打成果汁,过滤后注入玻璃杯中,加入冰块即可。

风味特点:味道清香、甜糯,果汁浓厚。

194. 苹果鳄梨汁

原料配方:苹果200克,鳄梨200克,蜂蜜15克,柠檬汁10克,纯净水300毫升。

制作工具或设备:粉碎机,滤网,透明玻璃杯,吧匙。

制作过程:

(1)苹果洗净,削皮去核,切块;梨子削皮去核,切块。

(2)苹果和梨、纯净水一起放入粉碎机中榨出果汁,过滤后加入蜂蜜、柠檬汁搅匀即可。

风味特点:色泽浅白,味道甜润,略带微酸。

195. 荔枝苹果汁

原料配方:荔枝 100 克,苹果 250 克,蜂蜜 15 克,冰水 0.5 杯。

制作工具或设备:粉碎机,滤网,透明玻璃杯,吧匙。

制作过程:

(1)苹果洗净,削皮去核,切块。荔枝去壳,去核取肉。

(2)荔枝、苹果和冰水一起放入粉碎机中搅拌成果汁雪泥状。

(3)装入玻璃杯中,浇上蜂蜜即可。

风味特点:色泽浅白,口味甜润。

196. 凤梨哈密瓜汁

原料配方:凤梨 100 克,哈密瓜 100 克,蜂蜜 15 克,冰块 0.5 杯,纯净水 350 毫升。

制作工具或设备:粉碎机,滤网,透明玻璃杯,吧匙。

制作过程:

(1)将凤梨洗净,削皮去硬芯,切块。

(2)哈密瓜洗净,削皮去核,切块。

(3)把凤梨、哈密瓜、纯净水一起放入粉碎机中搅拌均匀。

(4)将果汁过滤出残渣,再加入蜂蜜、冰块,搅匀即可。

风味特点:色泽浅白,口味爽甜,口感清凉。

197. 冰西瓜汁

原料配方:西瓜 350 克,细砂糖 25 克,纯净水 150 毫升,冰块 0.5 杯。

制作工具或设备:粉碎机,滤网,透明玻璃杯,吧匙,吸管。

制作过程:

(1)将西瓜去皮,取瓤去籽,切成块。

(2)将切好的西瓜块、纯净水放入粉碎机内。

(3)加入白砂糖,然后加入适量冰块并盖上杯盖,以分段方式启动粉碎机。

(4)将西瓜汁滤入玻璃杯中。

(5)加上冰块,插上吸管即可。

风味特点:色泽红艳,口味爽甜,清凉宜人。

198. 山楂荷叶汁

原料配方:山楂35克,香蕉2根,新鲜荷叶0.5张,冰糖30克,纯净水500毫升。

制作工具或设备:煮锅,透明玻璃杯,吧匙。

制作过程:

(1)将山楂洗净,切片;香蕉去皮,切3厘米长的段;荷叶洗干净;冰糖打碎成屑。

(2)将冰糖、山楂、荷叶放入煮锅内,加入香蕉、纯净水,烧开后用小火煮15分钟。

(3)滤入玻璃杯中即成。

风味特点:色泽浅红,去热解暑,口味微甜。

199. 维生素果蔬汁

原料配方:番茄150克,胡萝卜150克,西芹50克,柳橙50克,浓缩柠檬汁5克,蜂蜜15克,碎冰0.5杯,纯净水300毫升。

制作工具或设备:粉碎机,滤网,透明玻璃杯,吧匙。

制作过程:

(1)胡萝卜、番茄、柳橙洗净去皮,切成小块;西芹切小段。

(2)将胡萝卜、番茄、柳橙、西芹、浓缩柠檬汁、纯净水放入粉碎机中榨汁,过滤后倒入玻璃杯中。

(3)加入蜂蜜略搅,放入碎冰即可。

风味特点:色泽橙红,富含各种维生素,口味鲜甜。

200. 巧克力香蕉汁

原料配方:香蕉2根,巧克力冰淇淋4球,牛奶300毫升,肉桂粉1克。

制作工具或设备:粉碎机,滤网,透明玻璃杯,吧匙。

制作过程:

(1)香蕉剥皮后切片。

(2)把冰淇淋3球、香蕉、牛奶放入粉碎机中搅成均匀成汁。

(3)倒入玻璃杯中,加上冰淇淋1球,撒上肉桂粉即可。

风味特点:色泽浅棕褐,口感细腻。

201. 冰凉柠檬草汁

原料配方:红辣椒 1 个,柠檬草 2 茎,新鲜生姜 5 克,细白砂糖 15 克,柠檬汁 5 克,薄荷叶 1 枝,冰块 0.5 杯,开水 350 毫升。

制作工具或设备:隔热瓶,透明玻璃杯,吧匙。

制作过程:

(1)红辣椒去蒂去籽;柠檬草切成小片;生姜去皮切片。

(2)把辣椒连同柠檬草、生姜和糖放入一个隔热瓶中,加入开水以及柠檬汁,搅拌使糖溶化。

(3)放置使入味直至晾凉,放入冰箱冷藏 30 分钟。

(4)倒入玻璃杯中加入薄荷叶和冰块后即可饮用。

风味特点:色泽浅绿,具有柠檬的清香。

202. 草莓柠檬汁

原料配方:草莓 90 克,蜂蜜 50 毫升,柠檬汁 90 毫升,西瓜汁 60 毫升,纯净水 100 毫升,冰块 6 块。

制作工具或设备:粉碎机,滤网,雪克壶,透明玻璃杯,吧匙。

制作过程:

(1)将草莓去蒂,切成块,放入粉碎机中,加入纯净水搅打成汁,滤出果汁备用。

(2)将草莓汁、蜂蜜、柠檬汁、西瓜汁等放入雪克壶中,用单手和双手摇匀,滤入玻璃杯中,装饰即可。

风味特点:色泽粉红,口味酸甜。

203. 凤梨柳橙汁

原料配方:凤梨汁 40 毫升,柳橙汁 40 毫升,柠檬汁 10 毫升,红石榴汁 10 毫升,冰块 10 块,草莓 1 颗。

制作工具或设备:雪克壶,透明玻璃杯,吧匙,吸管。

制作过程:

(1)在不锈钢雪克壶中依次加入凤梨汁、柳橙汁、柠檬汁,再加入冰块,加盖后充分摇匀,倒入杯中。

(2)在液面上淋上红石榴汁。

(3)用草莓装饰,插上吸管即可。

风味特点:色泽对比,层次分明,具有石榴等水果的甜香味。

204. 葡萄樱桃汁

原料配方:白葡萄汁 50 毫升,樱桃汁 50 克,柠檬汁 10 毫升,糖 15 克,蛋黄 1 个,酸奶 150 克,冰块 10 块。

制作工具或设备:雪克壶,透明玻璃杯,吧匙。

制作过程:

(1)将白葡萄汁、樱桃汁、柠檬汁、糖、蛋黄、酸奶等放入雪克壶中,用单手和双手持壶摇匀。

(2)滤入玻璃杯中,装饰即可。

风味特点:色泽粉红,口味酸甜,口感细腻。

205. 橘子苹果饮

原料配方:橘子 4 个,青蛇果 2 个,新鲜生姜 1 厘米,冰块 0.5 杯,纯净水 350 毫升。

制作工具或设备:粉碎机,滤网,透明玻璃杯,吧匙。

制作过程:

(1)橘子去皮取瓣;青蛇果去皮去核切成块;生姜去皮切片。

(2)将橘子瓣、苹果块、生姜片、纯净水放入粉碎机中,搅打成汁。

(3)滤入玻璃杯中即可。

风味特点:色泽浅黄,口味微甜,具有生姜的香味。

206. 甜瓜生姜果子露

原料配方:细白砂糖 75 克,新鲜生姜 1 厘米,柠檬 0.5 个,甜瓜 1 个,纯净水 350 毫升。

制作工具或设备:粉碎机,滤网,透明玻璃杯,吧匙。

制作过程:

(1)将甜瓜去皮去瓤,切成块;新鲜生姜去皮切成片;柠檬挤汁备用。

(2)将所有原料放入粉碎机中搅打成汁,滤入玻璃杯中即可。

风味特点:色泽浅黄,甜润适口。

207. 冰镇蓝莓汁

原料配方:蓝莓汁 30 毫升,柠檬汁 5 毫升,红石榴汁 1 毫升,百香果汁10毫升,冰块10块,雪碧50毫升,红樱桃1个,小纸伞1把。

制作工具或设备:雪克壶,透明玻璃杯,吧匙。

制作过程:

(1)在不锈钢雪克壶中依次加入百香果汁、蓝莓汁、柠檬汁、红石榴汁,再加入冰块,加盖后充分摇匀,倒入杯中。

(2)然后在杯中加满雪碧,即成。

风味特点:色泽浅红,果汁甜美,沁人心脾。

208. 清凉芒果汁

原料配方:芒果2只,雪碧汽水150毫升,柠檬汁10克,冰块1/2杯,糖5克。

制作工具或设备:粉碎机,滤网,透明玻璃杯,吧匙。

制作过程:

(1)将芒果去皮去核,切成小丁,放入粉碎机中搅打成汁。

(2)滤入玻璃杯中加上柠檬汁、糖搅拌均匀,加上冰块,注入雪碧即可。

风味特点:色泽金黄,口味甜浓,口感清凉。

209. 番茄苹果汁

原料配方:番茄200克,苹果100克,芹菜30克,柠檬汁15克,纯净水300毫升,冰块0.5杯。

制作工具或设备:粉碎机,滤网,透明玻璃杯,吧匙。

制作过程:

(1)番茄洗净去皮、蒂,切块;苹果洗净去皮、核,均切成小丁;芹菜洗净切成小段。

(2)将所有原料放入粉碎机中,搅打成汁。

(3)滤入玻璃杯中加入冰块即可。

风味特点:色泽粉红,口味酸甜。

210. 菊花红枣汤

原料配方:菊花6克,红枣6粒,龙眼肉6克,冰糖15克,纯净水500毫升。

制作工具或设备:煮锅,茶壶(带滤网),透明玻璃杯,吧匙。

制作过程:

(1)红枣洗净,加入龙眼肉、冰糖及纯净水,煮沸后以小火煮约15分钟,倒入茶壶中。

(2)菊花过水洗净,放在茶壶的滤器内,再将其放在壶上,使菊花能浸泡到红枣汤汁,约5分钟后即可饮用。

风味特点:色泽棕红,口味甘甜,明目安神。

211. 橘瓣柚子茶

原料配方:柚子500克,橘瓣50克,白糖25克,蜂蜜25克,纯净水500毫升。

制作工具或设备:煮锅,粉碎机,滤网,透明玻璃杯,吧匙。

制作过程:

(1)柚子洗净后用刨刀刮皮,然后把皮切成细丝;把果肉剥出。

(2)把柚子果肉、橘瓣用粉碎机搅拌成汁。

(3)把榨好的果汁与柚丝一起上锅煮,用小火煮20分钟,放入白糖、蜂蜜和纯净水。

(4)滤出后,注入玻璃杯中晾凉饮用即可。

风味特点:色泽浅黄,柚香浓郁。

212. 山楂洛神茶

原料配方:山楂50克,洛神花15克,甘草4克,冰糖15克,纯净水500毫升。

制作工具或设备:煮锅,透明玻璃杯,吧匙。

制作过程:

(1)将所有原料放入煮锅中,加纯净水煮开后,转小火继续熬煮15分钟后即可熄火。

(2)加适量冰糖煮化,滤去残渣,注入玻璃杯中即可。

风味特点:色泽棕红,口味微甜,开胃解暑。

213. 白菜苹果汁

原料配方:白菜50克,苹果2个,柠檬2片,冰块0.5杯,纯净水350毫升,开水500毫升。

制作工具或设备:粉碎机,滤网,透明玻璃杯,吧匙。

制作过程：

(1)苹果洗净，切成小块；白菜叶洗净，用开水焯一下，切碎。

(2)将白菜碎、苹果块、纯净水放入粉碎机内搅打出汁，滤入盛有冰块的杯内。

(3)放入2片柠檬即可。

风味特点：色泽浅黄，口味鲜甜。

214. 酸枣露

原料配方：酸枣50克，冰糖25克，纯净水500毫升，柠檬1片。

制作工具或设备：煮锅，透明玻璃杯，吧匙。

制作过程：

(1)将酸枣洗净，放入煮锅，加入纯净水煮制。

(2)大火烧开后改用小火煮制15分钟，加入冰糖煮溶。

(3)滤入玻璃杯中，加上1片柠檬即可。

风味特点：色泽棕红，酸甜适口。

215. 桑葚冰糖饮

原料配方：鲜熟桑葚100克，冰糖25克，纯净水500毫升，柠檬1片。

制作工具或设备：煮锅，透明玻璃杯，吧匙。

制作过程：

(1)将桑葚洗净，放煮锅内，加纯净水，煮沸15分钟，加入冰糖煮溶化。

(2)滤入玻璃杯中，加上一片柠檬即可。

风味特点：色泽暗红，口味甜酸。

216. 葡萄凤梨汁

原料配方：葡萄100克，凤梨1/3个，冷开水350毫升。

制作工具或设备：粉碎机，滤网，透明玻璃杯，吧匙。

制作过程：

(1)将葡萄洗净，去皮去核；凤梨去皮去硬芯，切成小块。

(2)将所有水果、纯净水，放入粉碎机中榨汁饮用。

风味特点：色泽浅黄，口味新鲜香甜。

217. 鲜橙冻饮

原料配方:鲜橙 4 个,砂糖 15 克,纯净水 500 毫升。

制作工具或设备:煮锅,粉碎机,滤网,透明玻璃杯,吧匙。

制作过程:

(1)鲜橙洗净抹干水,削出黄色皮层留用。

(2)将橙肉放入粉碎机中榨汁,滤出备用。

(3)将纯净水放入煮锅中,放入砂糖和橙皮,以小火煮制 10 分钟。

(4)加入橙汁搅匀,滤入玻璃杯中,晾凉饮用。

风味特点:鲜橙味香,口味微酸,富含维生素。

218. 番茄西芹甜橙汁

原料配方:番茄 1 个,甜橙 1 个,西芹 2 根,白糖 15 克,纯净水 350 毫升。

制作工具或设备:粉碎机,滤网,透明玻璃杯,吧匙。

制作过程:

(1)番茄、甜橙洗净去皮,切成小丁;西芹洗净切丁。

(2)将所有原料一起放入粉碎机中榨汁,滤入玻璃杯中即可。

风味特点:色泽橙红,口味酸甜,具有西芹的清香。

219. 番茄草莓汁

原料配方:番茄 1 个,草莓 100 克,柠檬 0.5 个,纯净水 350 毫升,冰淇淋 1 球。

制作工具或设备:粉碎机,滤网,透明玻璃杯,吧匙。

制作过程:

(1)番茄洗净去皮去蒂,草莓洗净去蒂,柠檬洗净去皮,全部切丁。

(2)将原料及纯净水全部倒入粉碎机中榨汁。

(3)将榨好的果汁过滤后倒入杯中,加入冰淇淋球即可饮用。

风味特点:色泽粉红,口味微酸,口感细腻。

220. 柑橘汁

原料配方:柑 2 个,橘 2 个,纯净水 350 毫升,砂糖 15 克,冰块 0.5

杯。

制作工具或设备:粉碎机,滤网,透明玻璃杯,吧匙。

制作过程:

(1)将柑和橘洗净,用手剥去皮,果肉分成瓣,撕去筋和膜,去核,加入纯净水和砂糖,再放入粉碎机中搅打成果汁。

(2)过滤后注入玻璃杯中,加上冰块即可。

风味特点:色泽金黄,酸甜适中。

221. 红枣花生蜜

原料配方:红枣 50 克,花生 35 克,蜂蜜 15 克,纯净水 500 毫升。

制作工具或设备:煮锅,粉碎机,滤网,透明玻璃杯,吧匙。

制作过程:

(1)将红枣洗净去核。

(2)然后将红枣和花生用纯净水浸泡,然后用小火煮熟。

(3)晾凉后连汤带汁,放入粉碎机中搅打成汁,滤入玻璃杯中,加适量蜂蜜调匀即可。

风味特点:色泽棕黄,口味甜美。

222. 时果奶汁

原料配方:草莓 1 个,苹果 1 个,梨 1 个,玫瑰花瓣 3 片,纯净水 350 毫升,炼乳 50 克。

制作工具或设备:粉碎机,滤网,透明玻璃杯,吧匙。

制作过程:

(1)将草莓去蒂切块;苹果、梨去皮去核,切成块。

(2)将各种水果块,放入粉碎机中,加入纯净水和炼乳等搅打成汁。

(3)滤入玻璃杯中,表面撒上玫瑰花瓣即可。

风味特点:色泽洁白,口味鲜甜,装饰浪漫雅致。

223. 木瓜花生酪

原料配方:花生 25 克,木瓜 25 克,葡萄干 25 克,西米 15 克,糯米 15 克,纯净水 1500 毫升。

制作工具或设备:煮锅,透明玻璃杯,吧匙。

制作过程:

(1)将生花生烤熟或炒熟后放入粉碎机中,加入等量的纯净水,搅打均匀倒入过滤网中滤出杂质,留花生浆备用。

(2)将糯米提前用水泡好,放入粉碎机中加冷开水搅打成糯米浆,过滤后备用。

(3)将西米放入纯净水中煮至透明,取出用纯净水冲洗后备用。

(4)煮锅中加纯净水,倒入糯米浆,煮半熟时加入花生浆,沸腾后放入西米、葡萄干、白糖、木瓜丁即可。

风味特点:冷热皆宜,香甜怡人。

224. 冰糖银耳雪梨

原料配方:银耳 50 克,雪梨 1 个,红枣 15 粒,冰糖 15 克,纯净水 500 毫升,开水 1000 毫升。

制作工具或设备:煮锅,透明玻璃杯,吧匙。

制作过程:

(1)将银耳泡水、洗净、去蒂后,以开水氽烫一下捞出,撕成小块备用;雪梨洗净,削皮,切块备用。

(2)银耳加上去籽的红枣加水煮 10 分钟,再加入梨块煮 5 分钟加糖调味。

(3)装入玻璃杯中,冷热饮皆可。

风味特点:色泽浅白,美容养生,口感软糯。

225. 苦瓜苹果汁

原料配方:苦瓜 1 条,碳酸苹果汁 350 毫升。

制作工具或设备:透明玻璃杯,吧匙,冰箱。

制作过程:

把苦瓜削成薄片状,放入玻璃杯中,把碳酸苹果汁迅速倒入杯中,用最快的速度给容器包上保鲜膜,放入冰箱里冰镇后饮用。

风味特点:色泽浅黄,口感清凉刺激。

226. 胡萝卜雪梨汁

原料配方:雪梨 2 个,胡萝卜 3 个,纯净水 350 毫升,薄荷叶 1 枝。

制作工具或设备:煮锅,粉碎机,滤网,透明玻璃杯,吧匙。

制作过程:

(1)将雪梨去皮去核切块;胡萝卜擦洗干净切块。

(2)将雪梨块、胡萝卜块和纯净水搅打成汁,滤入玻璃杯中,插上薄荷叶装饰即可。

风味特点:色泽浅橙色,口味甜香。

227. 鲜奶木瓜雪梨汁

原料配方:牛奶500毫升,木瓜1/4个,雪梨1个,白糖15克。

制作工具或设备:煮锅,粉碎机,滤网,透明玻璃杯,吧匙。

制作过程:

(1)木瓜去籽去皮切块;雪梨去皮去核切块。

(2)将牛奶放入煮锅中,加入木瓜块、雪梨块,大火烧开后,改用小火煮15分钟至雪梨变软,加白糖调味。

(3)晾凉后放入粉碎机中搅打成汁,装入玻璃杯中即可。

风味特点:色泽洁白,奶香扑鼻,有助于美容,改善皮肤光泽。

228. 果仁苹果杯

原料配方:苹果1个,面包糠15克,榛子仁3克,酸奶350克,柠檬汁15克,冰糖15克,黄糖10克,肉桂粉0.5克,纯净水100毫升。

制作工具或设备:煮锅,粉碎机,滤网,透明玻璃杯,吧匙。

制作过程:

(1)将苹果去皮切成丁,放入纯净水中,加少许冰糖,加盖煮一会,晾凉后放入粉碎机中搅打成汁,备用。

(2)将面包糠倒入煮锅中,加入肉桂粉、黄糖炒至颜色发黄后取出备用。

(3)杯子注入苹果汁,撒上一层炒好的面包糠,倒入酸奶,撒上榛子仁即成。

风味特点:色泽艳丽,酸甜爽口,香脆爽滑。

229. 桂圆金橘茶

原料配方:桂圆15克,金橘饼25克,冰糖15克,纯净水350毫升。

制作工具或设备:煮锅,透明玻璃杯,吧匙。

制作过程:

(1)将金橘饼切丁备用。

(2)在煮锅中加纯净水煮沸后,加入桂圆,再煮5~10分钟。

(3)再加入金橘饼丁及冰糖,煮5分钟。

(4)晾凉后注入玻璃杯中即可。

风味特点:色泽棕黄,金橘甘甜,桂圆飘香。

230.山药草莓凤梨汁

原料配方:山药100克,凤梨1/4个,草莓10颗,蜂蜜15克,纯净水350毫升,淡盐水500毫升。

制作工具或设备:粉碎机,滤网,透明玻璃杯,吧匙。

制作过程:

(1)将山药、凤梨削去外皮,凤梨用淡盐水浸泡15分钟后,用凉开水冲洗;草莓洗净去蒂。

(2)将三者均切成2厘米见方的小块,加入纯净水,放入粉碎机中搅打成汁,饮用时调入蜂蜜即可。

风味特点:色泽浅红,口味甜香。

231.木瓜西米露

原料配方:西米15克,夏威夷木瓜0.5个,椰子汁500毫升,糖15克,纯净水1000毫升。

制作工具或设备:粉碎机,滤网,透明玻璃杯,吧匙。

制作过程:

(1)木瓜切半去籽,切成长条状。

(2)煮沸500毫升纯净水,倒入西米煮2分钟,不断搅拌,以免西米粘锅;直到西米变得外部透明,中间有白芯,捞出西米倒入纯净水中摊凉,再用滤网捞出沥干水。

(3)再烧500毫升纯净水煮开,倒进西米煮5分钟,直至西米中间白芯消失,变得晶莹剔透,立即熄火,捞起过第二次纯净水。

(4)倒掉锅内的水,加椰子汁入锅烧热,加糖、煮好的西米和木瓜一起拌匀。

(5)晾凉后注入玻璃杯中即可。

风味特点:色泽洁白,晶莹剔透,口感润滑。

232. 桂圆山楂汁

原料配方:桂圆肉30克,山楂20克,冰糖10克,纯净水500毫升。

制作工具或设备:煮锅,透明玻璃杯,吧匙。

制作过程:

(1)桂圆肉洗净;山楂洗净,去核,切片。

(2)把桂圆肉、山楂片放入煮锅内,加入纯净水,置旺火上烧沸,再用小火煮15分钟。

(3)将煎煮好的液汁倒入杯中,加入冰糖调好味,直接饮用即可。

风味特点:色泽红棕,口味甘甜,开胃健脾。

233. 蜜瓜椰汁西米露

原料配方:泰国椰浆100毫升,牛奶350毫升,小西米15克,蜜瓜丁50克,纯净水1000毫升。

制作工具或设备:煮锅,透明玻璃杯,吧匙。

制作过程:

(1)小西米加纯净水煮,其中要用筷子不停搅拌防止西米粘连,待西米煮成透明且内部有个小圆点的时候关火用冷水冲一下。

(2)椰浆加上牛奶大火煮沸,加入煮好的西米,搅拌、加水、加适量糖,待到西米煮透就可以了。

(3)将煮好的椰汁西米露倒入容器放入冰箱冷藏。

(4)晾凉后,将西米露倒入玻璃杯中,撒上蜜瓜小丁,即可。

风味特点:色泽洁白,西米软糯滑润,奶香浓郁。

234. 奶油凤梨汁

原料配方:凤梨150克,奶油100克,白砂糖20克,纯净水350毫升。

制作工具或设备:粉碎机,滤网,透明玻璃杯,吧匙。

制作过程:

(1)凤梨去皮切成小块。

(2)将凤梨块、奶油、白砂糖、纯净水等放入粉碎机中,搅打成汁,滤入玻璃杯中即可。

风味特点:色泽乳黄,口感细腻,果香浓郁。

235. 蜜枣酸梅汁

原料配方:蜜枣 15 克,酸梅 15 克,麦芽 15 克,冰糖 15 克,纯净水 500 毫升。

制作工具或设备:煮锅,透明玻璃杯,吧匙。

制作过程:

将除冰糖以外的所有原料放入煮锅中,加入纯净水,以小火煮 15 分钟,然后加入冰糖,待完全溶化后即可饮用。

风味特点:色泽浅黄,生津止渴,口味甜酸。

236. 鲜荔枝西米露

原料配方:小西米 15 克,牛奶 500 毫升,鲜荔枝 50 克,砂糖 15 克,纯净水 1000 毫升。

制作工具或设备:煮锅,透明玻璃杯,吧匙。

制作过程:

(1)小西米洗净后,放入纯净水煮,水开后转小火煮 15 ~ 20 分钟,以小西米变透明为准。

(2)荔枝去壳去核,加入牛奶、白糖,然后放入用冰水冲凉的小西米,混合均匀。

(3)装入玻璃杯中,即可。

风味特点:色泽洁白,荔枝清香,口感滑润。

237. 山楂果茶

原料配方:新鲜山楂 25 克,胡萝卜 1 根,冰糖 15 克,纯净水 1000 毫升。

制作工具或设备:煮锅,粉碎机,滤网,透明玻璃杯,吧匙。

制作过程:

(1)用一半纯净水加上冰糖把山楂煮到外皮破裂,捞出晾凉;然后煮胡萝卜块。

(2)山楂去核去蒂,与煮胡萝卜块、纯净水等放入粉碎机中搅打成汁,滤入玻璃杯中即可。

风味特点：色泽棕红，消食健胃。

238. 桂花酸梅汁

原料配方：干乌梅25克，山楂25克，桂花10克，甘草10克，冰糖或者红糖25克，纯净水1000毫升。

制作工具或设备：煮锅，滤网，透明玻璃杯，吧匙。

制作过程：

(1)干乌梅和山楂，先加纯净水泡开。

(2)桂花、甘草和泡开的乌梅和山楂用纱布包起来。

(3)在煮锅里注满纯净水，放入纱布包，大火烧开。

(4)煮沸后，加入适量的冰糖或者红糖，小火熬煮2~3小时，在水大约只剩一半的时候，酸梅汁也就做成了。

风味特点：色泽红棕，口味酸甜。

239. 蜂蜜山楂饮

原料配方：新鲜山楂50克，蜂蜜100克，砂糖50克，纯净水500毫升。

制作工具或设备：透明玻璃杯，吧匙。

制作过程：

(1)山楂洗干净，沥干，擦干，切片，放瓶子里，一层糖一层山楂片，上面用蜂蜜封住口。

(2)一周后泡水喝。

风味特点：色泽浅黄，口味甜酸，冷饮更佳。

240. 蜂蜜大枣茶

原料配方：干红枣25克，冰糖25克，蜂蜜15毫升，纯净水500毫升。

制作工具或设备：煮锅，粉碎机，滤网，透明玻璃杯，吧匙。

制作过程：

(1)将干红枣用流动水冲洗干净，去除表面浮土，再用小刀将干红枣对半剖开，挖出其中的枣核不用。

(2)将去核的干红枣和冰糖倒入煮锅中，再加入纯净水，大火烧沸后盖上盖子，转小火继续煮至熟烂。

(3)晾凉后放入粉碎机中搅打成汁,滤入玻璃杯中,加入蜂蜜调匀即可。

风味特点:色泽茶红,口味蜜甜,润喉沁脾。

241. 香蕉杂果汁

原料配方:香蕉1根,苹果1个,橙1个,蜂蜜15克,冰水0.5杯。

制作工具或设备:粉碎机,滤网,透明玻璃杯,吧匙。

制作过程:

(1)苹果洗净,剥皮去核,切成小块,浸于盐水中。

(2)橙剥皮,去除果核;香蕉剥皮,切成数段。

(3)将所有原料放入搅拌机内搅拌3~4分钟。

(4)滤入玻璃杯中即可。

风味特点:色泽浅黄,口味甜香。

242. 白萝卜柳橙汁

原料配方:柳橙0.5个,白萝卜1根,纯净水350毫升。

制作工具或设备:粉碎机,滤网,透明玻璃杯,吧匙。

制作过程:

(1)将洗净的柳橙切开去籽,剥去外皮;白萝卜洗净削去外皮,切小块。

(2)放入搅拌机,加入纯净水后充分搅拌成汁。

(3)用滤网将果汁中的纤维滤去,倒入玻璃杯中即可。

风味特点:色泽浅黄,口味橙香。

243. 蜜桃果汁

原料配方:水蜜桃2个,纯净水350毫升。

制作工具或设备:粉碎机,滤网,透明玻璃杯,吧匙。

制作过程:

(1)将果皮洗净削去,然后去核。

(2)果肉切成块放入粉碎机中,加入纯净水搅拌打匀。

(3)将果汁滤入玻璃杯中即可。

风味特点:色泽浅黄,口味甜香。

244. 青沁柠檬汁

原料配方：柠檬 200 克，玉米粉 15 克，砂糖 10 克，纯净水 150 毫升。

制作工具或设备：煮锅，透明玻璃杯，吧匙。

制作过程：

(1)将柠檬用粉碎机榨成汁。

(2)将柠檬汁加上纯净水放到煮锅用火加热煮开。

(3)倒入用糖水化开的玉米粉，煮至沸腾，并不断搅拌。

(4)冷却后饮用。

风味特点：色泽浅黄，清香可口。

245. 香甜西瓜汁

原料配方：西瓜 500 克，香瓜 50 克，鲜桃 50 克，蜂蜜 10 克，柠檬汁 10 克。

制作工具或设备：粉碎机，滤网，透明玻璃杯，吧匙。

制作过程：

(1)将西瓜、香瓜、鲜桃，去皮、核，果肉切块。

(2)和蜂蜜混合，放入粉碎机中搅碎。

(3)滤掉果汁里的果渣，然后加入柠檬汁及冰块即可饮用。

风味特点：色泽红艳，清热去火，沁人心脾。

246. 豆浆苹果汁

原料配方：黄豆 50 克，苹果 1 个，纯净水 350 克，蜂蜜 15 克，纯牛奶 150 克。

制作工具或设备：煮锅，粉碎机，滤网，透明玻璃杯，吧匙。

制作过程：

(1)将黄豆浸泡 8 ~ 10 小时，新鲜的苹果，削皮去核，切成块。

(2)把果肉块、纯牛奶、蜂蜜、纯净水和准备好的黄豆一起放入粉碎机，搅拌至浆状。

(3)过滤后放入煮锅煮开即可。

风味特点：色泽浅黄，口味香甜。

247. 鸭梨西米露

原料配方:西米25克,梨100克,冰糖25克,纯净水1500毫升。

制作工具或设备:煮锅,透明玻璃杯,吧匙。

制作过程:

(1)将鸭梨洗净,去皮、核,切碎备用。

(2)西米加入纯净水500毫升煮至透明,用纯净水过凉备用。

(3)将碎梨放入煮锅中,加纯净水500毫升,煮20分钟。

(4)过滤去梨渣留汁,将梨汁再煮沸,加入冰糖煮溶,加入西米即可。

(5)晾凉饮用。

风味特点:色泽浅白,口味淡甜,清热解毒。

248. 核桃仁蜜瓜汁

原料配方:蜜瓜200克,熟核桃仁25克,纯净水350毫升,蜂蜜15克。

制作工具或设备:粉碎机,滤网,透明玻璃杯,吧匙。

制作过程:

(1)蜜瓜去皮去籽,切成块。

(2)将蜜瓜块和其他所有原料放入粉碎机搅打成汁,滤入玻璃杯中即可。

风味特点:色泽浅黄,兼有水果和坚果的香味。

249. 猕猴桃香蕉汁

原料配方:猕猴桃2个,香蕉1根,蜂蜜15克,纯净水350毫升。

制作工具或设备:粉碎机,滤网,透明玻璃杯,吧匙。

制作过程:

(1)将猕猴桃和香蕉去皮,切成块。

(2)把猕猴桃和香蕉一起放入粉碎机中,加入纯净水搅打,过滤后倒出。

(3)加入蜂蜜调匀即可饮用。

风味特点:色泽浅黄,口感细腻。

250.姜味凤梨汁

原料配方:新鲜生姜1厘米,凤梨1/2个,纯净水350毫升。

制作工具或设备:粉碎机,滤网,透明玻璃杯,吧匙。

制作过程:

(1)生姜和凤梨去皮;将凤梨切成可榨汁的薄片。

(2)将生姜、纯净水和凤梨一起榨汁,滤入玻璃杯中即可。

风味特点:口感浓稠,味道很甜,且含有生姜的香味。

251.山楂核桃饮

原料配方:核桃仁150克,山楂50克,蔗糖20克,纯净水350毫升。

制作工具或设备:煮锅,粉碎机,滤网,透明玻璃杯,吧匙。

制作过程:

(1)将核桃仁和山楂用适量的水浸至软化,加上纯净水,用粉碎机打碎。

(2)将滤液煮沸,加入蔗糖调味即可。

风味特点:色泽浅粉,口味香甜。

252.苹果香瓜汁

原料配方:苹果150克,香瓜200克,蜂蜜15克,纯净水350毫升。

制作工具或设备:粉碎机,滤网,透明玻璃杯,吧匙。

制作过程:

(1)将苹果、香瓜去皮后切成适当块状,与纯净水一起放入粉碎机内榨汁。

(2)将榨汁滤入玻璃杯,加入蜂蜜调味即可。

风味特点:色泽浅黄,爽口解渴。

253.清心石榴饮

原料配方:番石榴2个,凤梨1/3个,草莓10颗,香蕉1根,薄荷叶1枝,蜂蜜15克,纯净水350毫升。

制作工具或设备:粉碎机,滤网,透明玻璃杯,吧匙。

制作过程:

(1)将番石榴、凤梨、草莓、香蕉切块混合,放入粉碎机中,加纯净水打成混合果汁。

(2)过滤后放入冰箱中冷藏5分钟;取出后装饰薄荷叶,加入蜂蜜调匀即可。

风味特点:色泽粉红,口味清甜。

254.香菜凤梨汁

原料配方:香菜10克,凤梨2片,糖15克,纯净水350毫升。

制作工具或设备:粉碎机,滤网,透明玻璃杯,吧匙。

制作过程:

(1)将香菜洗净切碎。

(2)将香菜、凤梨片一起放入粉碎机中,加入糖和纯净水搅打成汁。

(3)滤入玻璃杯中饮用即可。

风味特点:色泽浅绿,口味甜香,具有香菜和凤梨的香味。

255.青萝卜苹果汁

原料配方:青萝卜2根,苹果1个,冰块0.5杯,纯净水350毫升。

制作工具或设备:粉碎机,滤网,透明玻璃杯,吧匙。

制作过程:

(1)青萝卜去皮,切成粗条状;苹果去皮、去核切块。

(2)将青萝卜条和苹果块、纯净水一起放入粉碎机中,搅打成汁。

(3)滤入玻璃杯中,加入冰块即可。

风味特点:色泽浅黄,口味甜浓。

256.芒果柳丁苹果汁

原料配方:芒果2个,柳丁0.5个,苹果1个,蜂蜜15克,纯净水350毫升。

制作工具或设备:粉碎机,滤网,透明玻璃杯,吧匙。

制作过程:

(1)将3种水果洗净、去皮、切块,放入粉碎机中。

(2)加入350毫升的纯净水,搅打成汁。

(3)过滤后加入蜂蜜,即可饮用。

风味特点:色泽浅黄,口味甜浓。

257. 西瓜凤梨柠檬汁

原料配方:西瓜瓤 100 克,凤梨 50 克,柠檬 2 个,纯净水 350 毫升。

制作工具或设备:粉碎机,滤网,透明玻璃杯,吧匙。

制作过程:

(1)将西瓜瓤去籽,凤梨去皮去硬心,切成块。

(2)先把柠檬榨汁待用。

(3)用粉碎机将西瓜及凤梨、纯净水等榨汁,滤入杯中,并加上柠檬汁即可。

风味特点:色泽浅黄,口味酸甜。

258. 红枣福圆茶

原料配方:红枣 50 克,桂圆干 50 克,碎冰糖 50 克,纯净水 500 毫升。

制作工具或设备:煮锅,透明玻璃杯,吧匙。

制作过程:

桂圆干、红枣均洗净,与碎冰糖一起放入煮锅,小火煮成汁。滤入玻璃杯中即可。

风味特点:色泽棕红,清香甜润。

259. 冰莓雪梨汁

原料配方:梨 1 个,蓝莓酱 25 克,酸奶 350 克,碎冰 0.5 杯。

制作工具或设备:透明玻璃杯,吧匙。

制作过程:

(1)将梨去皮洗净,削成小薄片,备用。

(2)将碎冰块、酸奶、蓝莓酱与梨片一起搅拌,装入玻璃杯中即可。

风味特点:色泽洁白,奶香浓郁,口感冰爽。

260. 各式水果糖水

原料配方:芒果 1 个,草莓 8 颗,凤梨 1/2 个,猕猴桃 1 个,蜂蜜 30 毫升,冰块 0.5 杯,纯净水 350 毫升,砂糖 25 克。

制作工具或设备:煮锅,透明玻璃杯,吧匙。

制作过程:

(1)将芒果去皮去核,猕猴桃和凤梨去皮,一起切成方丁,草莓洗净,从中间剖开。

(2)将纯净水放入煮锅中,加入砂糖、蜂蜜,熬煮成稀糖水。

(3)在玻璃杯中加上各式水果丁,装上冰块,淋上稀糖水即可。

风味特点:色泽艳丽,口味甜浓。

261. 芒果玉露

原料配方:芒果1个,柚子1/4个,鲜奶250毫升,砂糖15克,纯净水100毫升。

制作工具或设备:粉碎机,滤网,透明玻璃杯,吧匙。

制作过程:

(1)芒果起肉切粒,柚子去皮撕碎;加入纯净水、砂糖,一起放入粉碎机中搅打成汁。

(2)滤入玻璃杯中,倒入冰冻鲜奶即可。

风味特点:色泽洁白,口味清甜。

262. 豆浆哈密瓜汁

原料配方:白豆浆500毫升,哈密瓜果粉10克,白砂糖15克。

制作工具或设备:煮锅,透明玻璃杯,吧匙。

制作过程:

(1)将哈密瓜果粉用部分热白豆浆充分溶解为哈密瓜果浆待用。

(2)将白豆浆、哈密瓜果浆、白糖加入煮锅中煮开。

(3)撇去浮沫后滤入玻璃杯中即可。

风味特点:色泽浅黄,具有哈密瓜特有的清香味,含多种维生素。

263. 黄瓜苹果汁

原料配方:苹果150克,黄瓜150克,柠檬0.5个,冰块0.5杯,纯净水350毫升,

制作工具或设备:粉碎机,滤网,透明玻璃杯,吧匙。

制作过程:

(1)苹果洗净、去核、切成小块;黄瓜洗净,也切成小块;柠檬连皮

切成3片。

(2)将苹果块和黄瓜块与纯净水一起放入粉碎机中搅打出汁,滤入盛有冰块的杯中,搅匀。

(3)在杯中放入柠檬片即可。

风味特点:色泽浅黄,口味清甜。

264. 韭菜葡萄凤梨汁

原料配方:韭菜15克,葡萄50克,凤梨150克,柠檬汁5毫升,冰块0.5杯,纯净水350毫升。

制作工具或设备:粉碎机,滤网,透明玻璃杯,吧匙。

制作过程:

(1)韭菜洗净切段;葡萄洗净,去皮和籽;凤梨去皮,切成小碎块。

(2)将韭菜、葡萄、凤梨与纯净水一起放入粉碎机内,搅打出汁,滤入放有冰块的杯中,即成。

风味特点:色泽浅绿,口味甜浓,具有淡淡的韭菜味道。

265. 韭菜水果混合汁

原料配方:韭菜25克,草莓50克,凤梨100克,橘子100克,柠檬汁10毫升,冰块0.5杯,纯净水300毫升。

制作工具或设备:粉碎机,滤网,透明玻璃杯,吧匙。

制作过程:

(1)韭菜摘净,清洗,用开水焯一下,切碎;凤梨去皮,切成小碎块,草莓洗净,去蒂和籽,橘子剥皮,去内膜及籽。

(2)将韭菜、草莓、凤梨、橘子与纯净水一起放入粉碎机中,搅打出汁,滤入盛有冰块的玻璃杯内。

(3)加入柠檬汁调节口味。

风味特点:色泽浅黄,香气谐调,口味香甜。

266. 莴笋叶水果混合汁

原料配方:莴笋叶30克,苹果100克,橘子100克,柠檬汁5毫升,冰块0.5杯,纯净水300毫升,蜂蜜15克。

制作工具或设备:粉碎机,滤网,透明玻璃杯,吧匙。

制作过程:

（1）苹果洗净，切成小块；橘子剥皮，去除内膜和籽；莴笋叶洗净，备用。

（2）将苹果块、橘子肉、莴笋叶、纯净水、蜂蜜等一起放入粉碎机中，搅打成汁，滤入放有冰块的玻璃杯中。

（3）加入柠檬汁搅匀后即可饮用。

风味特点：色泽浅黄，口感清凉，具有混合的蔬菜和水果香味。

267. 胡萝卜橘子汁

原料配方：胡萝卜 1 根，橘子 200 克，柠檬汁 5 克，蜂蜜 15 克，冰块 0.5 杯，纯净水 350 毫升。

制作工具或设备：粉碎机，滤网，透明玻璃杯，吧匙。

制作过程：

（1）胡萝卜洗净，切成小块；橘子剥皮，去内膜和籽。

（2）将胡萝卜和橘子、纯净水放入粉碎机内，搅打出汁，滤入盛有冰块的杯内。

（3）加入柠檬汁搅匀饮用。

风味特点：色泽橙黄，口味酸甜。

268. 美味梨汁

原料配方：梨 200 克，葡萄汁 10 克，白糖 50 克，橘皮 15 克，纯净水 350 毫升。

制作工具或设备：煮锅，透明玻璃杯，吧匙。

制作过程：

（1）将梨去皮，留柄，放入煮锅中，加入白糖、橘皮和适量的纯净水。

（2）将煮锅放在火上，煮 35 分钟左右，熟后将梨捞出作其他用途。

（3）将葡萄汁兑入煮梨的汤汁中，凉透后过滤注入玻璃杯中即可饮用。

风味特点：味甜醇香，清肺止咳，化痰解热。

269. 葡萄汁西米露

原料配方：葡萄汁 250 克，彩色珍珠圆 1/2 杯，椰果 25 克，葡萄 5

颗，碎冰 0.5 杯，纯净水 500 毫升。

制作工具或设备：煮锅，透明玻璃杯，吧匙。

制作过程：

(1)煮锅内放入冷开水煮沸，将彩色珍珠圆加入，煮熟煮透。

(2)将西米露、小葡萄粒及一半的葡萄汁放在杯中，轻轻搅拌。

(3)把椰果放在西米露上，再撒上少许碎冰，再将剩下一半的葡萄汁倒入即完成。

风味特点：色泽艳丽，口味酸甜。

270. 盐凤梨汁

原料配方：凤梨 1 个，细盐 0.5 克，白糖 25 克，纯净水 350 毫升。

制作工具或设备：透明玻璃杯，吧匙。

制作过程：

(1)将凤梨洗净，削皮，挖“眼”。

(2)然后将凤梨切碎加入纯净水搅打成汁，过滤后去渣。

(3)将汁注入玻璃杯中，放入食盐和白糖搅匀，即可饮用。

风味特点：色泽浅黄，口味醇和，甜酸适口。

271. 柠檬冰糖汁

原料配方：柠檬汁 200 克，冰糖 25 克，纯净水 100 毫升。

制作工具或设备：透明玻璃杯，吧匙。

制作过程：

将柠檬汁，加冰糖、纯净水等溶化后饮用。

风味特点：色泽浅黄，甜酸适口。

272. 白菜橘子汁

原料配方：白菜 50 克，橘子 100 克，柠檬 2 片，冰块 0.5 杯，纯净水 300 毫升，蜂蜜 15 克。

制作工具或设备：粉碎机，滤网，透明玻璃杯，吧匙。

制作过程：

(1)白菜洗净，将叶剥下，剁碎。

(2)橘子剥皮，撕开内膜，去核。

(3)将白菜、橘子放入粉碎机内，加纯净水搅打出汁，滤入放有冰块的玻璃杯内。

(4)放入蜂蜜搅匀,加上柠檬片即可。

风味特点:色泽浅黄,口味酸甜。

273. 白菜桃子汁

原料配方:白菜50克,桃子150克,柠檬2片,蜂蜜15毫升,冰块0.5杯,纯净水300毫升。

制作工具或设备:粉碎机,滤网,透明玻璃杯,吧匙。

制作过程:

(1)白菜洗净、剁碎。

(2)桃子切成两半,去核,切成小块。

(3)将白菜和桃子及柠檬放入粉碎机内,加纯净水搅打出汁。用滤网过滤,注入放有冰块的杯中。

(4)加入蜂蜜调匀饮用。

风味特点:色泽浅黄,口味微甜。

274. 桃冰水果捞

原料配方:牛奶150毫升,桃子汽水150毫升,冰块0.5杯,苹果1个,梨1个,鲜桃1个。

制作工具或设备:透明玻璃杯,吧匙。

制作过程:

(1)将苹果、梨、鲜桃去皮去核切成丁备用。

(2)将牛奶放入冰箱冷藏至凉。

(3)在玻璃杯中加入水果丁,注入冷牛奶,加入桃子汽水及冰块即可。

风味特点:色泽洁白,口感清凉。

275. 芹菜香瓜桃橘汁

原料配方:芹菜30克,香瓜1/2个,桃子1个,橘子1个,冰块0.5杯,纯净水350毫升。

制作工具或设备:粉碎机,滤网,透明玻璃杯,吧匙。

制作过程:

(1)芹菜洗净,将茎叶切开,叶子去掉,用开水焯一下,切碎。

(2)香瓜洗净,去皮除籽;桃子洗净,去核,分别切成小碎块;橘子剥皮,去内膜和籽。

(3)将芹菜、香瓜、桃子、橘子与纯净水一起放入粉碎机中搅打出汁,滤入盛有冰块的杯内,即成。

风味特点:色泽浅黄,口味酸甜。

276. 白萝卜苹果汁

原料配方:白萝卜 50 克,苹果 100 克,柠檬 0.5 个,冰块 0.5 杯,蜂蜜 15 克,纯净水 300 毫升。

制作工具或设备:粉碎机,滤网,透明玻璃杯,吧匙。

制作过程:

(1)将萝卜、苹果洗净,切成小块;柠檬连皮切成 3 片。

(2)将柠檬片、萝卜块、苹果块放入粉碎机内,加纯净水搅打出汁,滤入盛有冰块的玻璃杯内。

(3)加入蜂蜜调味即可。

风味特点:色泽浅黄,口味微甜。

277. 复合草莓汁

原料配方:草莓 150 克,芹菜 30 克,油菜 30 克,绿芦笋 2 根,牛奶 100 克,苹果 1/2 只,柠檬汁 10 克,蜂蜜 15 克,纯净水 300 毫升。

制作工具或设备:粉碎机,滤网,透明玻璃杯,吧匙。

制作过程:

(1)草莓去蒂洗净,切成块;芹菜、油菜洗净去根,切碎;绿芦笋洗净切段;苹果去皮、核后切块。

(2)将上述材料放入粉碎机中,加纯净水搅打成汁,再加入牛奶及柠檬汁搅打半分钟。

(3)滤入玻璃杯中加蜂蜜调味即可。

风味特点:色泽浅红,口味微甜。

278. 甜橘汁

原料配方:橘子 4 个,白糖 25 克,纯净水 500 毫升。

制作工具或设备:煮锅,粉碎机,滤网,透明玻璃杯,吧匙。

制作过程:

(1)将橘子去皮,取瓣;橘皮切细丝备用。

(2)将橘皮细丝,略烫一下,放入煮锅内,加入白糖和2/3纯净水,煮成汁。

(3)橘瓣与剩余的纯净水放入粉碎机中搅打成汁。

(4)将橘汁和煮汁混合在一起,滤入玻璃杯中即可。

风味特点:色泽浅黄,凉甜鲜美,气味芳香。

279.水蜜桃汁

原料配方:水蜜桃1/3个,蜂蜜15克,纯净水350毫升。

制作工具或设备:粉碎机,滤网,透明玻璃杯,吧匙。

制作过程:

(1)水蜜桃用清水洗净,去皮去核切块。

(2)将水蜜桃块加上纯净水搅打成汁,滤入玻璃杯中,加入蜂蜜调匀即可。

风味特点:色泽浅黄,口味清甜。

280.无花果冰糖饮

原料配方:无花果30克,冰糖20克,纯净水500毫升。

制作工具或设备:煮锅,透明玻璃杯,吧匙。

制作过程:

(1)将采摘的无花果洗净,去果柄,切碎。

(2)放入煮锅,加纯净水、冰糖,煮15分钟,晾凉后滤渣取汁。

(3)注入玻璃杯中即可。

风味特点:色泽暗红,口味微甜。

281.苹果黄瓜猕猴桃汁

原料配方:苹果150克,黄瓜30克,猕猴桃2只,柠檬汁10克,蜂蜜15克,纯净水300毫升。

制作工具或设备:粉碎机,滤网,透明玻璃杯,吧匙。

制作过程:

(1)黄瓜去皮去籽洗净,切成块;猕猴桃去皮切块;苹果去皮、核后切块。

(2)将上述材料放入粉碎机中,加纯净水搅打成汁。

(3)滤入玻璃杯中加入柠檬汁和蜂蜜调味即可。

风味特点:色泽浅绿,口味微甜,清香宜人。

282. 冷蜜桃

原料配方:蜜桃30克,凤梨汁30毫升,橙汁60毫升,椰奶15毫升,冰块0.5杯。

制作工具或设备:粉碎机,果汁杯,吧匙。

制作过程:

(1)将蜜桃去皮去核,切成块。

(2)将蜜桃块、凤梨汁、橙汁、椰奶、冰块放入粉碎机中,搅打成汁。

(3)滤入果汁杯中即可。

风味特点:色泽浅黄,口味香甜,口感如沙。

283. 雪克果汁

原料配方:梨1个,蛋白1/2个,柠檬1个,蜂蜜10克,冰块0.5杯,薄荷叶1枝。

制作工具或设备:粉碎机,高脚杯,吧匙。

制作过程:

(1)将去皮与核的梨、去皮的柠檬与蜂蜜、冰块一起放进粉碎机中榨汁。

(2)滤入高脚杯中,上面装入蛋白打成的蛋泡并缀上薄荷叶即可。

风味特点:色泽浅白,口味清淡,具有口感细腻的泡沫。

284. 西瓜漾漾红

原料配方:红西瓜250克,覆盆子10颗,果糖10毫升,冰块0.5杯。

制作工具或设备:粉碎机,滤网,高脚杯,吧匙。

制作过程:

(1)将红西瓜去皮去籽并切小块备用。

(2)将覆盆子洗净后,连同(1)红西瓜块、果糖、冰块,一起放入粉碎机中搅打20秒即可过滤倒入杯中。

(3)杯口稍做装饰即可。

风味特点:色泽浅红,清凉爽口。

285. 二月浓情

原料配方:苹果 1/2 个,雪梨 1/2 个,胡萝卜 25 克,牛奶 200 毫升,糖水 20 毫升。

制作工具或设备:粉碎机,滤网,高脚杯,吧匙。

制作过程:

(1)将苹果、雪梨去皮去核,切成块;胡萝卜洗净去皮,切成块。

(2)将所有原料倒入粉碎机搅打均匀成汁,滤入玻璃杯中,即可出品。

风味特点:色泽橙黄,口味微甜。

第十一章　乳类饮品

1. 蔬菜优酪乳

原料配方:小黄瓜1根,西芹1根,原味优酪乳350毫升。

制作工具或设备:粉碎机,滤网,透明玻璃杯,吧匙。

制作过程:

(1)将小黄瓜去皮去籽切成块;西芹撕去老皮切成段。

(2)将黄瓜块、西芹块加上原味优酪乳放入粉碎机中搅打均匀成汁。

(3)滤入玻璃杯中即可。

风味特点:色泽浅绿,口味微酸甜。

2. 栗子奶露

原料配方:良乡栗子肉50克,砂糖50克,淡奶350克,纯净水500毫升,姜片2片。

制作工具或设备:煮锅,粉碎机,滤网,透明玻璃杯,吧匙。

制作过程:

(1)将栗子肉用滚水浸片刻撕去外衣,加入纯净水、砂糖、姜片,煮约10分钟,焖煮5分钟,待凉备用。

(2)将(1)中原料连汁一起放入粉碎机中,搅打成泥状。

(3)放入玻璃杯中,加入淡奶搅拌均匀即可。

风味特点:色泽洁白,口感细腻,口味甜润。

3. 木瓜炖奶酪

原料配方:木瓜1个,鲜奶350克,冰糖15克,醋0.5克,纯净水200毫升。

制作工具或设备:煮锅,粉碎机,滤网,透明玻璃杯,吧匙。

制作过程:

(1)木瓜剖半,取出果肉切块,与纯净水一起放入煮锅中炖熟,晾凉后放入粉碎机搅打成汁。

(2)鲜奶煮到刚好沸腾,加入冰糖一同煮至溶化,放凉备用。

(3)将木瓜汁和鲜奶汁兑和在一起,注入玻璃杯中即可。

风味特点:色泽洁白,浓醇香滑。

4. 麦片牛奶

原料配方:牛奶 350 毫升,麦片 25 克,砂糖 15 克。

制作工具或设备:煮锅,透明玻璃杯,吧匙。

制作过程:

将牛奶放入煮锅煮开,加入砂糖调味,然后加入麦片搅拌均匀,以小火煮制 10 分钟至麦片膨胀即可熄火。

风味特点:色泽浅褐,口感滑爽。

5. 木瓜麦片牛奶汁

原料配方:去皮木瓜 0.5 个,全脂牛奶 400 毫升,即溶麦片 15 克,糖 15 克。

制作工具或设备:粉碎机,滤网,透明玻璃杯,吧匙。

制作过程:

木瓜切粒,与全脂牛奶一起放入粉碎机中搅成汁后,加入即溶麦片,再加入糖混合均匀即可。

风味特点:色泽橙黄,口味香甜,口感滑爽。

6. 鲜桃牛奶汁

原料配方:牛奶 250 克,桃 200 克,白砂糖 30 克,纯净水 100 毫升,冰块 0.5 杯。

制作工具或设备:粉碎机,滤网,透明玻璃杯,吧匙。

制作过程:

(1)将鲜桃洗净,去皮去核切块,与纯净水一起放入粉碎机中,榨汁后滤入杯中。

(2)加入牛奶、白糖、冰块,搅拌均匀即可饮用。

风味特点:色泽浅黄,奶味突出。

7. 杏仁奶茶

原料配方:杏仁 30 克,白糖 25 克,纯净水 250 毫升,牛奶 150

毫升。

制作工具或设备:煮锅,粉碎机,滤网,透明玻璃杯,吧匙。

制作过程:

(1)将杏仁在热水中浸泡10分钟,去皮后用粉碎机搅打成浆,再用滤网过滤出杏仁汁。

(2)将杏仁汁倒入煮锅内,加入白糖和纯净水拌匀,煮沸后待凉。

(3)最后将牛奶冲入搅匀即成杏仁奶茶。

风味特点:色泽洁白,消暑解渴,热饮冷饮均可。

8. 蛋奶汁

原料配方:牛奶250毫升,蛋黄3个,糖25克。

制作工具或设备:煮锅,透明玻璃杯,吧匙。

制作过程:

(1)先用筷子把蛋黄搅匀放在一边,把牛奶倒到锅里,放糖,开小火加热至糖溶化。

(2)马上将蛋黄倒入,一边倒要一边搅动,防止蛋黄遇热结块,然后顺一个方向慢慢搅,可以感觉到牛奶渐渐变成稠汁状,香味直透出来,搅到牛奶将开未开的临界状态,立刻关火。

(3)将蛋奶汁倒到玻璃杯中,趁热饮用。

风味特点:色泽浅黄,口味香甜,口感如绸。

9. 干姜牛奶

原料配方:干姜水50毫升,牛奶200毫升,鸡蛋1个,白糖40克。

制作工具或设备:透明玻璃杯,吧匙。

制作过程:

(1)将干姜水和牛奶放入冰箱冰凉。

(2)再将牛奶、鸡蛋、白糖一起放入装有干姜水的杯中,用吧匙充分搅拌均匀,待泛起很多泡沫的时候即可饮用。

风味特点:色泽洁白,具有细腻的泡沫。

10. 葡萄酸牛奶

原料配方:酸牛奶250毫升,香蕉50克,橘子50克,葡萄50克,芹菜15克,蜂蜜5毫升,碎冰0.5杯。

制作工具或设备:粉碎机,滤网,透明玻璃杯,吧匙。

制作过程:

(1)葡萄一个一个分开洗净,去皮去籽;香蕉去皮,切段,橘子一切二,去皮和籽;芹菜洗净切段。

(2)将所有原料投入粉碎机中搅打成汁,滤入杯中,加入酸牛奶即成。

风味特点:色泽浅黄,口味酸甜,营养丰富。

11. 家制酸牛奶

原料配方:酸牛奶1瓶,鲜牛奶5瓶。

制作工具或设备:煮锅,透明玻璃杯,吧匙,温度计。

制作过程:

(1)以1瓶酸牛奶作为菌种,接种5瓶鲜奶。

(2)用具事先要蒸煮杀菌,温度计用75%酒精擦过。

(3)将鲜奶加热煮沸5分钟,煮沸时间不能过短;要吃甜酸牛奶可在煮沸时加一定量白糖。

(4)经煮沸杀菌后的牛奶,用水冷或自然冷却到42℃左右,没有温度计时,可用手摸瓶外以不烫手为宜,待接种。

(5)用杀过菌的餐具搅打购买来的酸牛奶,倒入已冷却好的牛奶中,充分搅拌。

(6)将接种好的奶分装厚玻璃杯中,并加盖。

(7)将杯装奶置于30~35℃的温度或室温下进行发酵。经过4~6小时即可形成凝块。如果凝块不理想可再放置一段时间,即可饮用。

风味特点:色泽乳白,酸甜可口,清香宜人。

12. 姜汁撞奶

原料配方:鲜牛奶300克,生姜50克,白糖50克。

制作工具或设备:煮锅,粉碎机,滤网,透明玻璃杯,吧匙。

制作过程:

(1)生姜洗净,刮去姜皮,切碎,用粉碎机搅打成汁,过滤出姜汁,盛于玻璃杯内,姜渣不要。

(2)将牛奶倒入煮锅,加入白糖拌匀,用小火把奶煮沸,边煮边搅拌,以加速白糖溶解,当糖充分溶解后离火,待奶温降至80℃时,将热奶倒入盛有姜汁的玻璃杯里,并随手用吧匙把姜汁和热奶调匀,过2~3分钟,杯内的姜奶逐渐结合凝固,即可饮用。

风味特点:色泽浅黄,辛甜香滑,暖胃养颜,别有风味。

13. 无花果冰牛奶

原料配方:无花果1颗,牛奶350毫升,李子酱25克。

制作工具或设备:透明玻璃杯,吧匙。

制作过程:

(1)将冰牛奶和李子酱放入玻璃杯中搅拌均匀。

(2)无花果剥开外皮、果肉切开,就像一朵朴素美丽的小花,用作装饰即可。

风味特点:色泽浅黄,奶味浓郁。

14. 果粒酸奶

原料配方:草莓10颗,菠萝1/2个,原味酸奶350克。

制作工具或设备:透明玻璃杯,吧匙。

制作过程:

(1)草莓去蒂切成小粒;菠萝去皮切成小粒。

(2)把水果块装入玻璃杯中,注入原味酸奶。

(3)放冰箱里冷藏10分钟即可。

风味特点:色泽乳白,具有水果的香味。

15. 玉米酸奶爽

原料配方:酸奶350克,熟甜玉米粒100克。

制作工具或设备:粉碎机,滤网,透明玻璃杯,吧匙。

制作过程:

(1)酸奶加上熟的甜玉米粒放入粉碎机搅打成汁。

(2)滤入杯中,点缀上整粒的甜玉米。

风味特点:色泽浅黄,口味酸甜。

16. 木瓜山药酸奶

原料配方:木瓜1/2只,酸奶350毫升,山药75克,蜂蜜15克。

制作工具或设备:粉碎机,透明玻璃杯,吧匙。

制作过程:

(1)木瓜去皮切丁,山药去皮蒸熟。

(2)酸奶和蒸熟的山药、木瓜丁、蜂蜜、酸奶等放入粉碎机里打匀,盛出装玻璃杯即可。

风味特点:色泽浅黄,口味酸甜。

17. 藏红花酸奶

原料配方:鲜奶300毫升,酸奶50毫升,藏红花1克,矿泉水100毫升。

制作工具或设备:煮锅,透明玻璃杯,吧匙。

制作过程:

(1)将鲜奶煮沸腾,自然冷却,将酸奶加入,在30~35℃的环境中发酵3~4小时。

(2)待晾凉后,加入用矿泉水泡好的藏红花,搅拌均匀即可。

风味特点:色泽艳丽,口味微酸。

18. 桑葚优酪乳

原料配方:桑葚10颗,优酪乳150毫升,柠檬汁10毫升,果糖20毫升,纯净水100毫升,冰块0.5杯。

制作工具或设备:粉碎机,滤网,透明玻璃杯,吧匙。

制作过程:

(1)将桑葚洗净。

(2)将除冰块外的所有原料放入粉碎机中,搅打成汁。

(3)滤入玻璃杯中,加入冰块即可。

风味特点:色泽浅红,口味酸甜。

19. 甘蔗牛奶

原料配方:甘蔗3段(500克),牛奶250毫升,冰块0.5杯。

制作工具或设备:透明玻璃杯,吧匙。

制作过程:

(1)将甘蔗去皮,切成小节,压榨成汁。

(2)将甘蔗汁和牛奶搅拌均匀,注入玻璃杯中,加入冰块即可。

风味特点:色泽浅白,口味鲜甜。

20. 草莓牛奶汁

原料配方:草莓10粒,鲜牛奶250毫升。

制作工具或设备:粉碎机,滤网,透明玻璃杯,吧匙。

制作过程:

(1)先将草莓洗干净,去掉上面的蒂,切成块。

(2)把鲜牛奶倒进粉碎机中,再将草莓一起加入,搅拌5分钟后,滤入玻璃杯中,即可饮用。

风味特点:色泽粉红,口味奶香。

21. 芒果芦荟优酪乳

原料配方:芒果1颗,芦荟1片,优酪乳350毫升,蜂蜜15克,冰块0.5杯。

制作工具或设备:粉碎机,滤网,透明玻璃杯,吧匙。

制作过程:

(1)芒果去皮、去核,果肉备用。

(2)芦荟撕去表皮,将透明果肉放入粉碎机中,加入芒果、优酪乳、蜂蜜,打成果汁。

(3)滤入玻璃杯中,加入冰块即可。

风味特点:色泽浅黄,酸甜中具有各式水果的香味。

22. 杏仁草莓奶

原料配方:草莓口味奶20毫升,牛奶350毫升,杏仁末25克。

制作工具或设备:煮锅,透明玻璃杯,吧匙。

制作过程:

(1)将草莓口味奶拌放入杯子里备用。

(2)牛奶用煮锅加热后,冲入杯子里,用吧匙充分搅拌均匀。

(3)撒上杏仁末装饰即可。

风味特点:色泽洁白,滋味营养。

23. 苹果牛奶饮

原料配方:苹果150克,牛奶250克,冰块0.5杯。

制作工具或设备:粉碎机,滤网,透明玻璃杯,吧匙。

制作过程:

(1)将苹果洗净去皮去核切块,与牛奶一起放入粉碎机中搅打成汁。

(2)滤入玻璃杯中,加入冰块即可。

风味特点:色泽浅黄,奶味馨香。

24. 芒果牛奶汁

原料配方:成熟芒果 1 个,鲜奶约 300 毫升,蜂蜜 15 克,碎冰 0.5 杯。

制作工具或设备:粉碎机,滤网,透明玻璃杯,吧匙。

制作过程:

(1)将芒果洗净,削皮除果核后切成块状放入粉碎机内。

(2)加入蜂蜜,鲜奶打成汁倒入杯中。

(3)加入碎冰调匀即可饮用。

风味特点:色泽浅黄,口味清凉,奶味浓郁。

25. 香桃草莓优酪乳

原料配方:香桃 1 个,草莓 15 颗,优酪乳 350 毫升,蜂蜜 15 克,冰块 0.5 杯。

制作工具或设备:粉碎机,滤网,透明玻璃杯,吧匙。

制作过程:

(1)香桃去皮、去核,果肉切块备用。

(2)草莓去蒂洗净,放入粉碎机中,加入香桃块、优酪乳、蜂蜜,打成果汁即可。

(3)注入玻璃杯中,加入冰块即可。

风味特点:色泽浅黄,口味香醇。

26. 番茄酸奶汁

原料配方:番茄 2 个,酸奶 350 毫升,砂糖 15 克。

制作工具或设备:粉碎机,滤网,透明玻璃杯,吧匙。

制作过程:

(1)将番茄泡烫去皮去籽切成块。

(2)把番茄块和酸奶一起放入粉碎机中,加入砂糖,搅打成汁。

(3)滤入玻璃杯中即可。

风味特点:色泽粉红,口味酸甜。

27. 白果奶饮

原料配方:白果 30 克,白菊花 4 朵,雪梨 4 个,牛奶 200 毫升,蜂蜜 15 克,冰块 0.5 杯,纯净水 200 毫升。

制作工具或设备:煮锅,透明玻璃杯,吧匙。

制作过程:

(1)将白果去壳,用开水烫去衣,去心;白菊花洗净,取花瓣备用;雪梨削皮,取梨肉切粒。

(2)将白果、雪梨放入煮锅中,加纯净水,用大火烧沸后,改用小火煮至白果烂熟,加入菊花瓣、牛奶,煮沸,用蜂蜜调匀即成。

风味特点:色泽浅白,清香淡雅,甜润适口。

28. 清爽香芹奶

原料配方:芹菜 50 克,酸奶 150 毫升,鲜奶 150 毫升,白糖 15 克,葡萄干 15 克,纯净水 100 毫升。

制作工具或设备:粉碎机,滤网,透明玻璃杯,吧匙。

制作过程:

(1)将芹菜洗净切成粒,放入粉碎机中,加纯净水打成汁备用。

(2)煮锅中倒入鲜奶,再放入打好的芹菜汁,煮至沸腾后,加入酸奶、白糖、葡萄干搅拌均匀即可,也可冷藏后饮用。

风味特点:色泽浅绿,酸甜可口,营养丰富。

29. 木瓜牛奶汁

原料配方:木瓜 1/2 个,高钙鲜奶 350 毫升,纯净水 100 毫升,砂糖 15 克。

制作工具或设备:粉碎机,滤网,透明玻璃杯,吧匙。

制作过程:

(1)将木瓜洗净,去皮和籽后切成小块。

(2)将木瓜块、高钙鲜奶和纯净水一起打成汁,加入砂糖调味。

(3)滤入玻璃杯中即可。

风味特点:色泽浅黄,口味鲜甜。

30. 蜜瓜桃子酸奶

原料配方：蜜瓜1/2个，桃子2个，酸奶350毫升。

制作工具或设备：粉碎机，滤网，透明玻璃杯，吧匙。

制作过程：

(1)将蜜瓜洗净，去皮和籽后，切成小块。

(2)桃子洗净去皮去核切成块。

(3)将两种水果块加上酸奶放入粉碎机中，搅打均匀后滤入玻璃杯中即可。

风味特点：色泽浅黄，口味酸甜清香。

31. 酒味鲜奶

原料配方：牛奶350毫升，白兰地酒1毫升，白糖15克，冰块0.5杯。

制作工具或设备：煮锅，透明玻璃杯，吧匙。

制作过程：

(1)牛奶倒入煮锅中，加入白糖置于中火煮至微沸。

(2)晾凉后，倒入白兰地酒，混合均匀后加入冰块即可饮用。

风味特点：色泽洁白，香气袭人，味美醇厚，营养丰富。

32. 百香牛奶汁

原料配方：百香果1个，蜂蜜15克，柠檬汁10克，鲜奶350毫升，碎冰0.5杯。

制作工具或设备：粉碎机，滤网，透明玻璃杯，吧匙。

制作过程：

(1)将百香果洗净切开，把果肉挖出，放入粉碎机中。

(2)加入柠檬汁、蜂蜜、鲜奶打匀过滤后倒入杯中加入碎冰即可饮用。

风味特点：色泽艳丽，口味酸甜，口感清凉。

33. 绿茶奇异果乳酪汁

原料配方：奇异果1个，香蕉1根，低脂原味乳酪250毫升，绿茶粉1克，纯净水150毫升，蜂蜜10克。

制作工具或设备：粉碎机，滤网，透明玻璃杯，吧匙。

制作过程：

(1)将奇异果对切，用吧匙将果肉挖出；将香蕉剥去外皮，切成段。

(2)将奇异果块、香蕉段、乳酪、纯净水、绿茶粉及蜂蜜一切倒入粉碎机中，搅拌打匀后，滤入杯中可享用。

风味特点：色泽浅绿，口味酸甜，具有各种水果的香味。

34. 珍珠芒果牛奶露

原料配方：珍珠粉圆 25 克，蜂蜜 15 克，芒果 1 个，牛奶 350 毫升，纯净水 500 毫升，冰块 0.5 杯。

制作工具或设备：煮锅，透明玻璃杯，吧匙，挖球器。

制作过程：

(1)将纯净水放入煮锅，煮开后放入珍珠粉圆，小火煮透，捞出后用冷水冲 20 秒，沥干水分，加蜂蜜拌匀备用。

(2)芒果一个，用刀沿着核切开，用挖球器挖出一个一个的小芒果球。

(3)在玻璃杯中加入珍珠粉圆、小芒果球，注入牛奶加入冰块即可。

风味特点：色泽洁白，果香浓郁。

35. 木瓜综合果汁牛奶

原料配方：木瓜 100 克，香蕉 1/3 根，柳橙 0.5 只，牛奶 200 毫升，纯净水 150 毫升，冰块 0.5 杯。

制作工具或设备：粉碎机，透明玻璃杯，吧匙。

制作过程：

(1)木瓜去籽挖出果肉；香蕉剥皮；柳橙削去外皮，剔除籽，备用。

(2)把准备好的水果放进粉碎机内，加入牛奶、纯净水，搅拌打匀后即刻倒入装有冰块的杯中饮用。

风味特点：色泽浅黄，口味香甜。

36. 奇异果香蕉牛奶汁

原料配方：香蕉 1 个，奇异果 1 只，鲜牛奶 350 毫升。

制作工具或设备：粉碎机，滤网，透明玻璃杯，吧匙。

制作过程:

(1)将香蕉切成小段,奇异果去皮,放入粉碎机,并且倒入牛奶。

(2)搅打成汁后,滤入玻璃杯中即可。

风味特点:色泽浅绿,香滑清淡爽口。

37. 木瓜冰淇淋牛奶

原料配方:木瓜 150 克,牛奶 200 毫升,香草冰淇淋 2 球,糖 10 克,纯净水 100 毫升。

制作工具或设备:粉碎机,滤网,透明玻璃杯,吧匙。

制作过程:

(1)木瓜去皮、切块。

(2)在粉碎机中加入牛奶、糖、冰淇淋,用中速搅拌几分钟,滤入玻璃杯中即可。

风味特点:色泽浅白,新鲜香浓。

38. 木瓜牛奶椰子汁

原料配方:木瓜 1/2 个,鲜奶 250 毫升,蜂蜜 15 克,椰子汁 50 毫升,碎冰块 0.5 杯。

制作工具或设备:粉碎机,滤网,透明玻璃杯,吧匙。

制作过程:

(1)木瓜去皮对剖、去籽、切块。

(2)将所有原料放入粉碎机搅拌约 30 秒,滤入杯中即可饮用。

风味特点:色泽浅黄,奶味浓郁。

39. 薄荷酸奶

原料配方:薄荷 10 克,酸奶 350 毫升,冰块 0.5 杯。

制作工具或设备:粉碎机,滤网,透明玻璃杯,吧匙。

制作过程:

(1)薄荷洗净备用。

(2)将薄荷和酸奶等放入粉碎机中搅打成汁,滤入玻璃杯中,加入冰块即可。

风味特点:色泽浅绿,口感清凉,奶味突出。

40. 黄瓜鲜奶露

原料配方：黄瓜250克，鲜奶150毫升，椰汁100毫升，糖20克，玉米粉5克，纯净水100毫升。

制作工具或设备：煮锅，透明玻璃杯，吧匙。

制作过程：

(1)黄瓜去皮去籽切粒。

(2)纯净水中加糖煮滚，然后放入黄瓜粒，再加入鲜奶、椰汁，用慢火煮沸成奶露。

(3)用10毫升纯净水搅匀玉米粉，逐步加入奶露中，煮至成稠状即可。

(4)注入玻璃杯中，趁热饮用。

风味特点：色泽浅绿，奶味鲜甜，口感浓稠。

41. 苦瓜鲜奶

原料配方：苦瓜50克，鲜牛奶350克，白砂糖15克，碎冰块0.5杯。

制作工具或设备：粉碎机，透明玻璃杯，吧匙。

制作过程：

(1)取新鲜苦瓜，去皮、籽，切成大块。

(2)将苦瓜块、鲜牛奶、白砂糖及碎冰块放入粉碎机中，打碎成浓汁，即可饮用。

风味特点：色泽浅绿，润肤养颜。

42. 自制脱脂奶

原料配方：牛奶500毫升。

制作工具或设备：煮锅，透明玻璃杯，吧匙。

制作过程：

将牛奶煮开，静置数小时，去掉上面一层奶皮(即脂肪，此法一般可去掉80%的脂肪)即成。

风味特点：色泽洁白，口味清淡。

43. 玉液鲜奶

原料配方：粳米15克，核桃仁80克，杏仁45克，白糖15克，牛奶

250 毫升,纯净水 100 毫升。

制作工具或设备:煮锅,粉碎机,滤网,透明玻璃杯,吧匙。

制作过程:

(1)把粳米洗净,浸泡 1 小时捞出,滤干水分,与核桃仁、杏仁、牛奶一起倒入粉碎机加纯净水搅拌磨细,用滤网过滤取汁。

(2)将汁倒入煮锅内加水煮沸,加入白糖搅拌,待全溶后滤去渣,取滤液注入玻璃杯中即成。

风味特点:色泽乳白,口感黏稠,奶香浓郁。

44. 厚奶

原料配方:牛奶 350 毫升,藕粉 5 克,砂糖 15 克。

制作工具或设备:煮锅,透明玻璃杯,吧匙。

制作过程:

把牛奶烧开加入稀释的藕粉使牛奶稍稍变稠,稍加糖即可。

风味特点:色泽乳白,口感黏稠,奶香浓郁。

45. 茶奶

原料配方:茶叶 3 克,牛奶 250 毫升,开水 150 毫升,砂糖 15 克。

制作工具或设备:煮锅,透明玻璃杯,吧匙。

制作过程:

(1)在煮锅中加入牛奶煮沸,加入砂糖煮溶。

(2)用开水冲泡茶叶 3 分钟,滤出取汁。

(3)然后将热茶汁倒进煮沸的牛奶中搅拌均匀,注入玻璃杯中即可。

风味特点:色泽茶褐,口味鲜醇。

46. 芒果椰汁奶

原料配方:芒果 1 个,椰浆 350 毫升,果糖 15 克,冰块 0.5 杯。

制作工具或设备:粉碎机,滤网,透明玻璃杯,吧匙。

制作过程:

(1)芒果去皮去籽后,洗净切小块备用。

(2)芒果块及椰浆、果糖一起放入粉碎机中搅拌均匀,滤入玻璃杯中加入冰块即可。

风味特点:色泽浅黄,椰香浓郁。

47. 苹果雪露

原料配方:苹果2个,鲜奶200毫升,果糖25克,冰块0.5杯。

制作工具或设备:粉碎机,滤网,透明玻璃杯,吧匙。

制作过程:

(1)苹果洗净后,去皮去核并切小块备用。

(2)将苹果块、鲜奶一起放入粉碎机中搅打成汁。

(3)分数次将冰块加入(2)中,继续搅打至冰块已成细沙状。

(4)装入玻璃杯中,浇上果糖调味即可。

风味特点:色泽浅黄,细如冰晶,口感清凉。

48. 酪梨牛奶汁

原料配方:酪梨2个,草莓10颗,鲜奶350毫升。

制作工具或设备:粉碎机,滤网,透明玻璃杯,吧匙。

制作过程:

(1)将酪梨、草莓,洗净削皮去蒂后切成块状。

(2)放入粉碎机内加入鲜奶打成汁,滤入玻璃杯中即可饮用。

风味特点:色泽浅红,奶味飘香。

49. 葡萄酪乳汁

原料配方:葡萄300克,优酪乳250毫升,蜂蜜15克,冰块0.5杯。

制作工具或设备:粉碎机,滤网,透明玻璃杯,吧匙。

制作过程:

(1)将葡萄洗净,去皮去籽,放入粉碎机内。

(2)加入蜂蜜、优酪乳搅打成汁,滤入玻璃杯中,加入冰块即可饮用。

风味特点:色泽浅黄,口味酸甜,奶味浓郁。

50. 杨桃牛奶汁

原料配方:杨桃5个,鲜奶约350毫升,蜂蜜25克,碎冰0.5杯。

制作工具或设备:粉碎机,滤网,透明玻璃杯,吧匙。

制作过程:

(1)将杨桃洗净,去皮去籽放入粉碎机内。

(2)加入蜂蜜、鲜奶,搅打成汁,滤入玻璃杯中,加入碎冰即可饮用。

风味特点:色泽浅黄,口味鲜甜。

51. 香蕉牛奶汁

原料配方:香蕉2根,鲜奶350毫升,蜂蜜15克,冰块0.5杯。

制作工具或设备:粉碎机,滤网,透明玻璃杯,吧匙。

制作过程:

(1)将香蕉去皮后切成小段放入粉碎机内。

(2)加入鲜奶、蜂蜜搅打成汁,滤入玻璃杯中加入冰块即可饮用。

风味特点:色泽浅黄,口感细腻。

52. 哈密瓜酪乳汁

原料配方:哈密瓜0.5个,优酪乳250毫升,柠檬汁5克,蜂蜜15克,碎冰0.5杯。

制作工具或设备:粉碎机,滤网,透明玻璃杯,吧匙。

制作过程:

(1)将哈密瓜削皮切成块状放入粉碎机内。

(2)加入优酪乳、柠檬汁、蜂蜜搅打成汁,滤入玻璃杯中加入冰块即可。

风味特点:色泽浅黄,口味香甜。

53. 西红柿蛋黄奶

原料配方:西红柿200克,蛋黄1个,牛奶350毫升,砂糖15克。

制作工具或设备:粉碎机,滤网,透明玻璃杯,吧匙。

制作过程:

(1)将西红柿泡烫去皮、去籽,切成块。

(2)将除砂糖外的所有原料放入粉碎机中搅打成汁。

(3)过滤后倒入玻璃杯中,然后再加入砂糖搅打均匀。

风味特点:色泽橙黄,口味微酸,口感细腻。

54. 鲜玉米炼乳爽

原料配方:鲜玉米粒25克,马蹄15克,炼乳150毫升,蜂蜜15

克,纯净水150毫升。

制作工具或设备:煮锅,粉碎机,滤网,透明玻璃杯,吧匙。

制作过程:

(1)将玉米粒、马蹄块放入粉碎机中,加入纯净水,打成玉米浆。

(2)倒入煮锅中煮沸后关火,放入炼乳、蜂蜜搅拌均匀。

(3)冷藏后注入玻璃杯中,即可饮用。

风味特点:香甜可口,解暑降温。

55. 清爽黄瓜奶

原料配方:黄瓜1根,酸奶150毫升,鲜奶200毫升,白糖15克。

制作工具或设备:粉碎机,滤网,透明玻璃杯,吧匙。

制作过程:

(1)将黄瓜洗净去皮去籽,切成粒,放入粉碎机中,加鲜奶、白糖搅打成汁备用。

(2)滤入玻璃杯中,加入酸奶,冷藏后饮用。

风味特点:色泽浅绿,酸甜可口,营养丰富。

56. 橙李酸奶

原料配方:酸奶1盒(250毫升),橙子1个,李子5个,纯净水100毫升。

制作工具或设备:粉碎机,滤网,透明玻璃杯,吧匙。

制作过程:

(1)酸奶冻成冰。

(2)取出在室温放一会儿后,把酸奶冰敲碎,放入杯子里。

(3)将橙子去皮去籽切块,李子去皮去核,加上纯净水一起放入粉碎机搅拌均匀,然后倒在酸奶冰上即成。

风味特点:色泽艳丽,晶莹剔透。

57. 双皮奶

原料配方:牛奶350毫升,蛋清1个,糖15克,水适量。

制作工具或设备:煮锅,瓷碗,透明玻璃杯,吧匙,打蛋器。

制作过程:

(1)把牛奶倒入煮锅中用中火煮沸。

(2)待沸腾后,迅速倒入玻璃杯中让牛奶冷却,这时可以看到牛奶表面结起一层很薄的奶皮。

(3)然后,在瓷碗里打入鸡蛋清,加入糖,用打蛋器充分打均匀,打到起蛋清泡的程度。

(4)接着,在奶皮边开条小缝,把玻璃杯中的已冷却的牛奶倒入蛋清泡碗中,奶皮仍留在玻璃杯中。然后将牛奶、蛋清、糖充分搅拌均匀。

(5)用滤网去掉表面的一层泡沫,把去掉泡沫以后的溶液再缓缓地注回玻璃杯中。原先留在杯底的奶皮就会浮起来,覆盖在混合液上。

(6)开大火烧半锅水,待水沸后,把杯放入煮锅中大火蒸15~20分钟,出锅晾凉即可。

风味特点:色泽洁白,奶味浓郁。

58. 核桃奶露

原料配方:核桃肉50克,砂糖50克,淡奶250克,纯净水200毫升。

制作工具或设备:粉碎机,滤网,透明玻璃杯,吧匙。

制作过程:

(1)将核桃肉放入煮锅,加入纯净水、砂糖,煮约10分钟,待凉备用。

(2)将淡奶和煮熟的核桃肉,用粉碎机搅至呈浆状,过滤后,注入玻璃杯中即可。

风味特点:色泽浅黄,口感细腻。

59. 菊明奶露

原料配方:菊花1朵,熟决明子15克,糯米15克,冰糖15克,牛奶350毫升。

制作工具或设备:煮锅,透明玻璃杯,吧匙。

制作过程:

(1)将所有原料放入煮锅中,大火烧开,转小火煮15分钟。

(2)过滤后取汁,注入玻璃杯中即可。

风味特点:色泽浅白,口感醇厚。

60. 木瓜蛋奶露

原料配方:木瓜汁 100 毫升,菊花露 30 毫升,鲜鸡蛋 1 个,鲜牛奶 250 毫升,白砂糖 15 克,冰块 0.5 杯。

制作工具或设备:雪克壶,透明玻璃杯,吧匙。

制作过程:

(1)将一半碎冰块放入雪克壶内,注入木瓜汁、菊花露和鸡蛋液,用力摇匀到起泡沫为止。

(2)将另一半碎块冰、鲜牛奶、白砂糖放入玻璃杯内,然后将雪克壶中的混合汁倒入玻璃杯,搅拌均匀即可。

风味特点:色泽浅白,口感细腻浓稠。

61. 冰果牛奶

原料配方:牛奶 6 杯,蜂蜜 30 克,蛋清 2 只,砂糖 10 克,草莓 10 只,薄荷叶 1 枝,碎冰块 0.5 杯。

制作工具或设备:煮锅,透明玻璃杯,吧匙。

制作过程:

(1)煮锅中放入牛奶和蜂蜜加热搅拌,不要煮开,蜂蜜溶化即可。

(2)晾凉后倒入玻璃杯中,加入碎冰块,放入冰箱冷冻 10 分钟,放入草莓。

(3)碗中加入蛋清和砂糖,打泡至黏稠,加入杯中,搅匀后冷冻。

风味特点:色泽艳丽,口味微甜,口感清凉。

62. 西瓜鲜奶

原料配方:西瓜 200 克,鲜牛奶 350 毫升,白砂糖 15 克,碎冰块 0.5 杯。

制作工具或设备:粉碎机,滤网,透明玻璃杯,吧匙。

制作过程:

(1)取新鲜熟透西瓜,去皮、籽,切成大块。

(2)将西瓜块、鲜牛奶、白砂糖及碎冰块放入粉碎机中,搅打成浓汁,滤入玻璃杯中即可饮用。

风味特点:色泽粉红,口感清凉,口味甜润。

63. 胡萝卜牛奶汁

原料配方：胡萝卜 1 根，牛奶 350 毫升，蜂蜜 25 克。

制作工具或设备：粉碎机，滤网，透明玻璃杯，吧匙。

制作过程：

(1)胡萝卜去皮、切块后和牛奶、蜂蜜一起打成汁。

(2)滤入玻璃杯中即可。

风味特点：色泽微红，口味微甜，奶香突出。

64. 橘子牛奶

原料配方：橘子 4 个，牛奶 350 毫升，蜂蜜 25 克。

制作工具或设备：粉碎机，滤网，透明玻璃杯，吧匙。

制作过程：

(1)橘子去皮，取瓣；与牛奶和蜂蜜一起放入粉碎机中搅打成汁。

(2)滤入玻璃杯中即可。

风味特点：色泽浅黄，味道芳香。

65. 南瓜酸奶

原料配方：南瓜 250 克，柑橘 2 个，酸奶 250 毫升，纯净水 100 毫升。

制作工具或设备：粉碎机，滤网，透明玻璃杯，吧匙。

制作过程：

(1)将南瓜切成块状，在微波炉中加热后，削去皮。

(2)与柑橘瓣、纯净水等一起放到粉碎机中搅拌成汁。

(3)滤入玻璃杯中加入酸奶搅拌均匀即可。

风味特点：色泽浅黄，口味酸甜，口感细腻。

66. 黄瓜酸奶

原料配方：黄瓜 1 根，橙子 1 个，酸奶 250 毫升，纯净水 100 毫升。

制作工具或设备：粉碎机，滤网，透明玻璃杯，吧匙。

制作过程：

(1)黄瓜去皮，切成小块；橙子去皮去籽后切成块。

(2)黄瓜块和橙子块加上纯净水一起放入粉碎机中搅打成汁。

(3)滤入玻璃杯中，加上酸奶搅拌均匀即可。

风味特点:色泽浅绿,口味清香。

67. 桂花山楂酸奶

原料配方:酸奶250毫升,山楂25克,糖桂花15克,冰糖15克,纯净水150毫升,薄荷叶1枝。

制作工具或设备:煮锅,透明玻璃杯,吧匙。

制作过程:

(1)将山楂洗净去核、放入煮锅用水煮,加糖桂花、冰糖一起煮入味。

(2)捞出熟山楂切小粒,放在酸奶中拌匀即可。

(3)加薄荷叶点缀即可。

风味特点:色泽搅拌,口味酸甜,具有桂花的香味。

68. 麦香奶茶

原料配方:西米25克,统一麦香奶茶1听,纯净水500毫升。

制作工具或设备:煮锅,透明玻璃杯,吧匙。

制作过程:

(1)西米浸透,放入纯净水中煮至透明,滤去水分冲凉,待用。

(2)将麦香奶茶冰冻待用。

(3)将冻茶放入杯中,加入煮熟的西米,饮用时拌匀即成。

风味特点:晶莹透明,麦香奶味浓郁。

69. 生菜奶汁

原料配方:生菜80克,牛奶250克,纯净水100毫升。

制作工具或设备:粉碎机,滤网,透明玻璃杯,吧匙。

制作过程:

(1)生菜撕碎,与纯净水一起放入粉碎机中搅打成汁,滤入玻璃杯中。

(2)杯中加入牛奶,与生菜汁混合均匀即可。

风味特点:色泽浅绿,口味清香。

70. 西瓜盅什果椰奶

原料配方:百合25克,椰奶250毫升,小西瓜0.5只,猕猴桃1个,橙子1个,纯净水350毫升。

制作工具或设备:煮锅,吧匙。

制作过程:

(1)先把西瓜肉取出来,瓜皮修刻成盅型容器。

(2)百合洗净,剥开,放入煮锅加上纯净水、冰糖,用大火烧开,小火炖煮25分钟。

(3)各式水果切成小粒备用。

(4)把椰汁倒入瓜皮内,放入各式水果粒,加上晾凉的冰糖百合即可。

风味特点:色泽艳丽,造型美观,口味甜美。

71. 草莓薏仁优酪乳

原料配方:草莓10颗,优酪乳350毫升,薏仁米25克,纯净水350毫升。

制作工具或设备:煮锅,透明玻璃杯,吧匙。

制作过程:

(1)将薏仁米加纯净水煮开,水沸后改小火等薏仁米熟透、汤汁呈浓稠状即可。

(2)草莓洗净,去蒂、切半,装入杯中。

(3)浇入优酪乳、薏仁,即可饮用。

风味特点:色泽艳丽,多汁酸甜。

72. 南瓜酸奶冻

原料配方:原味酸奶250毫升,日本小南瓜100克,红萝卜100克,青苹果1个,蜂蜜15克。

制作工具或设备:煮锅,透明玻璃杯,吧匙,冰箱。

制作过程:

(1)把南瓜洗干净去皮去籽,并切成小块,放进煮锅中蒸熟,取下瓜肉备用;青苹果洗干净后去皮及核,把它和红萝卜一起切成小块。

(2)在粉碎机里放进南瓜、酸奶、苹果、萝卜,蜂蜜,以高转速打匀,滤入玻璃杯中,放进冰箱冷藏即可。

风味特点:色泽浅黄,口味酸甜,口味清凉。

73. 芦荟酸奶拌

原料配方:芦荟叶1根,酸奶250毫升,芒果1个,葡萄200克,淡盐水350毫升,纯净水350毫升。

制作工具或设备:煮锅,透明玻璃杯,吧匙。

制作过程:

(1)芦荟叶子剥开,叶肉切小块,在淡盐水里泡10分钟;芒果去皮去核,切成丁;葡萄去皮去籽。

(2)然后在煮锅中放入纯净水烧开,把芦荟放滚水里烫2分钟。

(3)捞出,在纯净水里泡一下。

(4)加入芒果丁、去皮的葡萄、酸奶拌一拌,装入玻璃杯即可。

风味特点:色泽浅白,口感滑爽。

74. 榴莲酸奶冰

原料配方:榴莲肉400克,纯酸奶250毫升,鲜奶100毫升。

制作工具或设备:粉碎机,滤网,透明玻璃杯,吧匙。

制作过程:

(1)将榴莲肉分成小块,与鲜奶一起,放入粉碎机中搅打成汁,滤入玻璃杯中。

(2)加入酸奶搅拌均匀。

(3)放冰箱冷冻室,大约60分钟后凝固。

(4)拿出后用吧匙搅拌融化,使之稍软饮用即可。

风味特点:色泽洁白,口味奇特。

75. 蛇果生菜酸奶汁

原料配方:蛇果200克,生菜(团叶)50克,柠檬15克,蜂蜜20克,酸奶150克。

制作工具或设备:粉碎机,滤网,透明玻璃杯,吧匙。

制作过程:

(1)蛇果去皮去核,切成小块;柠檬去皮,果肉切块;生菜洗净,撕成片。

(2)将蛇果块、生菜片、柠檬块放入榨汁机中榨取汁液。

(3)将滤净的蔬果汁倒入杯中,加入酸奶,加入蜂蜜拌匀,即可直接饮用。

风味特点:色泽浅黄,口味甜酸,口感细腻。

76. 冰甜瓜牛奶汁

原料配方:甜瓜 200 克,鲜奶 140 毫升,砂糖 15 克,纯净水 300 毫升,冰块 0.5 杯。

制作工具或设备:粉碎机,滤网,透明玻璃杯,吧匙。

制作过程:

(1)将甜瓜的籽、瓤及皮去除,切块放入粉碎机内,放入砂糖、冷开水搅打成汁。

(2)滤入玻璃杯中,加入鲜奶搅拌均匀,再加入冰块即可。

风味特点:色泽浅黄,口味鲜甜。

77. 鸡蛋香蕉牛奶汁

原料配方:香蕉 180 克,鸡蛋 2 个,牛奶 240 毫升,蜂蜜 15 克,冰块 0.5 杯。

制作工具或设备:粉碎机,滤网,透明玻璃杯,吧匙。

制作过程:

(1)将香蕉去皮,切成小段。

(2)在粉碎机中加入香蕉段、鸡蛋液、牛奶、蜂蜜等搅打成汁。

(3)滤入玻璃杯中,加入冰块即可。

风味特点:色泽浅黄,口感细腻浓稠,口味甜香。

78. 草莓风味酸奶

原料配方:草莓 100 克,酸牛奶 350 毫升,冰块 0.5 杯。

制作工具或设备:粉碎机,滤网,透明玻璃杯,吧匙。

制作过程:

(1)草莓洗净,去蒂,对切开。

(2)将所有原料放入粉碎机中搅拌均匀,过滤后倒入杯中,加入冰块即可。

风味特点:色泽粉红,口味酸甜,口感清鲜。

79. 薄荷巧克力热奶

原料配方:牛奶 350 毫升,新鲜薄荷 4 枝,黑巧克力 50 克,砂糖 15

克。

制作工具或设备:煮锅,透明玻璃杯,吧匙。

制作过程:

(1)新鲜薄荷洗净,拍扁使其释味;黑巧克力切碎。

(2)把牛奶和薄荷枝放入煮锅中,文火烧开。沸煮1分钟,然后从火上端下来,薄荷枝捞出去。

(3)在玻璃杯中加入黑巧克力碎、砂糖,倒入热牛奶搅拌直至巧克力溶化。

(4)用其中1枝薄荷装饰即可。

风味特点:色泽浅褐,口感清凉,口味甜浓。

80. 红薯酸奶

原料配方:红薯250克,酸奶350毫升,冰块0.5杯,纯净水1000毫升。

制作工具或设备:煮锅,粉碎机,滤网,透明玻璃杯,吧匙。

制作过程:

(1)将红薯洗净,放入煮锅,加入纯净水煮熟,取出后,晾凉备用。

(2)红薯去皮,分成块,放入粉碎机中,加入酸奶搅打成汁。

(3)倒入玻璃杯中,加入冰块即可。

风味特点:色泽浅黄,具有红薯香味和奶香味、口感细腻、营养丰富。

81. 菊香奶茶

原料配方:菊花5克,鲜奶350毫升,冰糖15克。

制作工具或设备:煮锅,滤网,透明玻璃杯,吧匙。

制作过程:

(1)将鲜奶与冰糖放入锅中煮沸后,加入菊花,转小火再煮5分钟即可熄火。

(2)把菊花滤除后,可热饮或冰冷饮用。

风味特点:色泽浅黄,口味微甜,具有菊花的清香。

82. 西瓜奶露

原料配方:西瓜瓤250克,鲜牛奶350克,白砂糖300克,碎冰块

0.5 杯,柠檬 1 片。

制作工具或设备:粉碎机,滤网,透明玻璃杯,吧匙。

制作过程:

(1)将西瓜瓤去籽,放入粉碎机中,搅打均匀后,将西瓜汁滤入杯中。

(2)在西瓜汁中加入白糖拌匀,再倒入鲜牛奶拌匀,放入冰箱冷藏。

(3)饮用时,在西瓜汁中加冰块即可。

(4)杯边可插 1 片柠檬做点缀。

风味特点:色泽粉红,去暑爽口,清凉美观。

83. 猕猴桃优酪乳

原料配方:猕猴桃 1 个,猕猴桃浓缩汁 30 毫升,优酪乳 100 毫升,糖水 15 毫升,冰水 250 毫升,碎冰 0.5 杯。

制作工具或设备:粉碎机,滤网,透明玻璃杯,吧匙。

制作过程:

(1)猕猴桃去皮,切小块备用。

(2)将所有原料放入粉碎机中搅打 30 秒,滤入玻璃杯中即成。

风味特点:色泽浅绿,口味清香。

84. 水果牛奶羹

原料配方:苹果 0.5 个,香蕉 0.5 根,桃子 0.5 个,李子 2 个,樱桃 5 个,猕猴桃 1 个,牛奶 350 毫升,白糖 25 克,纯净水 500 毫升。

制作工具或设备:煮锅,透明玻璃杯,吧匙。

制作过程:

(1)将水果去皮,切成小丁,在煮锅里加纯净水,放入切好的水果。

(2)然后倒牛奶,烧开后,加热 1 ~ 2 分钟,放入白糖煮溶。

(3)把煮好的水果牛奶羹倒进玻璃杯中即成。

风味特点:色泽艳丽,奶味突出,冷饮热饮皆可。

85. 梨奶

原料配方:梨 80 克,鲜奶 350 毫升,糖 5 克,冰块 0.5 杯。

制作工具或设备:粉碎机,滤网,透明玻璃杯,吧匙。

制作过程:

(1)梨去皮去核,切成小块,与鲜奶及糖一起用粉碎机搅打均匀。

(2)滤入玻璃杯中,加入冰块即可。

风味特点:色泽洁白,梨味甜爽。

86. 巧克力奶

原料配方:巧克力100克,鲜奶350毫升。

制作工具或设备:微波炉,透明玻璃杯,吧匙。

制作过程:

(1)巧克力掰碎放进热牛奶的杯子,倒进鲜奶。

(2)放入微波炉加热50秒。

(3)取出用吧匙搅拌均匀即成。

风味特点:色泽浅褐,口感香滑,奶味浓郁。

87. 薏仁茯苓奶

原料配方:薏仁粉5克,白茯苓粉5克,牛奶300毫升,白糖15克。

制作工具或设备:煮锅,透明玻璃杯,吧匙。

制作过程:

(1)在煮锅中加入牛奶,煮至微沸时,加入薏仁粉、白茯苓粉和白糖,搅拌均匀。

(2)注入玻璃杯中即可。

风味特点:色泽浅白,口味微甜,滋润美白。

88. 香瓜鲜奶露

原料配方:香瓜500克,鲜奶350毫升,椰汁100毫升,糖25克。

制作工具或设备:粉碎机,滤网,透明玻璃杯,吧匙。

制作过程:

(1)香瓜去核去皮切粒。

(2)香瓜粒与鲜奶、椰汁、糖等一起放入粉碎机中,搅打成汁。

(3)滤入玻璃杯中即可。

风味特点:色泽浅绿,奶味香醇。

89. 萝卜牛奶汁

原料配方:鲜牛奶350克,萝卜350克,鸡蛋1只。

制作工具或设备:粉碎机,滤网,透明玻璃杯,吧匙。

制作过程:

(1)萝卜去皮切块,与鲜牛奶、鸡蛋等一起放入粉碎机中,搅打成汁。

(2)滤入玻璃杯中即可。

风味特点:色泽浅白,口味微辣,开胃健脾。

90. 麦片奶茶

原料配方:麦片15克,鲜牛奶350毫升,砂糖15克。

制作工具或设备:煮锅,透明玻璃杯,吧匙。

制作过程:

(1)不锈钢煮锅中倒入鲜牛奶后加热,放入麦片煮沸。

(2)加砂糖调味后,注入玻璃杯中即可。

风味特点:色泽茶褐,口味细腻滑爽,老少皆宜。

91. 椰青马蹄鲜奶露

原料配方:椰子1个,糖15克,鲜奶350毫升,荸荠4个。

制作工具或设备:煮锅,透明玻璃杯,吧匙。

制作过程:

(1)荸荠洗净,拍成茸状,椰子剖开倒出汁来备用。

(2)将椰子汁倒入煮锅中,再加入荸荠茸、鲜奶、糖,煮开后倒入杯中即可。

风味特点:色泽浅白,口味鲜甜爽脆。

92. 咖啡牛奶

原料配方:牛奶250克,咖啡粉10克,纯净水100毫升,白糖25克。

制作工具或设备:煮锅,咖啡壶,透明玻璃杯,吧匙,纱布。

制作过程:

(1)将咖啡和水一起加入咖啡壶中,煮10分钟,待色浓后,用纱布过滤,除去渣滓。

(2)将牛奶倒入煮锅中,烧开,加入白糖,倒入牛奶杯中,再冲进煮好的咖啡即成。

风味特点:色泽茶褐,口感醇浓。

93. 巧克力奶茶

原料配方:泡好的红茶150毫升,牛奶150毫升,巧克力酱15克,冰块0.5杯,彩色碎巧克力10克,鲜奶油25克。

制作工具或设备:雪克壶,透明玻璃杯,吧匙。

制作过程:

(1)将红茶、牛奶、巧克力酱、冰块等放入雪克壶中,用单手或双手持壶,摇晃均匀,滤入玻璃杯中。

(2)表面挤上少量鲜奶油,再撒上彩色碎巧克力装饰即可。

风味特点:色泽茶褐,口感清凉,装饰美观。

94. 火龙果牛奶汁

原料配方:火龙果1个,鲜奶约350毫升,碎冰0.5杯。

制作工具或设备:粉碎机,滤网,透明玻璃杯,吧匙。

制作过程:

(1)将火龙果洗净,削皮后切成块状。

(2)将碎冰与火龙果、牛奶等一同放入粉碎机内打成汁。

(3)滤入玻璃杯中即可饮用。

风味特点:色泽浅白,口味鲜甜。

95. 养颜奶茶

原料配方:牛奶250毫升,绿豆粉5克,薏仁粉10克,珍珠粉0.5克,蜂蜜15克。

制作工具或设备:煮锅,透明玻璃杯,吧匙。

制作过程:

先把牛奶放在煮锅中烧热(牛奶不能烧开),然后徐徐冲入上述原料调匀,等到不烫手后加入蜂蜜调匀,倒入玻璃杯即可。

风味特点:滋补养颜,口感爽滑。

96. 香蕉奶茶

原料配方:泡好的红茶150毫升,牛奶150毫升,香蕉0.5根,冰块0.5杯。

制作工具或设备:雪克壶,透明玻璃杯,吧匙。

制作过程:

(1)将泡好的红茶和牛奶混合均匀,注入玻璃杯中,加入冰块。

(2)香蕉切成薄片,漂浮其上即可。

风味特点:色泽茶褐,蕉香浓郁。

97. 山药果汁牛奶

原料配方:生山药25克,苹果1个,鲜奶350毫升,蜂蜜15克,冰块0.5杯。

制作工具或设备:粉碎机,透明玻璃杯,吧匙。

制作过程:

(1)山药去皮切块;苹果去皮、核切小块。

(2)将所有原料放入粉碎机内,搅拌均匀后,倒出即可饮用。

风味特点:色泽浅黄,口味微甜,开胃健脾。

98. 黑芝麻牛奶饮

原料配方:黑芝麻25克,桃仁10克,莲子10克(去芯),白糖25克,牛奶350克,豆浆150毫升。

制作工具或设备:煮锅,粉碎机,透明玻璃杯,吧匙。

制作过程:

(1)将黑芝麻、桃仁、莲子用水浸泡约20分钟,然后放入粉碎机中搅打成浆。

(2)将牛乳、豆浆与上述浆相混合,倒入煮锅中煮沸,加白糖搅匀取出即可饮用。

风味特点:色泽黑白,口味微甜,具有各种坚果的香味。

99. 樱桃牛奶汁

原料配方:新鲜熟透樱桃300克,鲜牛奶300毫升,蜂蜜25克。

制作工具或设备:粉碎机,滤网,透明玻璃杯,吧匙。

制作过程:

(1)将新鲜熟透樱桃洗净,逐个去核,放入粉碎机中,加入鲜牛奶、蜂蜜等搅打成汁。

(2)滤入玻璃杯中即可。

风味特点:色泽粉红,营养丰富,香甜可口。

100. 热朱古力

原料配方:雀巢朱古力粉 15 克,三花淡奶 25 克,糖 15 克,纯黑巧克力 15 克,开水 350 毫升。

制作工具或设备:透明玻璃杯,吧匙。

制作过程:

(1)在透明玻璃杯中,将朱古力粉用开水溶解,搅拌均匀。

(2)将巧克力放入溶解了的朱古力水中,溶化。

(3)最后将其他原料全部倒入,搅拌均匀即可。

风味特点:色泽茶褐,口味奶香。

101. 爱情故事

原料配方:鲜奶 90 毫升,蜜糖 10 毫升,石榴糖水 8 毫升,香蕉 3 片,草莓 1 个,冰块 0.5 杯。

制作工具或设备:雪克壶,鸡尾酒杯,吧匙。

制作过程:

(1)在鸡尾酒杯中放入冰块,注入各种原料,用吧匙搅匀。

(2)杯边再饰以香蕉、草莓即成。

风味特点:口味微甜,具有浪漫色彩。

102. 芬兰奶汁

原料配方:牛奶 150 毫升,浓缩橙汁 30 毫升,红石榴汁 10 毫升,香草冰淇淋 1 球,冰块 0.5 杯,柳橙花 1 朵。

制作工具或设备:雪克壶,高脚杯,吧匙。

制作过程:

(1)将各种原料加入雪克壶中加冰块,用单手或双手持壶摇匀。

(2)倒入杯中,装饰柳橙花即可出品。

风味特点:色泽橙黄,口感细腻浓稠。

103. 蛋蜜奶汁

原料配方:牛奶 150 毫升,蛋黄 1 个,浓缩橙汁 20 毫升,柠檬汁 20 毫升,冰块 0.5 杯。

制作工具或设备:雪克壶,高脚杯,吧匙。

制作过程:

(1)将原料倒入雪克壶中充分摇匀。

(2)倒入杯中装饰柳橙花即可出品。

风味特点:色泽橙黄,口味微甜酸,口感细腻浓稠。

104. 廊桥遗梦

原料配方:酸奶200毫升,浓缩橙汁20毫升,糖水25毫升,冰块0.5杯。

制作工具或设备:雪克壶,高脚杯,吧匙。

制作过程:

(1)将浓缩橙汁、糖水、冰块、酸奶等放入雪克壶中,用单手或双手持壶摇匀。

(2)倒入高脚杯中即可。

风味特点:色泽浅黄,口味甜酸,具有浓浓的橙香。

105. 蓝桥香恋

原料配方:牛奶150毫升,玫瑰香蜜15毫升,糖水15毫升,冰块0.5杯,椰浆30毫升,凤梨50克,苹果50克,梨50克,樱桃1颗。

制作工具或设备:粉碎机,滤网,高脚杯,吧匙。

制作过程:

(1)在高脚杯中,先加入玫瑰香蜜、糖水、冰块等搅拌均匀备用。

(2)在粉碎机中加入去皮去核的凤梨块、苹果块、梨块和牛奶、椰浆等搅打成汁。

(3)滤入(1)中的高脚杯中,用樱桃装饰即可。

风味特点:色泽分层,口味香浓。

106. 滋养奶汁

原料配方:优酪乳200毫升,草莓50克,糖水45毫升,冰水60毫升,碎冰120克。

制作工具或设备:粉碎机,滤网,高脚杯,吧匙。

制作过程:

(1)草莓洗净切小块备用。

(2)将所有原料放入粉碎机中搅打30秒即成。

(3)滤入盛有冰块高脚杯中即可。

风味特点:色泽粉红,口味鲜甜。

107. 樱桃优酪乳

原料配方:红樱桃15颗,红樱桃浓缩汁30毫升,优酪乳60毫升,糖水15毫升,冰水100毫升,碎冰120克。

制作工具或设备:粉碎机,滤网,高脚杯,吧匙。

制作过程:

(1)樱桃洗净去籽切小块备用。

(2)将所有原料放入粉碎机中搅打30秒。

(3)滤入盛有冰块高脚杯中即可。

风味特点:色泽粉红,口味鲜甜。

108. 圣诞快乐

原料配方:椰奶汁60毫升,鲜奶90毫升,石榴糖水5毫升,凤梨汁60毫升,冰块0.5杯。

制作工具或设备:高脚杯,吧匙。

制作过程:

杯中放入冰,然后将上述材料依次加入并搅拌均匀即成。

风味特点:色泽粉红,浪漫清凉。

109. 雪克橙奶

原料配方:牛奶100毫升,蛋黄1个,橙汁60毫升,碎冰0.5杯。

制作工具或设备:雪克壶,鸡尾杯,吧匙。

制作过程:

(1)在雪克壶中,加入碎冰,然后加入牛奶、蛋黄、橙汁等,用单手或双手持壶摇匀。

(2)倒入鸡尾杯中即可。

风味特点:色泽浅黄,口感细腻。

110. 梦幻组合

原料配方:牛奶150毫升,橙汁60毫升,柠檬汁15克,水蜜桃汁15毫升,哈密瓜粉10克,冰块0.5杯。

制作工具或设备:雪克壶,果汁杯,吧匙。

制作过程:

(1)在雪克壶中,加入橙汁、柠檬汁、水蜜桃汁、哈密瓜粉、牛奶、冰块等摇混均匀。

(2)倒入果汁杯中,稍作装饰即可。

风味特点:色泽橙黄,口味甜香。

第十二章　冷冻类饮品

1. 牛奶咖啡冰淇淋

原料配方:冷牛奶咖啡 300 克,糖粉 25 克,香草冰淇淋 1 球,碎冰块 0.5 杯。

制作工具或设备:透明玻璃杯,吧匙。

制作过程:

(1)先将冰块、糖粉、牛奶咖啡放入杯内搅匀。

(2)然后加入冰淇淋球即可。

风味特点:牛奶味浓、口味芳香。

2. 漂浮可乐

原料配方:可口可乐 1 听,香草冰淇淋 1 球,碎冰块 0.5 杯。

制作工具或设备:透明玻璃杯,吸管。

制作过程:

(1)先将碎冰块放入杯内,注入冰冻可口可乐。

(2)然后加入冰淇淋球浮在表面,插入吸管即可。

风味特点:口味清凉,香气协调。

3. 鲜奶冰淇淋

原料配方:鲜牛奶 350 克,糖粉 25 克,香草冰淇淋 1 球,碎冰块 0.5 杯。

制作工具或设备:透明玻璃杯,吧匙。

制作过程:

(1)先将碎冰块、糖粉、鲜牛奶放入杯内搅溶。

(2)然后加上冰淇淋球即可。

风味特点:奶味奶香,营养丰富。

4. 草莓冰淇淋

原料配方:雀巢淡奶油 1 包,牛奶 200 毫升,新鲜草莓 1 盒,玉米粉2小茶勺,糖粉20小茶勺,葡萄干25克。

制作工具或设备:打蛋器,透明玻璃杯,吧匙,冰箱。

制作过程:

(1)雀巢淡奶油加糖,打发;牛奶中加葡萄干煮至葡萄干变饱满,再晾凉,捞出葡萄干。

(2)牛奶中加2小勺玉米淀粉,微微加热,搅匀至微稠,晾凉。

(3)新鲜草莓打成浆状;倒入打好的奶油,稍打一会;再加入牛奶、葡萄干,再搅一下。

(4)放冰箱冷冻,40分钟以后,拿出来用打蛋器搅一搅,再冻40分钟,再搅,共4次,即成。

风味特点:口味松软、具有草莓的香气。

5. 香蕉圣代

原料配方:双色冰淇淋2球,香蕉片10片,香草糖浆适量,鲜奶油少许,红樱桃2个,华夫饼干1块。

制作工具或设备:透明玻璃杯,吧匙。

制作过程:

先将双色冰淇淋放在杯中,然后把香蕉片加糖浆,铺在球四周,加鲜奶油在球上,顶部放红樱桃,华夫饼干放在杯边即成。

风味特点:色彩鲜艳、口感特别。

6. 芒果巴菲

原料配方:樱桃汁1汤匙,香草冰淇淋1球,芒果肉4勺,杂果粒1汤匙,鲜奶油15克,红樱桃1颗,开心果粒1汤匙,华夫饼干2块。

制作工具或设备:透明玻璃杯,吧匙。

制作过程:

(1)先将樱桃汁注入杯底,然后按次序将冰淇淋球、芒果肉、杂果粒、鲜奶油、红樱桃、开心果粒逐层加入。

(2)华夫饼干放杯边,另放吧匙供用。

风味特点:口味丰富,营养味浓。

7. 白兰地蛋诺

原料配方:鲜鸡蛋1个,香草冰淇淋1球,香草糖浆25克,白兰地5克,鲜牛奶100克,碎冰块0.5杯,豆蔻粉0.5克。

制作工具或设备:透明玻璃杯,搅拌机,吸管,吧匙。

制作过程:

(1)先将鸡蛋、糖浆、冰淇淋、白兰地、牛奶加碎冰块放入搅拌机内,搅打至起浓泡沫,倒入玻璃杯内。

(2)最后在表层撒上少许豆蔻粉,以增添香味,插入2根吸管及1把吧匙供用。

风味特点:酒香浓郁、健脾养胃。

8. 奇异果奶昔

原料配方:鲜牛奶150克,香草冰淇淋1球,奇异果2只,香草糖浆25克,碎冰块100克。

制作工具或设备:透明玻璃杯,搅拌机,吸管,吧匙。

制作过程:

(1)奇异果洗净去皮切成块。

(2)先将碎冰块放入搅拌机内,加入所有材料搅拌到起浓泡沫,然后倒入杯中,插上吸管2根及1把吧匙备用。

风味特点:色泽浅绿,口感细腻浓稠。

9. 凤梨刨冰

原料配方:凤梨300克,蜂蜜15克,砂糖10克,纯净水100毫升,刨冰0.5杯。

制作工具或设备:粉碎机,透明玻璃杯,吧匙。

制作过程:

(1)将凤梨削皮洗净并切成小块。

(2)将凤梨块加上砂糖、蜂蜜、纯净水,放入粉碎机中搅打成浓汁。

(3)滤入装入刨冰的玻璃杯中即可。

风味特点:色泽浅黄,口感如沙。

10. 香蕉豆腐冰淇淋

原料配方:内酯豆腐300克,鲜奶油300克,色拉油50毫升,香蕉3根,蜂蜜50克,香草粉1克,盐1克。

制作工具或设备:搅拌机,透明玻璃杯,吧匙,盛冰容器。

制作过程:

(1)香蕉去皮切成段。

(2)将所有原料放入搅拌机中打碎(可分次打)。

(3)打好后倒入容器中,放进冷冻库冻至冰有点硬时,拿出来搅拌一会儿,再放进冷冻库,重复3~4次后,即可装入玻璃杯中食用。

风味特点:色泽浅黄,口感细腻。

11. 红豆刨冰

原料配方:煮熟的红豆100克,红豆汤20毫升,刨冰250克,甜牛奶10毫升,冰淇淋1球。

制作工具或设备:透明玻璃杯,吧匙。

制作过程:

(1)将煮熟的红豆放入杯中,放入红豆汤,再倒入甜牛奶。

(2)最后加入刨冰,将冰淇淋点缀在刨冰上即可。

风味特点:色泽枣红,口感清凉如沙。

12. 梦幻黑森林

原料配方:巧克力冰淇淋2球,香草冰淇淋2球,黑樱桃罐头10颗,鲜奶油50克,薄荷叶1枝,巧克力碎50克,饼干条2块,白樱桃酒3滴。

制作工具或设备:透明玻璃杯,吧匙。

制作过程:

(1)将冰淇淋放入杯中,将黑樱桃撒在冰淇淋上。

(2)挤少许鲜奶油,撒上巧克力碎。

(3)将饼干条插在冰淇淋上,点缀薄荷叶,浇上白樱桃酒3滴即可。

风味特点:色泽艳丽,口感细腻,口味异香。

13. 夏日旋风

原料配方:枫叶核桃冰淇淋 2 球,香莓冰淇淋 1 球,蓝莓果汁 50 克,奶油花 1 朵,黑白巧克力棒 2 条,烤核桃仁 5 克,鲜猕猴桃 5 克。

制作工具或设备:透明玻璃杯,吧匙。

制作过程:

(1)将枫叶核桃冰淇淋、香草冰淇淋放入杯中,浇上蓝莓果汁。

(2)用奶油花点缀,插入巧克力棒,撒上烤核桃仁。

(3)将鲜猕猴桃切片码放好即可。

风味特点:色泽艳丽,具有核桃仁的坚果香味和口感。

14. 清凉夏日

原料配方:香草冰淇淋 2 球,草莓冰淇淋 2 球,饼干棒 2 根,可可粉 0.5 克,鲜奶油 25 克,薄荷叶 1 枝。

制作工具或设备:透明玻璃杯,吧匙。

制作过程:

(1)杯中放入香草冰淇淋及草莓冰淇淋,在冰淇淋上用少许鲜奶油点缀。

(2)插上饼干棒,棒上撒上可可粉,最后以薄荷叶点缀即可。

风味特点:色泽搭配和谐,口感细腻,口味甜美。

15. 香蕉船

原料配方:巧克力冰淇淋 1 球,香草冰淇淋 1 球,草莓冰淇淋 1 球,香蕉 1 根,巧克力酱 15 克,鲜奶油 15 克,水果块 25 克,糖饰品 1 只,杏仁片 12 克。

制作工具或设备:透明玻璃杯,吧匙。

制作过程:

(1)香蕉切成 3 段,码放在杯中;放入香草冰淇淋、巧克力冰淇淋、草莓冰淇淋。

(2)浇少许巧克力酱在冰淇淋上,并撒上杏仁片。

(3)在冰淇淋上点缀鲜奶油,放上水果块,插上糖饰品即可。

风味特点:色泽对比和谐,口感丰富。

16. 多彩凯莱

原料配方:香芋冰淇淋1球,橘子冰淇淋1球,草莓酱15克,猕猴桃酱15克,橙子酱15克,朗姆酒和葡萄干冰淇淋1球,草莓2片,猕猴桃2片,橙子2片,金巴利酒3滴,饼干条1只。

制作工具或设备:透明玻璃杯,吧匙。

制作过程:

(1)杯中码放冰淇淋,将3种水果片间隔放置冰淇淋旁,并浇上各自的水果酱。

(2)在冰淇淋上浇上3滴金巴利酒,点缀饼干条即可。

风味特点:色泽对比和谐,口感细腻,口味甜香。

17. 乌梅冰沙

原料配方:乌梅汁45毫升,鲜奶油120毫升,香草粉0.5克,蜂蜜30克,碎冰块0.5杯。

制作工具或设备:搅拌机,透明玻璃杯,吧匙。

制作过程:

(1)往搅拌机里倒进全部原料,以高转速充分搅拌均匀。

(2)装入玻璃杯中即可。

风味特点:色泽浅红,口感细腻如沙。

18. 蜜雪香波

原料配方:香草冰淇淋1球,蛋黄1个,牛奶120毫升,蜂蜜15克,冰块0.5杯。

制作工具或设备:粉碎机,透明玻璃杯,吧匙。

制作过程:

(1)将蛋黄、牛奶、蜂蜜、冰块等放入粉碎机中,高速搅打均匀。

(2)倒入杯中,将香草冰淇淋球放在上面。

风味特点:色泽浅黄,口感细腻,具有香草的香味。

19. 翠绿蜜蛋汁

原料配方:哈密瓜粉5克,蛋黄1个,绿薄荷蜜15克,蜂蜜15克,香草冰淇淋1球,冰块0.5杯。

制作工具或设备:雪克壶,透明玻璃杯,吧匙。

制作过程：

（1）将哈密瓜粉、蛋黄、绿薄荷、蜂蜜、冰块等放雪克壶摇匀，倒入杯中。

（2）香草冰淇淋球放在上面即可。

风味特点：色泽浅绿，细腻香甜。

20. 芝麻冰淇淋

原料配方：白芝麻粉15克，炼乳200毫升，牛奶100毫升，白芝麻5克。

制作工具或设备：透明玻璃杯，汤匙，冷冻库。

制作过程：

（1）炼乳加入芝麻粉中，充分搅拌。

（2）再慢慢地加入牛奶。

（3）放入金属容器中，再放入冷冻库中，一旦周围凝固后，再进行搅拌，使空气进入，而后再次放入冷冻库中，如次反复2~3次，即呈滑顺状。

（4）用汤匙将之舀入玻璃杯中，撒上少许芝麻即可。

风味特点：色泽洁白，奶味浓郁，口感细腻。

21. 家常奶昔

原料配方：各式水果丁50克，香草冰淇淋3球，牛奶250毫升。

制作工具或设备：粉碎机，透明玻璃杯，吧匙。

制作过程：

（1）先将水果放入粉碎机中，加入牛奶，打均匀后，放入香草冰淇淋，打2~3分钟。

（2）注入玻璃杯中即可。

风味特点：色泽艳丽，具有细密的泡沫。

22. 红茶棒冰

原料配方：红茶5克，淀粉4克，白糖30克，纯净水250毫升。

制作工具或设备：煮锅，棒冰模具，冰箱。

制作过程：

（1）将红茶装入小纱布袋，投入盛有200毫升纯净水的锅中，煮沸后迅速关火。

(2)再加入30克白糖,搅匀后,加盖浸泡0.5小时,使茶汁全部浸出,取出纱布袋。

(3)将4克淀粉放入锅内,加50毫升纯净水,煮沸调成淀粉糊。

(4)趁热倒入红茶汁中,搅拌均匀后,注入棒冰模具中。

(5)凉后入冰箱内冰冻,即为成品。

风味特点:色泽淡咖啡色,入口清香甜美。

23. 橘子冰霜

原料配方:橘子汁180克,白糖60克,纯净水220毫升,橘子香精0.5克。

制作工具或设备:打蛋器,手摇冰淇淋器,玻璃杯。

制作过程:

(1)在橘子汁中加入60克白糖,220毫升纯净水,用打蛋器搅拌,使糖溶化,再加入适量橘子香精。

(2)将橘子糖水倒入手摇冰淇淋器中,摇15分钟,即可制得橘子冰霜。

风味特点:冰晶细腻,具有橘子香气,食时爽口,甜而微酸。

24. 草莓牛奶冰霜

原料配方:草莓100克,牛奶300毫升,白糖80克。

制作工具或设备:煮锅,粉碎机,滤网,打蛋器,盛冰容器,冰箱。

制作过程:

(1)牛奶进冰箱冷藏;将草莓的蒂摘去,用清水洗净,切成小块,连同白糖置煮锅中,用文火焖煮10分钟,取出冷却。

(2)把冷藏过的牛奶和煮熟的草莓连同汁水一起放进粉碎机中搅拌1分钟,过滤。

(3)再把滤液倒入容器中,放进冰箱冷冻室内,待稍结块,以打蛋器搅匀,再进冰箱。如此操作3次,即成。

风味特点:色泽浅红,冰晶透明,营养丰富。

25. 赤豆雪糕

原料配方:赤豆(煮熟)50克,奶油5克,奶粉15克,白砂糖50

克,淀粉5克,热水(60℃)500毫升,纯净水180毫升。

制作工具或设备:煮锅,雪糕模具,雪糕杆,打蛋器,冰箱。

制作过程:

(1)将赤豆、奶粉和白砂糖放入煮锅中,加少量纯净水调匀,再加入剩余的纯净水和奶油,边加热边用打蛋器搅匀,沸腾后,加入用少量水调湿的淀粉。待淀粉糊化后,端离炉火。

(2)用打蛋器不断搅拌料液,以充入空气并促使其快速冷却。

(3)将其舀入模具中,插上雪糕杆。冷后,放入冰箱冷冻室冷冻。

(4)待雪糕冻结后可以取出,将雪糕模浸在60℃的热水中,5秒左右可以脱膜。

风味特点:赤豆分布均匀,有奶香味,硬中带酥。

26. 红茶奶油雪糕

原料配方:炼乳120克,白糖150克,食用明胶5克,精制淀粉10克,纯净水350克,红茶汁50毫升,香精0.5克,温水(15~40℃)适量。

制作工具或设备:煮锅,雪糕模具,雪糕杆,打蛋器。

制作过程:

(1)在煮锅中加入炼乳、纯净水、白糖、香精等用打蛋器搅拌均匀后烧开。

(2)加入由红茶汁调匀的精制淀粉和食用明胶,煮溶用打蛋器搅拌均匀,晾凉后装入雪糕模具,插上雪糕杆。

(3)待全部冻结后,取出模具,置于15~40℃温水中稍烫,当雪糕表面融化并与模具脱离时,迅速取出,包装。

风味特点:色泽茶红,奶香浓郁。

27. 香草雪糕

原料配方:牛奶500克,奶油100克,玉米粉15克,白糖150克,香草香精0.5克,纯净水300毫升。

制作工具或设备:煮锅,雪糕模具,雪糕杆,吧匙,冰箱,打蛋器。

制作过程:

(1)将白糖放煮锅内,用少量温水调匀玉米粉成稀糊,再加300

毫升纯净水,用打蛋器搅匀,小火加热成为较稠的糊状。

(2)用另一煮锅把牛奶煮沸,然后在小火上徐徐加温,分别加入玉米粉糊、奶油、香草精,不断搅拌,拌匀后离火,晾凉。

(3)盛雪糕模具中,插上雪糕杆,放入冰箱冻结即成。

风味特点:色泽浅白,松软肥滑,香甜清凉。

28. 香蕉雪糕

原料配方:炼乳600克,纯净水600克,鸡蛋200克,淀粉25克,香蕉香精1毫升,浅柠黄色素0.005克。

制作工具或设备:煮锅,雪糕模具,雪糕杆,钢丝筛,吧匙,打蛋器。

制作过程:

(1)将纯净水煮沸加炼乳及湿淀粉搅匀,将火力关小维持10分钟后取出,用钢丝筛滤过。

(2)将鸡蛋打起,放入奶中搅匀,冷却后加入香蕉香精,配以浅柠黄色色素。

(3)盛雪糕模具中,插上雪糕杆,放入冰箱冻结即成。

风味特点:色泽浅白,具有香蕉的浓浓香味。

29. 油炸冰淇淋

原料配方:中冰砖1块,鸡蛋3只,精白面粉100克,白糖50克,豆腐衣4张,花生油1000毫升(实耗15毫升)。

制作工具或设备:煮锅,打蛋器,竹筷,炒锅,冰箱。

制作过程:

(1)将中冰砖剥去纸,切成4块,再放进冷冻室冻硬。

(2)将鸡蛋打入碗内,放入白糖,用打蛋器搅打,待蛋液呈乳白色,体积增加1倍以上时,加入面粉用竹筷搅匀,把豆腐衣边缘剥去。

(3)在煮锅内放花生油,加热烧至油温200℃左右,从冰箱中取出切小的冰砖,迅速用豆腐衣包好,沾上一层蛋糊,立即放入炒锅中,用旺火汆至表面呈淡金黄色即可。

风味特点:表面热气腾腾,内芯冰凉,皮酥脆,芯软,入口即化,颇有特色。

30. 葡萄干冰淇淋

原料配方：牛奶 350 克，白砂糖 75 克，鸡蛋黄 2 只，鲜奶油 100 克，白葡萄干 8 克，糖渍柠檬皮 8 克，糖渍红樱桃 8 克，橘子香精 0.005 克，苋菜红色素 0.005 克，纯净水适量。

制作工具或设备：煮锅，滤网，打蛋器，手摇冰淇淋器，吧匙，冰箱。

制作过程：

（1）将白葡萄干、柠檬皮、红樱桃切成小粒，放入煮锅中，加入白砂糖 30 克和纯净水 30 毫升煮烂。冷后，加入橘子香精和香草精拌匀，放入冰箱中，备用。

（2）将牛奶和砂糖煮到将近沸腾，离火冷却，用滤网滤去杂质。

（3）将蛋黄放在碗中用打蛋器打发，加入牛奶搅匀，再倒入煮锅中煮热。

（4）将鲜奶油打至泡沫状，倒入蛋黄牛奶和苋菜红色素拌匀，置冰箱中冷至 4℃。

（5）把上述材料倒入手摇冰淇淋器中，摇成冰淇淋，趁未凝固时，加入水果碎粒，拌匀。倒入模型中，进冰箱冷冻即可。

风味特点：有多种水果味，冰凉爽口，是夏令佳饮。

31. 豆浆冰淇淋

原料配方：豆浆 300 毫升，奶油 40 克，可可粉 5 克，鸡蛋黄 2 个，白砂糖 75 克，明胶 3 克，纯净水 100 毫升。

制作工具或设备：煮锅，滤网，吧匙，打蛋器，手摇冰淇淋器，冰箱。

制作过程：

（1）把可可粉用 50 毫升纯净水化开；明胶用 50 毫升冷开水浸泡后隔水炖溶。

（2）将白砂糖、豆浆、奶油和可可浆放入煮锅中，边加热边搅，直至沸腾。

（3）把鸡蛋黄放入煮锅中，用打蛋器搅打至乳黄色，然后边搅边冲入热可可豆浆，最后加入明胶液搅匀，凉冷后进冰箱冻冷。

（4）将冻至 4℃左右的料液，放入手摇冰淇淋器中，摇成冰淇淋。

风味特点：浅棕色，冰凉爽口，入口即化，具有奶油可可味。

32. 可可冰淇淋

原料配方:甜炼乳 200 克,奶油 25 克,白糖 45 克,可可粉 8 克,明胶 3 克,纯净水 300 毫升。

制作工具或设备:煮锅,滤网,打蛋器,手摇冰淇淋器,吧匙,冰箱。

制作过程:

(1)可可粉加 50 毫升纯净水调匀,明胶用 30 毫升冷开水浸泡后隔水炖溶。

(2)将甜炼乳、奶油、白糖和剩余纯净水放入煮锅中煮沸,倒入可可粉液搅匀,再倒入明胶液不停地搅拌均匀,至将沸腾时,离火,用漏网过滤。滤液凉冷后,进冰箱冻冷。

(3)将冷却至 4℃左右的料液倒入手摇冰淇淋器中,摇成冰淇淋。

风味特点:浅可可色,冰凉香滑,入口即化,具有可可香味。

33. 香芒冰淇淋

原料配方:熟芒果 150 克,香蕉 150 克,牛奶 300 毫升,甜炼乳 75 克,奶油 10 克,白砂糖 75 克,蛋黄 2 只,明胶 3 克,纯净水 50 毫升。

制作工具或设备:煮锅,粉碎机,滤网,打蛋器,手摇冰淇淋器,吧匙,冰箱。

制作过程:

(1)明胶用纯净水浸透,炖溶。

(2)将熟芒果洗净消毒后,去皮和核;香蕉去皮切成段,用粉碎机打成酱。

(3)将奶油、牛奶和炼乳放入煮锅中,煮至将沸后,放入明胶液不停地搅拌。

(4)将蛋黄用打蛋器搅成乳黄色,冲入将沸的牛奶明胶液,边冲边搅拌,最后加入香蕉芒果酱调匀。凉冷后,进冰箱冻冷。

(5)将冻至 4℃左右的料液放入手摇冰淇淋器中,制成冰淇淋。

风味特点:色泽乳黄,口感松软,具有香蕉芒果的香味。

34. 栗蓉冰淇淋

原料配方:栗子 180 克,牛奶 100 毫升,鲜奶油 80 毫升,白砂糖 45 克,明胶 3 克,香草香精 0.005 克,纯净水 350 毫升。

制作工具或设备：煮锅，粉碎机，滤网，打蛋器，手摇冰淇淋器，冰箱。

制作过程：

（1）栗子去壳及衣，放入煮锅中，加入冷开水（以没过栗子为度）。用旺火煮沸，转用小火焖酥，加入白糖，再煮至糖熔化，即端离炉火。

（2）晾凉后用粉碎机打成泥。

（3）明胶用30毫升纯净水浸泡后，隔水炖溶。

（4）将鲜奶油置碗中，用打蛋器打成泡沫状，徐徐加入鲜牛奶和明胶液，然后加入栗子泥和香草香精，调匀。进冰箱冻冷至4℃左右。

（5）将料液倒入手摇冰淇淋器中，摇成冰淇淋。

风味特点：色呈浅棕，奶油栗子味浓。

35. 杨梅雪糕

原料配方：炼乳300克，白糖150克，鸡蛋200克，纯净水800克，鱼胶片10克，淀粉20克，杨梅香精0.005毫升，玫瑰红色素0.005克。

制作工具或设备：煮锅，滤网，打蛋器，手摇冰淇淋器。

制作过程：

（1）将鱼胶片用50毫升冷开水浸透并炖溶。

（2）将白糖、炼乳、纯净水同煮沸，加入淀粉，维持沸点10分钟，再加入炖溶的胶片，用滤网滤过，待其略减低热度。

（3）将鸡蛋用打蛋器打起，加入奶糊里搅匀。冷却后加入杨梅香精，配以瑰玫红色素。

（4）将料液倒入手摇冰淇淋器中，摇成冰淇淋。

风味特点：色泽浅红，口味甜润，松软适度。

36. 草莓奶油雪糕

原料配方：奶粉25克，奶油15克，鸡蛋1个，白糖50克，淀粉5克，纯净水200毫升，草莓香精0.005克，苋菜色素0.005克，热水（60℃）适量。

制作工具或设备：煮锅，滤网，打蛋器，雪糕模，吧匙，冰箱。

制作过程：

(1)将奶粉、淀粉放入煮锅中,先加入50毫升纯净水调匀,再加入白糖和150毫升纯净水,置炉上,边搅边加热,待各种料混合均匀并煮沸后,倒入漏网中过滤。

(2)将鸡蛋洗净后磕破,蛋黄和蛋清分开,把蛋清放入容器中搅打至发泡止。奶油放在煮锅中,稍加热,溶化后加入蛋黄搅拌均匀。

(3)将糖浆慢慢倒入打发的蛋清中,再加入奶油蛋黄液、草莓香精和苋菜色素,搅匀后注入雪糕模中。放入冰箱冷冻室冷冻。约1个半小时后雪糕凝结,即可取出。

(4)将雪糕模浸在60℃的热水中,5秒后即可脱模。

风味特点:色泽粉红,糕质细腻,稍硬而松,具有肥润感。

37. 杨梅夹心雪糕

原料配方:

内芯料配方:奶粉25克,麦淇淋15克,鸡蛋1个,白糖50克,淀粉5克,纯净水200毫升,杨梅香精0.005克,热水(60℃)适量。

外壳料配方:奶粉40克,杨梅糖浆80毫升,淀粉15克,纯净水400毫升。

制作工具或设备:煮锅,滤网,打蛋器,雪糕模,雪糕杆,吧匙,冰箱。

制作过程:

(1)将奶粉、淀粉放入煮锅中,先加入50毫升纯净水调匀,再加入白糖和150毫升水,置炉上,边搅边加热,待各种料混合均匀并煮沸后,倒入漏网中过滤。

(2)将鸡蛋洗净后磕破,蛋黄和蛋清分开,把蛋清放入容器中搅打至发泡为止。麦淇淋放在煮锅中,稍加热,溶化后加入蛋黄搅拌均匀。

(3)将糖浆慢慢倒入打发的蛋清中,再加入麦淇淋蛋黄液、杨梅香精,搅匀后,放入冰箱冷冻室冷冻。内芯料即成。

(4)将奶粉放在碗中,加入纯净水调匀。

(5)把杨梅糖浆、淀粉和纯净水放入锅中调匀,然后边加热边搅拌,煮沸后,立即冲入奶粉中,搅拌均匀。

(6)把杨梅料液注入雪糕模中,冷后,进冰箱冷冻室,冷冻45分钟左右,待近模壁处已冻结、中心尚未冻时,取出将模未冻结的料液倒去,注入内芯料,插上雪糕杆,复进冰箱冷冻室冷冻。约1小时后,雪糕已冻结,即可取出。

(7)将雪糕模浸在热水中,约5分钟即可脱模。

风味特点:表面粉红色,内芯乳白色,具有两种口味。

38. 可可雪糕

原料配方:牛奶220毫升,麦淇淋8克,可可粉4克,白糖55克,淀粉5克,纯净水50毫升。

制作工具或设备:煮锅,雪糕模,雪糕杆,吧匙,冰箱。

制作过程:

(1)将牛奶、可可粉、白糖和麦淇淋置煮锅中,加入纯净水,边加热边搅拌,沸腾后加入用少量水调湿的淀粉,待淀粉糊化后端离炉火。

(2)将冷却的料液注入雪糕模中,插上雪糕杆,放进冰箱冷冻即可。

风味特点:色泽淡棕,糕质细腻,口感肥润。

39. 可可牛奶冰霜

原料配方:牛奶250毫升,白砂糖70克,可可粉10克,玉米淀粉3克,纯净水90毫升。

制作工具或设备:煮锅,滤网,吧匙,手摇冰淇淋器。

制作过程:

(1)把牛奶、白砂糖、玉米淀粉放入碗中搅匀。

(2)将可可粉、纯净水放入煮锅中,搅匀后加热煮沸。然后倒入甜牛奶,边搅边加热,煮沸后即离火。连煮锅浸于冷水中,使之快速冷却。

(3)将冷透的料液倒入手摇冰淇淋器中,摇15分钟,即可制得冰霜。

风味特点:色呈淡棕,冰凉爽口,具有牛奶可可味。

40. 草莓冰淇淋

原料配方:牛奶500克,鲜草莓250克,鸡蛋200克,玉米粉10

克,白糖150克,草莓香精0.005克。

制作工具或设备:煮锅,滤网,打蛋器,手摇冰淇淋器,玻璃盘,吧匙。

制作过程:

(1)将牛奶、糖100克倒煮锅内,搅匀上火烧开。

(2)把玉米粉倒入另一锅,先打入一个鸡蛋50克拌匀,然后把余下的150克鸡蛋打入,拿打蛋器用力搅打,成泡糊状时加入香草粉;然后冲入烧开的热牛奶锅中,边冲边搅,边搅边冲,冲完后即将锅放入凉水冰凉,晾凉后装入手摇冰淇淋器,每隔10分钟搅动1次,搅透为止。

(3)鲜草莓去蒂、洗净,加糖50克拌匀。

(4)将做好的冰淇淋分别装玻璃盘中,然后将糖腌草莓放在冰淇淋上即可。

风味特点:甜冷香美,清凉消暑。

41. 巧克力冰淇淋

原料配方:牛奶300毫升,鲜奶油120毫升,白砂糖100克,巧克力120克,鸡蛋黄2个。

制作工具或设备:煮锅,滤网,打蛋器,手摇冰淇淋器,玻璃盘,吧匙,冰箱。

制作过程:

(1)将巧克力切碎,入在碗中隔水加热,以使其融化。

(2)将牛奶置锅中,用小火热至近沸。

(3)把蛋黄和白砂糖放在碗中搅打至乳白色,冲入热牛奶。搅匀后倒入锅中,再倒入巧克力浆,边煮边搅拌,热后离火,凉冷。

(4)把鲜奶油搅打成泡沫状,冲入巧克力牛奶拌匀,进冰箱冻冷,至4℃左右。

(5)将料液倒入手摇冰淇淋器中,每隔10分钟搅动1次,摇成冰淇淋。

风味特点:淡咖啡色,奶油巧克力味浓郁。

42. 椰味冰淇淋

原料配方：椰子汁 150 克，牛奶 150 毫升，甜炼乳 75 克，奶油 10 克，明胶 3 克，鸡蛋清 50 克，纯净水 30 毫升。

制作工具或设备：煮锅，滤网，打蛋器，手摇冰淇淋器，玻璃盘，吧匙，冰箱。

制作过程：

(1)明胶用纯净水浸透，隔水炖溶。

(2)鸡蛋清放在碗中，用打蛋器搅打至泡沫状。

(3)椰子汁与白糖放入锅中，边煮边搅拌，沸腾后离火，用滤网过滤。

(4)奶油、牛奶和炼乳放入锅中，烧熟后加入糖、椰汁、明胶液，不停地搅拌，煮至将沸，冲入泡沫状蛋清中，边冲边搅拌均匀。凉冷后，进冰箱冻冷。

(5)将冷至 4℃左右的料液，倒入手摇冰淇淋器中，制成冰淇淋。

风味特点：色呈乳白，冰凉爽口，入口即化，具有奶油椰子香味。

43. 椰蓉冰淇淋

原料配方：鲜牛奶 350 毫升，椰蓉 50 克，白糖 150 克，鲜奶油 50 克。

制作工具或设备：煮锅，吧匙，手摇冰淇淋器，冰箱。

制作过程：

(1)将牛奶置锅中加热，煮沸后加入椰蓉和白糖，搅拌至糖溶解，端离炉火。

(2)然后加入鲜奶油充分搅匀，凉后置冰箱冷藏室中冷至0 ~4℃。

(3)将料液倒入手摇冰淇淋器中，搅拌成冰淇淋。

风味特点：色泽浅白，具有奶油椰丝香味。

44. 香橙雪糕

原料配方：鲜奶 500 克，白糖 150 克，鸡蛋 100 克，鱼胶片 15 克，淀粉 25 克，纯净水 50 毫升，橙味香精 0.005 克，橙红色素 0.005 克，柠檬黄色素 0.005 克。

制作工具或设备：煮锅，滤网，打蛋器，手摇冰淇淋器，吧匙，冰箱。

制作过程：

(1)先将鱼胶片放在碗内用纯净水浸1~2小时，然后放入煮锅内隔水炖至完全溶解。

(2)将鲜奶、白糖混合，用煮锅煮沸。

(3)将淀粉用纯净水调匀，加入鲜奶里搅匀，使成稀糊状，再将炖溶的鱼胶水加入，约经15分钟取出，用滤网滤过。

(4)将鸡蛋打起，加入奶糊里搅匀，待其冷却后加入橙味香精，配以橙红、柠檬黄色素搅拌均匀。

(5)晾凉后，稍稍冷冻至4℃左右，将料液倒入手摇冰淇淋器中，摇成冰淇淋。

风味特点：色泽橙黄，口味橙香。

45. 凤梨雪糕

原料配：鲜奶500克，白糖150克，鱼胶片12克，纯净水100毫升，淀粉25克，凤梨香精0.005克，柠檬黄色素0.005克。

制作工具或设备：煮锅，滤网，吧匙，手摇冰淇淋器。

制作过程：

(1)将鱼胶片浸透，加冷开水隔水炖溶。

(2)将鲜奶与白糖一起放入煮锅炖沸，经15分钟取出，加入用纯净水搅拌均匀的淀粉，加入已炖溶的胶片，搅拌均匀，然后用滤网滤过，待其冷却后再加入凤梨香精，加上柠檬黄色素拌匀。

(3)晾凉后，稍稍冷冻至4℃左右，将料液倒入手摇冰淇淋器中，摇成冰淇淋。

风味特点：色泽浅黄，口感松软，具有凤梨的清香。

46. 普通奶油雪糕

原料配方：全脂奶粉100克，奶油75克，鸡蛋300克，玉米粉20克，白糖200克，香兰素0.05克，纯净水750毫升。

制作工具或设备：煮锅，滤网，打蛋器，雪糕模具，吧匙，冰箱。

制作过程：

(1)将鸡蛋的蛋黄和蛋清分开；先把蛋清放在容器内，用打蛋器使劲搅打发泡，成为蛋清糊；再把奶油和蛋黄放在一起，用力搅打，成为蛋黄糊。

(2)奶粉加纯净水调和,放煮锅内,把白糖、玉米粉和纯净水一起调匀后下入,加热煮开,再次搅拌均匀,移小火上,把蛋清糊逐渐加入,并不断搅拌,直至搅拌均匀后离火,晾凉。

(3)冷却后,把奶油蛋黄糊和香兰素加入,混合均匀,盛入雪糕模具,入冰箱冻结即成。

风味特点:色泽浅白,香甜软滑,清凉可口。

47. 双色雪糕

原料配方:牛奶 220 毫升,奶油 8 克,可可粉 3 克,白糖 55 克,淀粉 5 克,纯净水 50 毫升,热水(60℃)适量。

制作工具或设备:煮锅,滤网,打蛋器,雪糕模具,雪糕杆,吧匙,冰箱。

制作过程:

(1)将牛奶、白糖和奶油置煮锅中,加入纯净水后置炉上,边加热边搅拌。沸腾后,加入用少量水调湿的淀粉,待淀粉糊化后端离炉火。

(2)将料液趁热注入雪糕模中,约为模的一半(不要注满),冷却后进冰箱冷冻。

(3)在余料中加入可可粉调匀,待雪糕边壁结冻,中心尚未冻结时取出,注入可可料液,插上雪糕杆,放入冰箱冷冻。

(4)将雪糕模浸在 60℃的热水中,5 秒左右即可脱模。

风味特点:口感松软,具有可可和奶油两种颜色、两种滋味。

48. 可可杨桃雪糕

原料配方:鲜牛奶 500 克,奶油 100 克,砂糖 150 克,纯净水 500 克,可可粉 25 克,杨桃香精 0. 005 克。

制作工具或设备:煮锅,滤网,吧匙,雪糕模具,冰箱。

制作过程:

(1)将牛奶、砂糖、可可粉、奶油加纯净水调匀,倒入煮锅中加热煮沸。

(2)将煮沸的料液用滤网过滤,不断搅拌,进行冷却。

(3)将过滤、冷却的料液注入雪糕模具中,置于冰箱中冻结即成。

风味特点:色泽浅褐,口感松软,具有可可和杨桃的香味。

49. 牛奶棒冰

原料配方:牛奶 60 毫升,白糖 35 克,淀粉 3 克,纯净水 220 毫升,开水适量。

制作工具或设备:煮锅,滤网,吧匙,棒冰模具,冰箱。

制作过程:

(1)将白糖置煮锅中,加入淀粉、牛奶和纯净水搅匀,边加热边搅拌直至沸腾。

(2)将牛奶糊注入棒冰模中,冷却后置冰箱冷冻室。食用时,将已冻结的棒冰连模浸于开水中 3~5 秒,即可脱模。

风味特点:色泽洁白,略有奶味。

50. 牛奶冰霜

原料配方:牛奶 250 毫升,白砂糖 65 克,玉米淀粉 3 克,纯净水 100 毫升,香兰素 0.005 克。

制作工具或设备:煮锅,滤网,吧匙,手摇冰淇淋器。

制作过程:

(1)将牛奶、糖、淀粉和纯净水放入煮锅中,置炉上,边加热,边搅拌,沸腾后,离火,加入香兰素拌匀。连煮锅放入冷水中,使之快速冷却。

(2)将冷透的料液倒入手摇冰淇淋器中,摇 15 分钟,即可制得冰霜。

风味特点:色泽乳白,有牛奶味,冰凉爽口。

51. 可可橘味雪糕

原料配方:奶粉 50 克,奶油 30 克,鸡蛋 2 个,白糖 75 克,淀粉 15 克,纯净水 400 毫升,可可粉 4 克,橘味香精 0.005 克,热水(60℃)适量。

制作工具或设备:煮锅,滤网,打蛋器,雪糕模具,雪糕杆,吧匙,冰箱。

制作过程:

(1)将奶粉、可可粉、淀粉放入锅中,先加入 100 毫升纯净水调匀,再加入白糖和300毫升纯净水,置炉上,边搅和边加热,待各料混合均匀并煮沸后,倒入滤网中过滤。

(2)将鸡蛋洗净后磕破,蛋黄和蛋清分开,把蛋清放入容器中搅打至发泡为止。

(3)奶油入在小锅中,稍加温,溶化后加入鸡蛋黄搅匀。

(4)将糖浆慢慢倒入打发的蛋清中,再加入奶油、蛋黄和橘味香精,搅匀后注入雪糕模具中,插入雪糕杆,放入冰箱冷冻室冷冻。约1.5小时后雪糕凝结,即可以取出。

(5)将雪糕模浸在60℃的热水中,5秒左右即可脱模。

风味特点:色泽淡棕,糕质细腻,口感滑润。

52. 咖啡冰淇淋

原料配方:牛奶200毫升,鲜奶油120克,砂糖80克,速溶咖啡4克,鸡蛋1个。

制作工具或设备:煮锅,打蛋器,手摇冰淇淋器,吧匙,冰箱。

制作过程:

(1)把牛奶置煮锅中加热煮开,端离炉火,再倒入速溶咖啡搅匀。

(2)把糖和蛋置碗中,用打蛋器使劲地搅打,使之成为均匀混合的乳白色液体。

(3)将咖啡牛奶冲进蛋糖混合液中,调搅均匀,再放到小火上不断搅拌。不要煮开,以免鸡蛋凝固,变成蛋花汤。

(4)咖啡鸡蛋牛奶放凉以后,即加入鲜奶油,搅拌均匀,送进冰箱冻冷到4℃左右。

(5)将料液倒入手摇式冰淇淋器中,摇成冰淇淋。

风味特点:色泽浅棕,具有浓郁的奶油味和咖啡味。

53. 水果雪糕

原料配方:奶油40克,橘子酱60克,白糖50克,柠檬汁25毫升,淀粉15克,纯净水350毫升,橘子香精0.005克,开水适量。

制作工具或设备:煮锅,滤网,打蛋器,手摇冰淇淋器,雪糕模具,冰箱。

制作过程:

(1)将白糖放入锅中,加入250毫升纯净水,加热,糖溶化后用滤网过滤。

(2)将奶油、橘子酱放在经过滤的糖液中,继续加热,沸腾后倒入用100毫升纯净水调湿的淀粉,用打蛋器搅匀,再次沸腾后,端离炉火。

(3)加入柠檬汁,用打蛋器不断搅打,务使奶油不浮在液面上。冷后注入雪糕模具,进冰箱冷冻。

(4)将已冻结的雪糕连模浸于开水中3~5秒即可脱模。

风味特点:色泽淡黄,入口肥厚,甜而微酸,有橘子清香。

54. 香橙味冰霜

原料配方:香橙糖浆100毫升,玉米淀粉6克,纯净水300毫升。

制作工具或设备:煮锅,滤网,打蛋器,手摇冰淇淋器,雪糕模具,冰箱。

制作过程:

(1)将玉米淀粉和纯净水放入煮锅中搅匀,置炉上边加热边用打蛋器搅拌直至沸腾。离火,倒入香橙糖浆搅匀,凉冷。

(2)将冷透的冰霜料液倒入手摇冰淇淋器。每隔15分钟摇动一次,如此3~4次,即成冰霜。

风味特点:浅橙黄色,冰凉爽口,具有香橙味。

55. 牛奶冰块

原料配方:牛奶1000克,淀粉75克,白糖500克,香草精5克,纯净水500毫升。

制作工具或设备:煮锅,滤网,打蛋器,格子模具,冰箱。

制作过程:

(1)淀粉加入100毫升纯净水,调成淀粉糊。

(2)白糖、牛奶和400毫升纯净水放在锅内,上火烧开,再加入淀粉糊打蛋器搅拌均匀后煮沸,取出,过滤,冷却。

(3)加入香精,注入格子模具,放入冰箱冻结成冰块。

(4)每次食用时,取出若干块放杯中,加冷牛奶、冷咖啡或各种果料汁饮用。

风味特点：色泽乳白，清凉味甜，消暑解渴。

56. 可可棒冰

原料配方：可可粉5克，白糖40克，淀粉4克，纯净水300毫升，开水适量。

制作工具或设备：煮锅，滤网，打蛋器，棒冰模具，冰箱。

制作过程：

(1)将白糖置煮锅内，加入纯净水及可可粉、淀粉搅匀，边加热边搅拌直至沸腾。

(2)将可可糊注入棒冰模中，冷却后置冰箱冷冻室。

(3)食用时，将已冻结的棒冰连模浸于开水中3~5秒，即可脱模。

风味特点：色泽深棕，口感清凉，具有可可味。

57. 香草冰淇淋

原料配方：全脂奶粉100克，奶油100克，甜炼乳75克，鸡蛋100克，白砂糖150克，鱼胶片25克，冷开水500毫升，香草香精0.005克。

制作工具或设备：煮锅，滤网，打蛋器，手摇冰淇淋器。

制作过程：

(1)将鱼胶片放入100毫升冷开水中浸泡，让其充分吸水膨胀，然后一起倒入煮锅中烧煮，直到鱼胶完全溶化为止，过滤备用。

(2)用少量水将奶粉调和，加入400毫升冷开水，入锅加热溶解，再加入炼乳不断搅拌直至煮沸。

(3)将鸡蛋打匀，加入白砂糖再搅打10~15分钟，随后一起倒入煮沸的乳品中调匀，紧接着倒入鱼胶溶液，边搅边用小火加热至75~80℃(但不能沸腾)，趁热过滤，稍晾凉后将滤液放入手摇冰淇淋器内，加上香草香精。

(4)每隔15分钟摇动一次，如此3~4次，即成冰霜。

风味特点：质地细腻，甜香清凉，色味俱佳，营养丰富。

58. 苹果冰霜

原料配方：苹果酱30克，绵白糖10克，纯净水100毫升。

制作工具或设备:煮锅,打蛋器,手摇冰淇淋器。

制作过程:

(1)将苹果酱倒入煮锅中,再加入绵白糖和纯净水用打蛋器搅拌均匀,煮开。

(2)将冷透的苹果糊,倒入手摇冰淇淋器中,每隔 15 分钟摇一次如此 3 ~4 次,即成苹果冰霜。

风味特点:冰晶较细,清甜凉爽。

59. 芋艿冰霜

原料配方:芋艿 100 克,白砂糖 70 克,纯净水 350 克。

制作工具或设备:煮锅,打蛋器,手摇冰淇淋器,冰箱。

制作过程:

(1)将芋艿洗净,煮熟,剥去皮,放在砧板上,压成泥。

(2)在煮锅中放入糖和纯净水,边加热边用打蛋器搅拌,待糖溶解后,加入芋艿继续搅拌,使之成稀糯糊状,要求无硬块。沸腾后,端离炉火、凉冷。置冰箱冷藏室,冷藏 1 小时。

(3)将冷透的芋艿糊,倒入手摇冰淇淋器中,每隔 15 分钟摇一次如此 3 ~4 次,即成芋艿冰霜。

风味特点:色泽浅褐,冰晶清甜。

60. 柠檬冰霜

原料配方:柠檬 8 个,蛋清 1 只,砂糖 150 克,纯净水 600 毫升。

制作工具或设备:煮锅,滤网,打蛋器,手摇冰淇淋器。

制作过程:

(1)在煮锅中加入纯净水和砂糖煮溶,熬成糖浆。

(2)柠檬去皮去籽,与糖浆一起,加入粉碎机中搅打成汁,滤出备用。

(3)将蛋清打发,加入柠檬糖浆中搅匀后过滤。

(4)放入手摇冰淇淋器中,每隔 15 分钟摇一次,如此 3 ~4 次,直到成为较细腻的冰霜为止。

风味特点:冰凉沁人,具有柠檬的香气,是夏令冷饮佳品。

61. 甜酒冰砖

原料配方:香草冰淇淋 100 克,维夫饼干 2 块,奶油酱 50 克,桑葚甜酒 10 克。

制作工具或设备:容器,盘,冰箱。

制作过程:

(1)在香草冰淇淋中加入桑葚甜酒拌和均匀,装入容器,置冰箱冻硬。

(2)取出冰砖,切成较厚的块,裱上奶油酱(奶油加糖、香草粉等,搅打成黏稠厚糊状),装盘内,边上配 2 块维夫饼干即成。

风味特点:色呈金黄,肥甜香浓。

62. 橘汁冰块

原料配方:鲜橘汁 100 克,白糖 250 克,纯净水 500 克。

制作工具或设备:煮锅,打蛋器,冰箱。

制作过程:

(1)将橘汁倒入煮锅,加入纯净水,再放入白糖,搅匀,上火煮沸后离火,晾凉,倒入已消毒的冰块模具,入冰箱冷冻为冰块。

(2)根据需要数量取出数块,倒入杯中,加冰水或冰糖水饮用。

风味特点:橘香清凉,消暑解渴。

63. 咖啡棒冰

原料配方:速溶咖啡 5 克,白砂糖 30 克,淀粉 5 克,开水 240 毫升,纯净水适量。

制作工具或设备:煮锅,打蛋器,棒冰模,冰箱。

制作过程:

(1)将速溶咖啡、白砂糖和淀粉放入煮锅中,加入少量纯净水调匀,然后冲入煮沸的开水,同时用打蛋器不停地搅拌,使成糊。

(2)将咖啡稀糊注入棒冰模中,插上棒冰杆,放进冰箱冻室冻硬。

(3)食用时,将已冻结的棒冰连模浸于热开水中 5 秒左右即可脱模。

风味特点:咖啡色,咖啡味,清甜解暑。

64. 柠檬棒冰

原料配方:柠檬粉 50 克,白糖 10 克,淀粉 3 克,纯净水 250 毫升,开水适量。

制作工具或设备:煮锅,打蛋器,棒冰模,冰箱。

制作过程:

(1)把柠檬粉、白糖、淀粉倒在煮锅里,加 250 毫升纯净水,置炉上边加温边用打蛋器搅拌,直至沸腾。

(2)将柠檬糊注入棒冰模中,冷却后置冰箱冷冻室。

(3)食用时,将已冻结的棒冰连模浸于开水中 3～5 秒即可脱模。

风味特点:色泽微黄,甜酸适口。

65. 火烧冰淇淋

原料配方:长蛋糕 1 只,鸡蛋(取蛋清)4 个,朗姆酒 25 克,白糖 25 克,中冰砖 4 块。

制作工具或设备:打蛋器,盆,长盆,烤箱。

制作过程:

(1)取长蛋糕(面包也可)1 只,按 5 毫米厚度,切下 6 片,大小以能紧紧包住中冰砖为适。

(2)盆内放入鸡蛋(取蛋清)4 个,加白糖,用打蛋器顺同一方向搅打起泡。

(3)另取长盆 1 个,居中垫蛋糕 1 片,放上中冰砖,随把其余 5 片蛋糕包紧冰砖,倒入蛋清裹匀。

(4)入 250℃的烤箱中,烤 1 分钟上色。

(5)取出后,淋上朗姆酒,点燃上桌。

风味特点:酒香浓郁,别有风味,看去犹如燃烧着的雪山。

66. 牛奶冰淇淋

原料配方:鲜牛奶 500 克,奶油 15 克,白砂糖 150 克,蛋黄 100 克,香草精 0.005 克。

制作工具或设备:煮锅(2 个),滤网,打蛋器,手摇冰淇淋器。

制作过程:

(1)将称好的白砂糖加入蛋黄中混合搅打。

(2)把经过煮沸的鲜牛奶慢慢倒入糖与蛋黄的混合液中,充分搅拌调制均匀后,移至另一煮锅中慢慢地用微火加热使温度保持在70~75℃时,不断搅拌,然后停止加温,当温度逐渐下降直至有一定稠度为止,然后用滤网过滤。

(3)过滤液冷却后再加入奶油和香草精,放入手摇冰淇淋器每隔15分钟摇一次,如此3~4次,直到成为较细腻的冰霜为止。

风味特点:色泽浅白,奶味浓郁,口感松软。

67. 三色冰淇淋

原料配方:牛奶冰淇淋750克,白砂糖50克,可可粉15克,草莓果酱30克,食用色素0.005克,纯净水25克,香草香精0.005克。

制作工具或设备:煮锅,滤网,打蛋器,模具,冰箱。

制作过程:

(1)往称好的白砂糖内加入糖重量50%的水后,进行加热使糖充分溶解,再加入可可粉,并充分搅拌调和均匀后晾凉,这样就制成了可可糖浆。

(2)把按上法调制好的可可糖浆倒入250克牛奶冰淇淋中搅拌均匀备用。

(3)另外称取250克牛奶冰淇淋,加入草莓果酱、食用色素并搅拌均匀备用。

(4)同时剩下的250克牛奶冰淇淋,加入少许香草香精,并充分调和均匀备用。

(6)将上述三种具有不同色、味的冰淇淋液,依次装入事先准备好的模具中,放入冰箱内进行冷冻,冷冻后即为外形美观的三色冰淇淋。

风味特点:三色三味,口感松软。

68. 果仁冰淇淋

原料配方:果仁酱75克,热牛奶350毫升,蛋黄4只,湿淀粉25克。

制作工具或设备:煮锅,打蛋器,模具,冰箱。

制作过程:

(1)在煮锅中加入果仁酱,加入200毫升热牛奶搅拌均匀,再加入湿淀粉勾芡调制成糊状,晾凉备用。

(2)蛋黄搅匀,加入果仁牛奶糊继续搅拌均匀,慢慢加入剩余的热牛奶拌匀。

(3)把经搅拌均匀的糊状体装入模具内,送进冰箱内进行冷冻,成品即为果仁冰淇淋。

风味特点:色泽浅黄,具有果仁的香味。

69. 香蕉冰淇淋

原料配方:香蕉500克,柠檬0.5个,白砂糖150克,奶油300克,纯净水500毫升。

制作工具或设备:煮锅,滤网,冰箱,打蛋器,模具。

制作过程:

(1)把柠檬冲洗干净,压出柠檬汁备用。

(2)煮锅内放入称好的白砂糖,再放入约500毫升的纯净水,加热使糖充分溶解,然后进行过滤。

(3)备好的香蕉洗净并剥皮,用力捣成泥,加入过滤的糖水,充分搅拌均匀后,再加入新鲜的柠檬汁搅拌均匀。

(4)冷却后拌入称好的奶油,装入模具内,送进冰箱进行冷冻,成品即为香蕉冰淇淋。

风味特点:色泽浅黄,蕉香味浓。

70. 香蕉冰奶昔

原料配方:香蕉1根,牛奶250毫升,碎冰块0.5杯,香草冰淇淋1盒。

制作工具或设备:搅拌机,玻璃杯。

制作过程:

(1)香蕉切小块,与碎冰块一起,放入搅拌机搅打均匀,再加入牛奶,再打30秒。

(2)装杯,用挖球器挖出3个香草冰淇淋,放在上面即可。

风味特点:色泽浅黄,口感爽滑。

71. 草莓芒果奶昔

原料配方:草莓100克,芒果100克,牛奶150克,香草冰淇淋2球,碎冰块0.5杯。

制作工具或设备:搅拌机,玻璃杯。

制作过程:

(1)草莓洗净去蒂切块;芒果去皮去核,取肉。

(2)将草莓块、芒果果肉、香草冰淇淋、碎冰块与牛奶混合,放入搅拌机打匀。

(3)滤入玻璃杯中即可。

风味特点:口感细腻,气味香甜,含有丰富的维生素。

72. 苹果雪梨奶昔

原料配方:苹果100克,雪梨100克,牛奶150克,香草冰淇淋球2个,碎冰块0.5杯。

制作工具或设备:搅拌机,玻璃杯。

制作过程:

(1)苹果、雪梨去皮去核,取肉切块。

(2)将苹果块、雪梨块、香草冰淇淋、碎冰块与牛奶混合,放入搅拌机打匀。

(3)滤入玻璃杯中即可。

风味特点:口感细腻,气味香甜,含有丰富的维生素。

73. 鲜果刨冰

原料配方:西瓜200克,香蕉0.5根,猕猴桃0.5个,雪梨0.5个,煮熟珍珠25克,香草冰淇淋2球,草莓果酱50克,牛奶50克,冰块100克。

制作工具或设备:刨冰机,玻璃碗。

制作过程:

(1)把西瓜、香蕉、猕猴桃、雪梨等作相应加工处理后,都切成小片状备用。

(2)然后把冰块放入刨冰机内,把冰块榨成刨冰,等刨冰铺满了碗底后,再依次摆放切好的水果片以及珍珠,最后舀上1小勺香草冰淇淋放在最上面,淋上些许牛奶、草莓果酱即可。

风味特点:新鲜多汁的西瓜、香滑的香蕉、酸甜可口的猕猴桃、QQ的珍珠圆子、美味的香草冰淇淋及草莓酱、配合入口即化的冰爽刨冰,丰富的口味,带给你奇妙的夏日凉清享受。

74. 暴风雪冰淇淋

原料配方:鲜奶油 200 克,牛奶 60 克,黑加仑酱 60 克,黑加仑粉 15 克。

制作工具或设备:打蛋器,手摇冰淇淋器。

制作过程:

(1)鲜奶油打到五分发,刚刚成固体就好。

(2)加入牛奶、黑加仑酱、黑加仑粉混合均匀。

(3)放入手摇冰淇淋器,摇 15 分钟,如此 3 ~ 4 次,直到成为较细腻的冰霜为止。

风味特点:色泽淡紫,口味松软香甜。

75. 绿豆刨冰

原料配方:绿豆 25 克,冰糖 15 克,蜂蜜 15 克,糖桂花 5 克,冷开水 500 毫升,色拉油 10 克,冰块 1 杯。

制作工具或设备:煮锅,滤网,搅拌机,炒锅,玻璃杯。

制作过程:

(1)将绿豆洗净,用凉开水泡 2 小时,将泡好的绿豆连汤一起倒入锅中,加适量冷开水、冰糖煮 20 分钟。

(2)将绿豆汤过滤后倒出,备用。

(3)将绿豆渣放入搅拌机中,搅打成泥状,取出放入炒锅中,不断推炒,炒制过程中再加少许油,炒至汤汁完全收干,豆香浓郁,色泽明亮即可。

(4)将冰块打碎,加入炒好的绿豆沙,淋入蜂蜜、糖桂花即可。

风味特点:清凉爽口,香甜解暑。

76. 山莓香蕉奶昔

原料配方:山莓 100 克,香蕉 100 克,牛奶 150 克,香草冰淇淋 2 球,碎冰块 0.5 杯。

制作工具或设备:搅拌机,玻璃杯。

制作过程:

(1)山莓洗净去蒂、香蕉去皮,取肉切块。

(2)将山莓块、香蕉块、香草冰淇淋、碎冰块与牛奶混合,放入搅拌机打匀。

(3)滤入玻璃杯中即可。

风味特点:色泽浅紫,口味酸甜,口感细腻,气味香甜。

77. 樱桃西瓜冰

原料配方:小西瓜0.5只,樱桃50克,香草冰淇淋2球,炼乳100毫升,碎冰0.5杯。

制作工具或设备:搅拌机,玻璃杯,钢勺,冰箱。

制作过程:

(1)西瓜用钢勺挖出到碗里,然后放入冷冻室冻成冰。

(2)把西瓜冰、去核的樱桃、冰淇淋、碎冰和炼乳一起放入搅拌机搅拌均匀。

(3)装入玻璃杯中即可。

风味特点:色泽粉红,口感清凉。

78. 香芋提子奶昔

原料配方:香芋冰淇淋2球,酸奶250毫升,提子18粒,碎冰0.5杯。

制作工具或设备:粉碎机,玻璃杯。

制作过程:

(1)提子洗净,去皮后切开去籽。

(2)将提子肉、酸奶、香芋冰淇淋、碎冰一起放入粉碎机中搅打均匀。

(3)装入玻璃杯中即可。

风味特点:色泽浅紫,具有香芋的浓烈味道。

79. 樱桃提子奶昔

原料配方:香草冰淇淋2球,酸奶250毫升,提子18粒,樱桃10个,碎冰0.5杯。

制作工具或设备:粉碎机,玻璃杯。

制作过程:

(1)提子洗净,去皮后切开去籽;樱桃洗净剖开去核。

(2)将提子肉、樱桃肉、酸奶、香草冰淇淋、碎冰一起放入粉碎机中搅打均匀。

(3)装入玻璃杯中即可。

风味特点:色泽浅红,口感细腻。

80. 橙李奶昔

原料配方:香草冰淇淋 2 球,酸奶 250 毫升,橙子 1 个,李子 4 个,碎冰 0.5 杯。

制作工具或设备:粉碎机,玻璃杯。

制作过程:

(1)橙子洗净,去皮后切开去籽;李子洗净去皮后剖开去核。

(2)将橙子肉、李子肉、酸奶、香草冰淇淋、碎冰一起放入粉碎机中搅打均匀。

(3)装入玻璃杯中即可。

风味特点:色泽浅黄,口感细腻。

81. 芒果奶油雪糕

原料配方:吕宋芒果 2 个,甜奶油 250 毫升,鲜奶 150 毫升,炼奶 100 毫升,鱼胶粉 2 克。

制作工具或设备:不锈钢桶,电动打蛋器,粉碎机,煮锅,玻璃杯,冰箱,模具,筷子。

制作过程:

(1)甜奶油倒入不锈钢桶,用电动打蛋器以 3 速搅打,至奶油起泡后,转 5 速搅打,当举起打蛋器时奶油可立起,尖端不会下垂,成霜状即可,备用。

(2)把两个吕宋芒果去皮、去核,其中 1 个放入粉碎机搅打成浆状,另 1 个芒果切成粒状。

(3)鲜奶加热,倒入鱼胶粉后搅匀,让鱼胶粉充分溶解。

(4)甜奶油打发后,倒入鲜奶溶液、炼奶、芒果浆,用粉碎机 3 速搅打2分钟,再放入芒果粒,用筷子搅匀。

(5)把所有溶液倒入模具中,插上雪糕棒,放冰箱冷藏5~6小时即成。

风味特点:色泽浅黄,口感细腻松软。

82. 自制红豆冰

原料配方:红豆50克,花生碎15克,冰块0.5杯,桂花酱10克,蜂蜜15克,纯净水500毫升。

制作工具或设备:粉碎机,煮锅,玻璃杯,冰箱。

制作过程:

(1)将红豆洗净加上纯净水用煮锅煮25分钟,开盖后放入蜂蜜、桂花酱搅拌均匀,晾凉盛出后放入冰箱中冷藏。

(2)将冰块放入粉碎机中打碎,装入玻璃杯中,浇上冷藏好的红豆,撒上花生碎即可。

风味特点:冰凉清爽,香甜适口。

83. 芒果椰汁红豆冰

原料配方:芒果1个,椰汁250毫升,西米25克,红豆50克,碎冰0.5杯,纯净水500毫升,砂糖15克。

制作工具或设备:煮锅,玻璃杯。

制作过程:

(1)煮锅中加入纯净水煮开,加入西米,煮好捞起冲凉,备用。

(2)红豆加上纯净水煮2小时左右,然后把多余的水倒掉,加入砂糖拌匀。

(3)芒果去皮,去核,切成小丁。

(4)将以上西米、糖红豆、芒果丁,加上椰汁、碎冰拌匀即可。

风味特点:色泽艳丽,口感清凉。

84. 番茄冰沙

原料配方:番茄2个,蜂蜜15克,冰块1杯。

制作工具或设备:粉碎机,玻璃杯。

制作过程:

(1)将番茄洗净,切开,先去蒂再改刀切片,将籽剔除,切小丁,放入粉碎机内。

(2)加入冰块和蜂蜜搅打均匀,即可。

风味特点:色泽茄红,口味酸甜,口感如沙。

85. 日式冰淇淋

原料配方:全脂纯牛奶 150 毫升,奶油 150 克,白糖 15 克。

制作工具或设备:搅拌机,玻璃杯,冰箱。

制作过程:

(1)将牛奶和白糖放入搅拌机,搅打至白糖完全溶化。

(2)加入奶油继续打发至 5 ~6 成,放入冰箱冷藏即可。

风味特点:色泽浅白,口味香甜。

86. 甜橙冰果

原料配方:甜橙 4 个,砂糖 50 克,橘子甘香酒 1 毫升,鸡蛋(取蛋清)1 个。

制作工具或设备:煮锅,粉碎机,滤网,打蛋器,玻璃碗,平底模具,冰箱。

制作过程:

(1)甜橙 4 个,用粉碎机粉碎,榨汁滤出备用。

(2)煮锅中放入甜橙果汁和半份精制砂糖,加热至砂糖溶化。

(3)然后用打蛋器搅拌冷却,加入橘子甘香酒继续搅拌。

(4)倒入平底模具,放入冰箱冷冻 1 ~2 小时,冻住后取出用粉碎机粉碎搅拌,再冷冻,如此重复 2 ~3 次。

(5)碗中放入蛋清和剩下的砂糖,用打蛋器打泡至黏稠,即蛋清会从打泡器上啪嗒、啪嗒落下。

(6)蛋清在最后一次搅拌冰果时加入,搅匀后倒入模具中,抹平表面即成。

风味特点:色泽浅黄,冰晶清凉。

87. 牛奶冰果

原料配方:牛奶 250 毫升,蜂蜜 15 克,香草精 0. 005 克,鸡蛋(取蛋清)2 个,砂糖 100 克,草莓 1 个,薄荷叶 1 枝。

制作工具或设备:煮锅,打蛋器,玻璃碗,平底模具,冰箱。

制作过程：

(1)煮锅中放入牛奶和蜂蜜加热搅拌，不要煮开，蜂蜜溶化即可。

(2)搅拌冷却，加入香草精继续搅拌冷却。

(3)倒入平底模具，放入冰箱冷冻1～2小时，冻住后取出搅拌，如此重复2～3次。

(4)碗中加入蛋清和精制砂糖，打泡至黏稠，即蛋清会从打泡器上啪嗒、啪嗒落下。

(5)蛋清在最后一次搅拌冰果时加入，搅匀后冷冻。

(6)取出后用草莓和薄荷叶作装饰即可。

风味特点：色泽洁白，口感清凉。

88. 柠檬冰果

原料配方：柠檬5个，蜂蜜1/2杯，水3/4杯，柠檬片1片，薄荷叶1枝，纯净水适量。

制作工具或设备：打蛋器，粉碎机，滤网，玻璃碗，平底模具，冰箱。

制作过程：

(1)将柠檬用粉碎机榨成汁滤出备用。

(2)碗中放入榨好的柠檬汁和蜂蜜，加入适量纯净水搅拌。

(3)倒入平底模具，放入冰箱冷冻1～2小时。

(4)冻住后取出用粉碎机搅拌，如此重复3～4次。

(5)取出后，用柠檬片、薄荷叶装饰即可。

风味特点：色泽浅黄，口味酸甜。

89. 薄荷冰果

原料配方：薄荷叶(大)3～4片，纯净水150毫升，砂糖100克，薄荷蜜15克，薄荷叶1枝。

制作工具或设备：煮锅，打蛋器，玻璃碗，冰箱。

制作过程：

(1)煮锅中放入砂糖、纯净水加热，温热后加入薄荷蜜，搅拌至砂糖溶化。

(2)搅拌至黏稠后冷却，然后加入切成小片的薄荷叶。

(3)注入玻璃碗中，放入冰箱冷冻约2小时。

(4)取出后,点缀些薄荷叶即可。

风味特点:色泽碧绿,口感清凉。

90. 草莓冰果

原料配方:草莓150克,砂糖250克,纯净水350毫升,糖水25克,柠檬汁15克。

制作工具或设备:煮锅(2个),粉碎机,玻璃碗,冰箱。

制作过程:

(1)草莓去蒂,与100毫升纯净水一起,放入粉碎机中搅成果泥。

(2)煮锅中放入砂糖200克、纯净水、糖水、柠檬汁加热,煮至砂糖溶化,做成冰果底料。

(3)将草莓果泥过滤至另一个锅中。放入砂糖50克,加热搅拌,不要煮开,煮5~6分钟。

(4)放入冰果底料搅拌均匀,至黏稠。

(5)倒入玻璃碗中,放入冰箱冷冻1~2小时。

(6)冷冻至呈碎冰状时取出,搅拌后再冷却,如此重复3~4次。

风味特点:色泽粉红,口感清凉。

91. 莲百豆沙冰

原料配方:红豆100克,白莲子30克,百合10克,陈皮3克,冰糖100克,鲜奶50毫升,冰块0.5杯,纯净水1500毫升。

制作工具或设备:煮锅,粉碎机,玻璃杯,冰箱。

制作过程:

(1)先洗干净红豆、莲子、百合,用适量纯净水浸泡2小时。

(2)煮开水,把红豆(和浸豆水)、陈皮、莲子、百合放入煮锅中。

(3)煮开后用中慢火煲2小时,最后才用大火煲至红豆起沙但仍有适量水分,就可以加糖调味。

(4)将莲子百合红豆沙盛入玻璃杯中,倒入鲜奶。

(5)冰块用粉碎机搅碎,盖在杯子上部。

风味特点:色泽浅红,口感如沙冰凉。

92. 草莓雪糕

原料配方:鸡蛋1个,白砂糖80克,玉米粉3克,鲜奶油25克,草莓 150 克,牛奶 200 毫升,薄荷叶 1 枝。

制作工具或设备:煮锅,粉碎机,玻璃碗,冰箱。

制作过程:

(1)在碗中打入鸡蛋,加 30 克砂糖搅拌,鸡蛋液汁泛白时加入玉米粉继续搅拌。

(2)在煮锅中将其余的砂糖和鲜奶油、牛奶混合,搅拌加热直到将近煮开。

(3)一边搅拌一边一点一点地加入鸡蛋液,搅匀后将锅移至文火上加热直至黏稠。

(4)将煮锅置于冰水中搅拌冷却,倒入冰盒中放入冰箱冷冻 1 ~ 2 小时。

(5)在固化过程中反复搅拌冷冻 3 ~ 4 次,在最后一次搅拌时加入切碎的草莓,搅匀冷冻。

(6)取出后,用薄荷叶装饰即可。

风味特点:色泽粉红,口味清凉,装饰雅致。

93. 台湾蜜刨冰

原料配方:各种果脯 150 克,三花淡奶 1 听,冰块 1 杯。

制作工具或设备:刨冰机,玻璃碗。

制作过程:

(1)将冰块放入刨冰机,刨成雪状,放入玻璃碗中。

(2)然后将各种果脯切碎,并均匀地撒在刨冰上。

(3)最后淋入三花淡奶。

风味特点:色泽晶莹乳白,口感清凉。

94. 淑女蜜刨冰

原料配方:各种果脯 150 克,三花淡奶 1 听,纯净水 350 毫升,砂糖 15 克,红糖 15 克。

制作工具或设备:刨冰机,玻璃碗,冰箱。

制作过程:

(1)在纯净水中加入砂糖和红糖,搅拌均匀,放入冰箱内使其结成整冰块。

(2)将冰块放入刨冰机,刨成雪状,放入玻璃碗中。

(3)然后将各种果脯切碎,并均匀地撒在刨冰上。

(4)最后淋入三花淡奶。

风味特点:色泽微红晶莹,口味微甜,口感清凉。

95. 椰子蜜刨冰

原料配方:各种果脯 150 克,三花淡奶 1 听,牛奶 350 毫升,砂糖 25 克,椰味甜酒 5 克。

制作工具或设备:刨冰机,玻璃碗,冰箱。

制作过程:

(1)在牛奶中加入砂糖和椰味甜酒,搅拌均匀,放入冰箱内使其结成整冰块。

(2)将冰块放入刨冰机,刨成雪状,放入玻璃碗中。

(3)然后将各种果脯切碎,并均匀地撒在刨冰上。

(4)最后淋入三花淡奶。

风味特点:色泽晶莹,椰味突出,口感清凉。

96. 夏威夷蜜泡冰

原料配方:各种果脯 150 克,三花淡奶 1 听,纯净水 350 毫升,砂糖 25 克,蓝柑汁 10 克。

制作工具或设备:刨冰机,玻璃碗,冰箱。

制作过程:

(1)在纯净水中加入砂糖和蓝柑汁,搅拌均匀,放入冰箱内使其结成整冰块。

(2)将冰块放入刨冰机,刨成雪状,放入玻璃碗中。

(3)然后将各种果脯切碎,并均匀地撒在刨冰上。

(4)最后淋入三花淡奶。

风味特点:色泽微蓝晶莹,口味香甜,口感清凉。

97. 巧克力摩卡冰淇淋

原料配方:冰摩卡咖啡 250 毫升,香草冰淇淋 1 球,巧克力冰淇淋 1 球,黑巧克力 50 克,黑巧克力粉 5 克,蛋卷 1 根。

制作工具或设备:煮锅,玻璃碗,玻璃杯。

制作过程:

(1)黑巧克力放入玻璃碗中,浸入煮锅中,隔水融化。

(2)把融化的巧克力涂在杯子的杯壁上。

(3)倒入冰摩卡咖啡,放入 2 球冰淇淋。

(4)撒上些巧克力粉,最后放上蛋卷装饰。

风味特点:色泽棕褐,口感细腻,具有巧克力和咖啡的多重香味。

98. 哈密瓜奶昔

原料配方:哈密瓜 1/4 个,香草冰淇淋 1 球,冰块 0.5 杯。

制作工具或设备:粉碎机,玻璃杯。

制作过程:

(1)哈密瓜去皮去籽后,切小块备用。

(2)将哈密瓜块放入粉碎机中搅打约 20 秒,加入香草冰淇淋及冰块继续搅打至呈绵细状态即可,倒入杯中。

风味特点:色泽浅黄,口感绵柔细密。

99. 摩卡冰沙

原料配方:摩卡冰淇淋 1 球,冰糖赤豆 150 克,牛奶 150 克,冰块 0.5 杯,巧克力炼乳 25 克,喷射奶油 25 克。

制作工具或设备:粉碎机,玻璃杯。

制作过程:

(1)将冰块放入粉碎机中,加入牛奶搅打成冰沙。

(2)装入杯中,加赤豆,挤一圈巧克力炼乳,挤一层奶油,最后加上 1 球摩卡冰淇淋。

风味特点:色泽艳丽,口感富有层次。

100. 咖啡果冻

原料配方:明胶 15 克,纯净水 150 毫升,速溶咖啡 6 克,砂糖 60 克,白兰地 3 滴,鲜奶油 25 克。

制作工具或设备:煮锅,平底模具,玻璃杯。

制作过程:

(1)将明胶放入 100 毫升纯净水中,浸泡 15 分钟左右。

(2)点火加热,搅匀煮至明胶溶化,关火备用。

(3)制作糖浆,将剩余的纯净水、速溶咖啡和砂糖放入锅中,加热至砂糖溶化并粘稠后熄火冷却,加入白兰地。

(4)将明胶汁倒入咖啡糖浆中拌匀,注入平底模具中,放入冰箱冷藏约2小时。

(5)取出已凝固的咖啡果冻切成方块,装杯后裱上微微搅打膨松的鲜奶油即可。

风味特点:晶莹透明,口感爽滑。

101. 蓝莓冰果

原料配方:蓝莓150克,砂糖250克,纯净水350毫升,糖水25克,柠檬汁15克。

制作工具或设备:煮锅(2个),粉碎机,玻璃碗,冰箱。

制作过程:

(1)蓝莓去蒂,与100毫升纯净水一起,放入粉碎机中搅成果泥。

(2)煮锅中放入砂糖200克、纯净水、糖水、柠檬汁加热,煮至砂糖溶化,做成冰果底料。

(3)将蓝莓果泥过滤至另一个锅中。放入砂糖50克,加热搅拌,不要煮开,煮5~6分钟。

(4)放入冰果底料搅拌均匀,至黏稠。

(5)倒入玻璃碗中,放入冰箱冷冻1~2小时。

(6)冷冻至呈碎冰状时取出,搅拌后再冷冻,如此重复3~4次。

风味特点:色泽浅紫,口感清凉。

102. 米酒冰沙

原料配方:煮熟红小豆50克,米酒50毫升,冰块80克,鲜奶10毫升,特调奶精粉3克,蜂蜜水10毫升。

制作工具或设备:粉碎机,玻璃碗。

制作过程:

(1)将冰块加入鲜奶,用粉碎机打成冰沙。

(2)将冰沙、红小豆、米酒、奶精粉、蜂蜜水依次放入粉碎机中搅拌2分钟,倒入碗中,撒上一些煮熟红小豆。

风味特点:口味酸甜,并带有浓郁的酒香。

103. 蛋奶冰淇淋

原料配方:蛋黄 2 个,糖 40 克,牛奶 200 毫升,鲜奶油 200 克,香草粉 0.005 克。

制作工具或设备:煮锅,搅拌机,带盖封闭盛器,冰箱。

制作过程:

(1)煮锅中放入蛋黄,加入白糖,混合均匀

(2)慢慢加入牛奶,混合均匀。

(3)用小火慢慢加热,全程不停搅拌,至浓稠,不要煮沸。

(4)蛋奶浆熬好后,备用。

(5)鲜奶油用搅拌机稍微打发,取凉透后的蛋奶浆加入打发的鲜奶油,混合均匀。

(6)在蛋奶奶油糊中加入香草粉,搅拌均匀后,放入可以冷冻的带盖密封盛器内,入冷冻室冷冻。

(7)每隔半小时取出,用勺子翻一下,即可。

风味特点:色泽浅黄,口感细腻。

104. 绿茶冰淇淋

原料配方:蛋黄 2 个,糖 40 克,牛奶 200 毫升,鲜奶油 200 克,绿茶粉 10 克。

制作工具或设备:煮锅,搅拌机,带盖封闭盛器,冰箱。

制作过程:

(1)煮锅中放入蛋黄,加入白糖,混合均匀

(2)慢慢加入牛奶,混合均匀。

(3)用小火慢慢加热,全程不停搅拌,至浓稠,不要煮沸。

(4)蛋奶浆熬好后,备用。

(5)鲜奶油用搅拌机稍微打发,取凉透后的蛋奶浆 1 份加入打发的鲜奶油,混合均匀。

(6)在蛋奶奶油糊中加入绿茶粉,搅拌均匀后,放入可以冷冻的带盖密封盛器内,入冷冻室冷冻。

(7)每隔半小时取出,用勺子翻一下,即可。

风味特点:色泽浅绿,口味清淡,口感细腻。

105. 草莓酸奶昔

原料配方:原味酸奶 250 毫升,草莓 150 克,冰淇淋 2 球。

制作工具或设备:粉碎机,玻璃杯。

制作过程:

(1)草莓洗净去蒂,切成块。

(2)将原味酸奶、草莓、冰淇淋一起放入粉碎机中,搅打成汁。

(3)注入玻璃杯中即可。

风味特点:色泽粉红,口味甜酸。

106. 红豆沙奶昔

原料配方:香草冰淇淋 1 球,红豆沙 100 克,牛奶 90 毫升,冰块 0.5 杯,葡萄干 15 克,糖水 10 毫升。

制作工具或设备:粉碎机,玻璃杯。

制作过程:

(1)将牛奶、香草冰淇淋球、糖水、冰块、红豆沙放入粉碎机内搅拌均匀。

(2)将搅拌好的奶昔倒入杯内,撒几粒葡萄干,加以装饰即可。

风味特点:色泽褐红,口感细腻浓稠。

107. 芒果冰淇淋

原料配方:淡奶油 280 毫升,特浓牛奶 450 毫升,芒果 1 个,白砂糖 15 克,玉米淀粉 10 克。

制作工具或设备:煮锅,粉碎机,搅拌机,玻璃碗,容器,冰箱。

制作过程:

(1)先将淡奶油放进冰箱 1 小时冷藏备用。

(2)取牛奶入锅,同时加入玉米淀粉一起加热,微沸时加以搅拌使之融合,等到锅中液体已经很黏稠时倒入碗中,晾凉。

(3)芒果肉切成小块,放粉碎机内,搅成糊状。

(4)将芒果糊、淡奶油、白糖和发稠凝固的牛奶一起放入搅拌机中,搅打至起泡混合均匀。

(5)装入容器,放冰箱冷冻。

(6)每隔 1 小时取出搅拌 1 次,需 4 次。然后连续冷冻 6 小时以后即可食用。

风味特点:色泽浅黄,口感细腻,具有芒果的香味。

108. 猕猴桃冰沙

原料配方:凤梨汁 250 毫升,冰块 0.5 杯,猕猴桃 1 个,樱桃 1 颗。

制作工具或设备:粉碎机,玻璃杯。

制作过程:

(1)削掉猕猴桃的皮,并切成小块。

(2)把猕猴桃、冰块、凤梨汁放进粉碎机,将各种配料搅碎。

(3)将打碎的配料倒入杯子里,加樱桃放在上面点缀。

风味特点:色泽浅绿,营养丰富,冰爽可口。

109. 自制绿豆冰

原料配方:绿豆 50 克,花生碎 15 克,冰块 0.5 杯,桂花酱 10 克,蜂蜜 15 克,纯净水 500 毫升。

制作工具或设备:粉碎机,煮锅,玻璃杯,冰箱。

制作过程:

(1)将绿豆洗净加纯净水用煮锅煮 25 分钟,开盖后放入蜂蜜、桂花酱搅拌均匀,晾凉盛出后放入冰箱中冷藏。

(2)将冰块放入粉碎机中打碎,装入玻璃杯中,浇上冷藏好的绿豆,撒上花生碎即可。

风味特点:色泽浅绿,冰凉清爽,香甜适口。

110. 葡萄桂花奶昔

原料配方:巨峰葡萄 30 粒,牛奶 250 毫升,糖桂花 10 克,纯净水 100 毫升。

制作工具或设备:粉碎机,玻璃杯。

制作过程:

(1)将巨峰葡萄洗净去皮去核,备用。

(2)把葡萄肉在放入粉碎机中,加上牛奶、纯净水和糖桂花,搅拌 20 秒,滤去杂质。

(3)将做好的奶昔倒入杯子里,即可。

风味特点:色泽浅绿,口味微甜,口感清凉。

111. 果汁冰棒

原料配方:果汁 300 克,白糖 75 克,牛奶 150 克,淀粉 15 克,纯净水 150 毫升,香精 0.005 克。

制作工具或设备:粉碎机,玻璃杯,冰棒模具,冰箱。

制作过程:

(1)淀粉加入少许纯净水调成糊状,再加水调匀。

(2)把果汁、白糖、牛奶和淀粉糊混合,边搅拌边加热煮沸,用洗净、煮沸过的纱布筛过滤。注意不能烧糊。

(3)晾冷后加入香精,搅匀,注入冰棒模具内,置于冰箱冷冻室内冻结成型,即可。

风味特点:细腻冷甜,果香浓郁。

112. 葡萄糖冰淇淋

原料配方:50% 浓度葡萄糖溶液 80 毫升,脱脂牛奶 350 毫升,速溶豆浆粉 25 克,白糖 100 克,鸡蛋 2 只,黄油 50 克,明胶 40 克,香精 0.005 克。

制作工具或设备:煮锅,粉碎机,滤网,打蛋器,模具,冰箱。

制作过程:

(1)将葡萄糖溶液、速溶豆浆粉、明胶与脱脂牛奶混合,加热至 75 ~80℃,保持 1 ~2 分钟,并通过滤网过滤,晾凉备用。

(2)将黄油和香精加入滤液内,搅匀,再用打蛋器搅打起泡,有一定稠度为止。

(3)把白糖和蛋液混合搅打直至起泡,同时将(2)中混合液慢慢加入,不断搅匀。

(4)将(3)中混合物放入模具,入冰箱内凝冻,每隔 15 分钟搅拌一次,每次搅拌均匀,如此 3 ~4 次,待其逐渐变稠,体积比原来有所增加,凝冻后即可食用。

风味特点:营养丰富,口味微甜,口感松软。

113. 豆奶冰

原料配方:速溶豆浆粉 50 克,白糖 25 克,纯净水 250 毫升。

制作工具或设备:煮锅,冰格,冰箱。

制作过程：

(1)将豆浆粉、糖和纯净水搅匀，加热煮沸。

(2)晾凉后，注入冰格内，置于冰箱内冻结成冰块，即可食用。

风味特点：蛋白质丰富，营养价值较高，清凉解渴。

114. 果酱冰淇淋

原料配方：牛奶 220 毫升，鲜奶油 150 克，果酱 100 克，明胶 20 克，鸡蛋 2 只，白糖 50 克，水果香精 0.005 克。

制作工具或设备：煮锅，滤网，打蛋器，模具，冰箱。

制作过程：

(1)将牛奶加热煮沸，稍晾凉，备用。

(2)在果酱中加入热牛奶，调成稀糊状，加入明胶，加热至 75～80℃，保持 1～2 分钟，并通过滤网过滤，晾凉备用。

(3)将鲜奶油和香精加入滤液内，搅匀，再用打蛋器搅打起泡，有一定稠度为止。

(4)将白糖和蛋液混合搅打直至起泡，边搅拌边慢慢加入(3)，充分搅匀。

(5)将(4)中混合物放入模具，入冰箱内凝冻，每隔 15 分钟搅拌一次，每次搅拌均匀，如此 3～4 次，待其逐渐变稠，体积比原来有所增加，凝冻后即可食用。

风味特点：色美味佳，口感凉爽，促进食欲，营养丰富。

115. 巧克力雪糕

原料配方：鲜牛奶 350 毫升，白糖 150 克，巧克力 100 克，明胶 30 克，鲜奶油 150 克，香草香精 0.005 克。

制作工具或设备：煮锅，滤网，打蛋器，模具，冰箱。

制作过程：

(1)将鲜牛奶、白糖、巧克力和明胶混合，边搅拌边加热煮沸，加热至 75～80℃，保持 1～2 分钟，并通过滤网过滤，晾凉备用。

(2)用打蛋器搅打(1)中混合液，使其均匀，加鲜奶油、香草香精继续搅拌，使其松软均匀。

(3)注入模具，放冰箱内凝冻即可。

风味特点:色泽浅褐,营养丰富,具有巧克力独特香味。

116. 山药冰果

原料配方:山药250克,蓝莓果酱200克。

制作工具或设备:煮锅,器皿,保鲜袋,盘。

制作过程:

(1)将山药洗净后切成段,带皮大火蒸15分钟左右,取出去皮放入器皿中,捻成山药泥。

(2)加入蓝莓果酱拌匀,装入保鲜袋挤入盘中造型即可。

风味特点:香甜可口,口感爽滑,营养丰富。

117. 红豆布丁雪花冰

原料配方:冰块1杯,布丁2片,炼乳150毫升,红豆沙100克。

制作工具或设备:刨冰机,盘。

制作过程:

(1)把冰块放入刨冰机中,刨成雪花状碎冰。

(2)铺满盘底后放入1片布丁,接着继续铺刨冰,堆成一定高度后定型成冰山状。

(3)从上而下淋浇红豆沙,最后淋上一层炼乳即可。

风味特点:入口香甜,甜而不腻,口感滑香。

118. 果味酸奶冰淇淋

原料配方:酸奶350毫升,白糖15克,果酱75克,奶油150克。

制作工具或设备:粉碎机,玻璃杯,冰箱。

制作过程:

(1)酸奶中加入白糖,搅拌至白糖全部溶化,再加入果酱,拌匀成酸奶果酱。放入冰箱中约2小时。中途取出搅拌2~3次。

(2)将奶油用打蛋器抽打膨松成形,慢慢地拌入尚未冻硬的酸奶果酱。

(3)将拌好的酸奶果酱分成4份,放入冰箱,继续冰冻1~2小时,中途取出搅拌2~3次,即成。

风味特点:清凉松软,酸甜不腻。

119. 绿豆冰山

原料配方:绿豆沙 200 克,香蕉 100 克,苹果 100 克,梨 100 克,凤梨 150 克,糖桂花 30 克,冰块 1 杯。

制作工具或设备:粉碎机,玻璃杯。

制作过程:

(1)将冰块放入粉碎机中搅打成雪花状。

(2)各种水果加工取肉后切成小丁。

(3)将雪花状冰沙铺在杯底,浇上绿豆沙,撒上各种水果丁,形成山的形状。

(4)最后淋上糖桂花。

风味特点:口感凉爽,甜香适度。

120. 芭菲冰淇淋

原料配方:全蛋 1 个,蛋黄 5 个,鲜奶油 500 毫升,糖 100 克,纯净水 100 毫升。

制作工具或设备:煮锅,打蛋器,玻璃杯,器皿,冰箱。

制作过程:

(1)在煮锅内,砂糖加入纯净水熬成糖浆,逐步晾凉。

(2)蛋黄 5 个和鸡蛋 1 个打散,边打边加入糖浆,糖浆要呈细线状慢慢倒入,太快就会将蛋液烫熟并结块,影响成品质量。

(3)将混合液体不停搅打,直至变得稠厚,体积膨大。

(4)奶油放进干净的器皿中,打至约六分发,轻轻拌进蛋液中,用打蛋器拌匀。

(5)送入冰箱冷冻 6 小时以上即可。

风味特点:色泽浅黄,口感清凉松软。

121. 青苹果奶昔

原料配方:青苹果果露 30 毫升,鲜奶 60 毫升,奶粉 20 克,香草冰淇淋球 1 个,冰块 1 杯,柠檬 1 片。

制作工具或设备:粉碎机,玻璃杯。

制作过程:

(1)将材料依次倒入粉碎机内。

(2)放入冰块。

(3)开启电源,瞬间起动开关,分段搅打3~4次。

(4)再连续搅打成冰沙状,倒入杯中,放上柠檬片装饰即可。

风味特点:色泽浅绿,口感细腻,具有浓密的泡沫。

122. 香浓摩卡冰淇淋

原料配方:鲜奶油200毫升,牛奶200毫升,蛋黄2个,咖啡15克,冷水适量。

制作工具或设备:煮锅,打蛋器,玻璃杯,冰箱。

制作过程:

(1)蛋黄和牛奶混合均匀,小火慢慢加热,不要让其沸腾,直到勺子上可以挂厚浆。

(2)咖啡加入其中搅拌均匀,并将煮锅浸在冷水中晾凉。

(3)淡奶油用打蛋器略打发后,加入其中,搅拌均匀。

(4)放冷冻室冷冻,每半小时拿出搅拌一下防止有冰碴,搅拌5~6次后即可。

风味特点:色泽棕褐,口感细腻,具有咖啡的香味。

123. 黑枣圣代

原料配方:什锦水果罐头1听,黑枣10个,香草冰淇淋1球,鲜奶油50克,巧克力酱15克,棉花糖15克,红樱桃1颗,薄荷1枝。

制作工具或设备:浅蝶形香槟玻璃杯,打蛋器。

制作过程:

(1)将什锦水果切丁块放在杯内。

(2)加上香草冰淇淋放在水果丁块上,再放上棉花糖。

(3)将鲜奶油稍稍打发,挤出花样,点缀其上。

(4)把10个黑枣放在鲜奶油花样周围,再把红樱桃放在鲜奶油顶端。

(5)淋上巧克力酱,用薄荷1枝装饰即成。

风味特点:色泽和谐,装饰雅致,口感细腻。

124. 水蜜桃冰沙

原料配方:柳橙汁20毫升,香草粉35克,水蜜桃果露20毫升,冰块3杯,薄荷叶1枝。

制作工具或设备:粉碎机,玻璃杯。

制作过程:

(1)将原料倒入粉碎机内,放入冰块。

(2)分段搅打3~4次,形成冰沙状。

(3)盛入杯中,再放上薄荷叶装饰即可。

风味特点:色泽浅黄,口味清凉。

125. 开心果奶昔

原料配方:开心果露30毫升,绿薄荷糖浆10毫升,鲜奶90毫升,香草冰淇淋1球,奶粉20克,冰块1杯,巧克力酱15克。

制作工具或设备:粉碎机,玻璃杯。

制作过程:

(1)将原料倒入粉碎机内,放入冰块。

(2)分段搅打3~4次,形成冰沙状。

(3)盛入杯中,再淋上巧克力酱装饰即可。

风味特点:色泽浅绿,口味清凉,具有开心果的香味。

126. 小番茄圣代

原料配方:罐装什锦水果1听,香草冰淇淋1球,圣女果8颗,绿樱桃1颗,巧克力酱15克,鲜奶油25克。

制作工具或设备:玻璃杯,挤花袋。

制作过程:

(1)将什锦水果切丁块放在杯内。

(2)加上香草冰淇淋放在水果丁块上。

(3)用鲜奶油挤花样,点缀其上。

(4)把8颗圣女果放在鲜奶油周围,把绿樱桃放在鲜奶油顶端。

(5)淋上巧克力酱装饰即成。

风味特点:色泽和谐,形状美观,口感细腻。

127. 西瓜冰沙

原料配方:西瓜250克,冰块0.5杯,砂糖25克。

制作工具或设备:粉碎机,玻璃杯。

制作过程:

(1)将西瓜去皮去籽,切成小块。

(2)西瓜块和冰块都倒入粉碎机中,再倒入砂糖,搅拌均匀,形成冰沙状,倒入杯中即成。

风味特点:色泽浅红,清凉爽口,

128.香蕉奶味冰沙

原料配方:香蕉1根,冰砖2块,淡奶100毫升,冰块1.5杯。

制作工具或设备:粉碎机,玻璃杯,冰箱。

制作过程:

(1)香蕉去皮切段。

(2)把所有原料全部混合放入粉碎机内打碎。

(3)装入玻璃杯中即可。

风味特点:色泽浅黄,口感绵稠。

129.草莓沙冰

原料配方:草莓12颗,糖水50毫升,冰块250克。

制作工具或设备:粉碎机,玻璃杯。

制作过程:

(1)草莓洗净去蒂,切小块。

(2)冰块放入粉碎机搅成碎冰。

(3)草莓及其他原料放入后以高速搅打20秒。

(4)略微拌一拌,再继续搅打20秒即可。

(5)装入玻璃杯中即可。

风味特点:色泽粉红,口感清凉如沙。

130.蓝莓乳香冰沙

原料配方:蓝莓果酱50克,炼乳30毫升,鲜奶90毫升,冰块3杯。

制作工具或设备:粉碎机,玻璃杯。

制作过程:

(1)将原料依次放入粉碎机内,放入冰块。

(2)分段搅打3~4次,再连续搅打成冰沙状,倒入杯中。

风味特点:色泽浅紫,口感清凉。

131. 可可巧克力冰淇淋

原料配方:巧克力 130 克,可可粉 15 克,牛奶 100 毫升,糖 25 克,鲜奶油 150 克,热水适量。

制作工具或设备:玻璃杯,模具,冰箱。

制作过程:

(1)巧克力掰碎,加入可可粉,隔水融化,稍冷放入牛奶拌匀。

(2)鲜奶油加入糖,搅打至浓稠的膨松裱花奶油状。

(3)逐步分次加入可可巧克力牛奶中拌匀。

(4)放入模具中,入冰箱冷冻 3 小时即可。

风味特点:色泽棕褐,口感香甜,具有巧克力的香味。

132. 什锦水果圣代

原料配方:什锦水果罐头 1 听,香草冰淇淋 1 球,杨桃 2 片,香蕉 1 根,苹果 4 片,西瓜 2 片,凤梨 2 片,柳丁 3 片,鲜奶油 50 克,薄荷 1 枝。

制作工具或设备:玻璃杯,挤花袋。

制作过程:

(1)什锦水果切丁放在杯中。

(2)冰淇淋放在水果丁上面。

(3)将杨桃 2 片对排;香蕉去皮后,斜切对排;西瓜去皮后,切块对排;凤梨去皮后,斜切片对排;2 片苹果对排;柳丁点缀。

(4)鲜奶油裱花点缀其上,插上薄荷 1 枝。

风味特点:色泽艳丽,口味鲜甜,形状美观。

133. 酸奶冰淇淋

原料配方:蛋黄 3 个,砂糖 15 克,鲜奶 200 毫升,酸奶 500 毫升。

制作工具或设备:煮锅,打蛋器,玻璃杯,木匙,冰箱。

制作过程:

(1)蛋黄加糖搅打至奶白色。

(2)鲜奶倒入煮锅中,用小火煮至锅边起泡(不可煮滚),慢慢倒入打发的蛋黄,拌匀。

(3)小火煮至浓稠,要不停搅拌,煮约15分钟,直到木匙背面能沾起雪糕浆(用手指划过木匙背面粘的糊,如果能留下一条清晰的沟即可)。

(4)放凉后倒入酸奶拌匀。

(5)冷冻40分钟,取出后用打蛋器打松,再次冷冻。

(6)根据具体情况可重复步骤(5)。

风味特点:色泽浅黄,口味酸甜,口感松软。

134. 草莓圣代

原料配方:罐装什锦水果1听,香草冰淇淋1球,新鲜草莓8颗,薄荷叶1枝,巧克力酱15克,鲜奶油25克。

制作工具或设备:玻璃杯,挤花袋。

制作过程:

(1)将什锦水果切丁块放在杯内。

(2)加上香草冰淇淋放在水果丁块上。

(3)用鲜奶油挤花样,点缀其上。

(4)把8个草莓放在鲜奶油周围,插上薄荷枝。

(5)淋上巧克力酱装饰即成。

风味特点:色泽和谐,口味清凉,口感细腻。

135. 什锦水果奶昔

原料配方:罐头什锦水果16克,草莓冰淇淋2球,鲜奶90毫升,碎冰180克。

制作工具或设备:粉碎机,玻璃杯。

制作过程:

将所有原料放入粉碎机中,然后搅打30秒至原料变成雪泥状,倒入玻璃杯中即成。

风味特点:色泽粉红,口感细腻,泡沫诱人。

136. 蛇果冰沙

原料配方:蛇果2个,鲜柠檬1片,樱桃番茄10颗,砂糖15克,牛奶100毫升,炼乳25克,碎冰块0.5杯。

制作工具或设备:粉碎机,玻璃杯。

制作过程:

(1)将蛇果去皮去核,切成块;樱桃番茄洗净去皮。

(2)将原料一起放入粉碎机中,分段搅打3~4次。

(3)然后装入玻璃杯中即可。

风味特点:色泽浅红,口味酸甜,冰沙清凉。

137.香草鲜奶油冰淇淋

原料配方:鲜奶300毫升,细砂糖60克,炼乳100毫升,盐0.5克,蛋黄3个,鲜奶油250克,香草香精0.005克。

制作工具或设备:煮锅,滤网,打蛋器,模具,冰箱。

制作过程:

(1)鲜奶、炼乳混合,再以小火煮5分钟(不断搅拌以免烧焦)。

(2)将蛋黄与细砂糖充分搅拌打成乳白色,并加入盐。

(3)将(1)和(2)中的材料慢慢搅拌在一起,加热至50℃。以滤网过滤后,放凉备用。

(4)鲜奶油加入香草香精打发至打蛋器拉起鲜奶油不呈滴落状态,然后加入到(3)中拌匀,放入模具,入冰箱冷冻。

(5)冰约2小时取出,以打蛋器拌匀增加冰淇淋膨松口感,再放回冷冻,此步骤一般重复3次即可。

风味特点:色泽浅黄,口感松软绵软。

138.香芋冰沙

原料配方:鲜奶100毫升,香芋果粉10克,特调奶精粉5克,蜂蜜10毫升,冰块1杯,鲜草莓2片,薄荷叶1枝。

制作工具或设备:粉碎机,玻璃杯。

制作过程:

(1)将冰块用粉碎机打成冰沙。

(2)将冰沙、鲜奶、香芋果粉、奶精粉、蜂蜜依次放入粉碎机中搅拌约1分钟,倒入杯中。

(3)用鲜草莓片、薄荷叶装饰杯口。

风味特点:芋香浓浓,清凉可口。

139. 樱桃圣代

原料配方：罐装什锦水果 1 听，香草冰淇淋 1 球，红樱桃 8 颗，绿樱桃 1 颗，巧克力酱 15 克，鲜奶油 25 克。

制作工具或设备：玻璃杯，挤花袋，冰箱。

制作过程：

(1)将什锦水果切丁块放在杯内。

(2)将香草冰淇淋放在水果丁块上。

(3)用鲜奶油挤花样，点缀其上。

(4)把红樱桃放在鲜奶油周围，再放上绿樱桃。

(5)淋上巧克力酱装饰即成。

风味特点：色泽和谐，口味清凉，口感细腻。

140. 香橙冰沙

原料配方：香橙 1 个，鲜奶 25 毫升，特调奶精粉 3 克，蜂蜜 15 毫升，冰块 1 杯，发泡鲜奶油 10 克，彩色朱古力针 10 克。

制作工具或设备：粉碎机，玻璃杯。

制作过程：

(1)将洗净的香橙去皮去籽，果肉切块，用粉碎机榨成果汁。

(2)加入冰块、鲜奶、奶精粉、蜂蜜依次放入粉碎机中搅拌成雪泥状，装入玻璃杯中，挤上一圈奶油，撒上彩色朱古力针即可。

风味特点：橙味甜美，口感如沙清凉。

141. 西梅冰山

原料配方：西梅蜜饯 30 克，西梅浆 30 克，冰块 500 克。

制作工具或设备：粉碎机，平盘。

制作过程：

(1)将冰块用粉碎机打成冰沙。

(2)将冰沙装入盘中堆成山形，撒上西梅蜜饯，再浇上西梅浆即成。

风味特点：口感清凉，酸甜爽口。

142. 薄荷奶冻

原料配方：薄荷糖 40 克，白糖 50 克，蛋清 2 个，脱脂奶粉 15 克，食盐 0.5 克，纯净水 150 毫升。

制作工具或设备：煮锅，打蛋器，玻璃杯，冰箱。

制作过程：

(1)薄荷糖捣碎，研成粉末。

(2)把白糖放煮锅内，加入 100 毫升纯净水，用小火煮开，将白糖熬至可拉成丝状。

(3)用 50 毫升纯净水把奶粉调匀，上火煮沸，待冷备用。

(4)将蛋清抽打起泡，缓慢加入糖浆，边加边搅，然后再加入奶液，最后加入薄荷糖粉末，轻轻搅拌均匀。

(5)倒入玻璃杯中，置于冰箱冷冻即成。

风味特点：色泽浅白，口感清凉，口味微甜。

143. 樱桃石榴冰沙

原料配方：樱桃原汁 150 毫升，红石榴糖浆 10 毫升，冰块 3 杯，薄荷叶 1 枝。

制作工具或设备：粉碎机，玻璃杯。

制作过程：

(1)将材料依次倒入粉碎机内，放入冰块，加入樱桃原汁、红石榴糖浆，分段搅打 3～4 次。

(2)搅打成冰沙状即可盛入杯中，以薄荷叶 1 枝装饰即可。

风味特点：色泽粉红，口味香甜。

144. 西瓜冰淇淋

原料配方：西瓜 500 克，柠檬汁 15 克，白砂糖 100 克，奶油 300 克，纯净水 100 毫升。

制作工具或设备：粉碎机，打蛋器，玻璃碗，容器，冰箱。

制作过程：

(1)西瓜去皮去籽，取瓤切块，粉碎成汁，加入柠檬汁调匀。

(2)将白砂糖放入纯净水中，煮溶，边煮边搅拌。

(3)奶油放入碗中用打蛋器搅打成膨松裱花奶油状，加入糖浆和西瓜柠檬汁，搅拌均匀。

(4)装入容器内，送进冰箱进行冷冻，每 30 分钟拿出来搅拌 1

次,成品即为西瓜冰淇淋。

风味特点:冰淇淋味道香甜,入口即化。

145. 莲子奶沙冰

原料配方:白莲子 30 克,陈皮 1 克,冰糖 25 克,鲜奶 50 毫升,冰块 0.5 杯,纯净水 500 毫升。

制作工具或设备:粉碎机,煮锅,玻璃杯。

制作过程:

(1)先洗干净莲子,用纯净水浸泡 2 小时。

(2)煮开剩余的纯净水,把陈皮、莲子放入煮锅中;煮开后用小火煮 1 小时,加糖调味。

(3)将莲子盛入玻璃杯中,倒入鲜奶。

(4)冰块用粉碎机搅碎,盖在杯子上部即可。

风味特点:色泽浅白,口感清凉如沙。

146. 草莓杏仁奶昔

原料配方:脱脂牛奶或豆奶 250 毫升,草莓 150 克,香蕉 1 根,蜂蜜 15 克,碎杏仁 15 克。

制作工具或设备:粉碎机,玻璃杯。

制作过程:

(1)将牛奶、草莓、香蕉、蜂蜜、碎杏仁放入粉碎机中搅拌,直至呈液态状。

(2)然后倒入玻璃杯中,适当装饰即可。

风味特点:色泽粉红,口感细腻。

147. 黑醋栗奶昔

原料配方:黑醋栗果汁 120 毫升,香草冰淇淋 1 球,奶粉 20 克,冰块 1 杯,红樱桃 1 颗。

制作工具或设备:粉碎机,玻璃杯。

制作过程:

(1)将材料依次倒入粉碎机内。

(2)放入冰块,分段搅打 3 ~ 4 次,连续搅打成冰沙状,倒入杯中。

(3)用红樱桃装饰即可。

风味特点:口感清凉,装饰美观。

148. 草莓奶昔

原料配方:草莓6颗,鲜奶90毫升,香草冰淇淋1球,红石榴糖浆10毫升,奶粉20克,冰块1杯,绿樱桃1颗。

制作工具或设备:粉碎机,玻璃杯。

制作过程:

(1)草莓洗净去蒂,切成块。

(2)将材料依次倒入粉碎机内,放入冰块,分段搅打3~4次,连续搅打成冰沙状,倒入杯中。

(3)用绿樱桃装饰即可。

风味特点:色泽粉红,口感清凉,晶莹爽滑。

149. 高丽参精冰淇淋

原料配方:鲜奶油250克,牛奶100毫升,白糖100克,蛋清4个,蛋黄2个,高丽参精15克。

制作工具或设备:打蛋器,滤网,玻璃杯,冰箱。

制作过程:

(1)将蛋清搅打发泡,鲜奶油也用打蛋器进行搅拌膨松,两者轻轻搅拌在一起。

(2)将高丽参精、牛奶、蛋黄、白糖用打蛋器均匀搅拌后用滤网筛一遍,然后加入到蛋清奶油中。

(3)放入冰箱迅速冷冻;1小时后,用打蛋器搅和一次,30分钟后将同样的动作反复进行2~3次即可。

风味特点:色泽浅黄,口感松软香甜。

150. 香蕉奶昔

原料配方:香蕉1根,牛奶300毫升,冰淇淋1球。

制作工具或设备:粉碎机,玻璃杯,冰箱。

制作过程:

(1)香蕉去皮切成段。

(2)将香蕉段加上牛奶、冰淇淋放入粉碎机中,搅打均匀后,冷藏。

(3)注入玻璃杯中即可。

风味特点:色泽浅黄,口感细腻,具有泡沫。

151. 草莓香芋冰淇淋

原料配方:草莓冰淇淋 50 克,香芋冰淇淋 50 克,彩笛卷 2 支,带叶鲜草莓 1 个,彩色朱古力针 5 粒。

制作工具或设备:挖球器,高脚杯。

制作过程:

(1)用挖球器挖 1 个草莓冰淇淋球放入高脚杯中,再挖 1 个香芋冰淇淋球置于其上。

(2)鲜草莓切成带叶薄片插在冰淇淋上,边上插 2 支彩笛卷,再撒上几粒彩色朱古力针。

风味特点:香润细腻、微甜带酸,老少皆宜,四季适用。

152. 咖啡奶昔

原料配方:冰咖啡 30 毫升,鲜牛奶 100 毫升,咖啡冰淇淋 30 克,冰块 100 克,咖啡末 2 克,彩笛卷 2 支,小纸伞 1 把。

制作工具或设备:粉碎机,玻璃杯。

制作过程:

(1)将冰咖啡、鲜牛奶、咖啡冰淇淋、冰块依次放入粉碎机中,开机搅拌约 1.5 分钟。

(2)倒入杯中,撒上咖啡末,插入彩笛卷、小纸伞。

风味特点:咖啡的口感和冰淇淋的滑润融为一体,消暑解热。

153. 木瓜冰沙

原料配方:鲜奶 80 毫升,木瓜果粉 10 克,特调奶精粉 3 克,蜂蜜 10 毫升,冰块 100 克,红樱桃 1 个,鲜草莓 1 个,绿薄荷叶 1 枝,香橙 1 片。

制作工具或设备:粉碎机,玻璃杯。

制作过程:

(1)将冰块用碎冰机打成冰沙。

(2)加入鲜奶、木瓜果粉、奶精粉、蜂蜜搅拌约 1 分钟,倒入杯中。

(3)用红樱桃、鲜草莓、绿薄荷叶、香橙片装饰。

风味特点:木瓜清香,冰沙清凉。

154. 花生牛奶冰

原料配方:去皮花生仁 350 克,小苏打 1 克,碎冰 1 杯,炼乳 50 克,白砂糖 25 克,纯净水 500 毫升。

制作工具或设备:煮锅,粉碎机,玻璃杯。

制作过程:

(1)先将花生仁洗净,加纯净水没过花生,加入小苏打,浸泡 2 小时,然后将花生煮熟,晾凉备用。

(2)在粉碎机中,加入熟花生、碎冰、炼乳和白砂糖,搅打成碎泥状。

(3)装入玻璃杯中即可。

风味特点:色泽乳白,具有花生的浓香。

155. 香凤草奶昔

原料配方:原味酸奶 200 毫升,香蕉 0.5 根,凤梨 1/4 只,草莓 10 颗,冰淇淋 2 球。

制作工具或设备:粉碎机,玻璃杯。

制作过程:

(1)将香蕉、凤梨肉分别切成小丁;草莓洗净去蒂,切成块。

(2)水果丁和原味酸奶、冰淇淋放入粉碎机中,搅打均匀。

(3)注入玻璃杯中即可。

风味特点:色泽艳丽,口味酸甜,清凉适口。

156. 蛋诺奶昔

原料配方:蛋清 1 个,香草糖浆 20 毫升,香草冰淇淋 30 克,鲜牛奶 100 毫升,冰块 1 杯,樱桃番茄 2 个,兰花 1 朵。

制作工具或设备:粉碎机,玻璃杯。

制作过程:

(1)将蛋清、香草糖浆、香草冰淇淋、鲜牛奶、冰块依次放入粉碎机中。

(2)开机搅拌约 2 分钟,待打至出现泡沫时停止,倒入杯中,用圣女果和兰花装饰即可。

风味特点:口味清淡、滑嫩清爽。

157. 胡萝卜香菜奶昔

原料配方:香菜 50 克,胡萝卜 1 根,冰淇淋 1 球,糖浆 25 克。

制作工具或设备:粉碎机,滤网,玻璃杯。

制作过程:

(1)香菜洗净,切碎;胡萝卜去皮切块。

(2)放入粉碎机中,加入糖浆搅打成汁,滤出备用。

(3)将菜汁与冰淇淋搅打均匀发泡。

(4)注入玻璃杯中即可。

风味特点:色泽浅绿,清凉适口。

158. 柠檬冰淇淋

原料配方:柠檬 1 个,鲜奶油 250 克,蛋黄 25 克,白糖 50 克,纯净水 120 毫升,淀粉 15 克。

制作工具或设备:煮锅,滤网,打蛋器,模具,冰箱。

制作过程:

(1)将柠檬挤汁;再将柠檬皮和瓤捣烂;淀粉用 20 毫升纯净水浸透备用。

(2)把白糖放入煮锅内,加剩余的纯净水煮沸,加入捣烂的柠檬皮和瓤略煮,然后关火使其降温,随后用滤网滤去柠檬皮和瓤。

(3)另取一锅,倒入滤出的柠檬糖水,加入蛋黄,不断搅打至起泡沫,倒入湿淀粉,再将锅置于文火上加热,使混合液变稠,离火,仍继续搅拌。

(4)晾凉后,加入柠檬汁和搅拌膨松的鲜奶油,拌制均匀后,放入模具,入冰箱冻结即可。风味特点:色泽浅黄,口感醇浓,具有柠檬的清香。

159. 甜菜苹果冰淇淋

原料配方:甜菜 25 克,苹果 3 个,冰淇淋 2 球,奇异果 2 片,冰块 0.5 杯。

制作工具或设备:粉碎机,三角玻璃杯,滤网。

制作过程:

(1)甜菜去外皮,切小丁;苹果去皮去核切块备用。

(2)将甜菜丁、苹果丁放入粉碎机中,搅打成汁。

(3)滤入玻璃杯中,加入冰块,放入冰淇淋,点缀以奇异果片。

风味特点:色泽艳丽,口感松软绵甜。

160. 橙汁冰淇淋

原料配方:橙汁50克,冰淇淋2球,橘片2个,奇异果2片,小伞1个。

制作工具或设备:三角玻璃杯。

制作过程:

(1)将橙汁倒入玻璃杯中。

(2)冰淇淋放入果汁中,并用橘片、奇异果、小伞装饰。

风味特点:色泽艳丽,装饰雅致。

161. 芦荟奶昔

原料配方:芦荟1段,奶油冰淇淋2球,牛奶75毫升。

制作工具或设备:粉碎机,三角玻璃杯。

制作过程:

(1)把芦荟去刺,切成小块,加上牛奶用粉碎机搅打成芦荟牛奶汁。

(2)奶油冰淇淋从冰箱冷冻室取出,室温放置一段时间,待冰淇淋变软;把冰淇淋和芦荟牛奶汁一起放入粉碎机中,搅打均匀。

(3)注入玻璃杯中即可。

风味特点:色泽淡绿,有特殊的清香味。

162. 香蕉芒果奶昔

原料配方:芒果1个,香蕉2只,鲜奶300毫升,冰块1杯。

制作工具或设备:粉碎机,三角玻璃杯。

制作过程:

(1)将芒果起肉,切成小块;再将香蕉切成小粒。

(2)将果肉、鲜奶和冰块用粉碎机搅成糊状,注入玻璃杯中即可饮用。

风味特点:色泽淡黄,芒果味香浓。

163. 南瓜奶昔

原料配方:小南瓜1只,酸奶100毫升,冰淇淋2球。

制作工具或设备:蒸锅,粉碎机,三角玻璃杯。

制作过程:

(1)小南瓜去皮去瓤切成小块,上锅蒸熟。

(2)晾凉后与酸奶、即将融化的冰淇淋一起放入粉碎机中,搅打均匀。

(3)注入玻璃杯中即可饮用。

风味特点:清凉、营养、滋润、美容。

164. 南瓜酸奶冻

原料配方:原味酸奶250毫升,南瓜100克,红萝卜100克,青苹果1个。

制作工具或设备:蒸锅,粉碎机,三角玻璃杯,冰箱。

制作过程:

(1)把南瓜洗干净并切成小块,放进蒸锅中蒸熟,取下瓜肉备用。

(2)青苹果洗净后去皮及核,把它和红萝卜一起切成小块。

(3)将南瓜、酸奶、苹果、萝卜放入粉碎机,以高转速打匀后放进冰箱冷藏一会。

(4)装入玻璃杯中即可。

风味特点:色泽淡黄,口味酸甜,口感清凉。

165. 柠檬茶冻

原料配方:红茶包2个,细砂糖30克,果冻粉10克,柠檬汁25毫升,纯净水350毫升,蜂蜜25毫升。

制作工具或设备:煮锅,浅盘容器,三角玻璃杯,冰箱。

制作过程:

(1)将纯净水煮沸泡红茶,然后将细砂糖和果冻粉拌匀混合,再将红茶倒入拌匀。

(2)拌入柠檬汁后一并倒入浅盘容器中,放入冰箱冷藏凝结。

(3)将凝结的茶冻切成方形块,放入玻璃杯中,淋入蜂蜜即可。

风味特点:色泽茶红,口味微甜,具有柠檬的清香。

166. 水果奶冻

原料配方:玉米粉 15 克,蛋清 4 个,牛奶 250 毫升,纯净水 100 毫升,砂糖 25 克,各种水果片 50 克,蜂蜜 25 克。

制作工具或设备:打蛋器,煮锅,大碗,模具,冰箱。

制作过程:

(1)把蛋清 4 个在干净的大碗中用力打成蛋泡状备用。

(2)在煮锅中加入牛奶、纯净水和砂糖,烧开;再加入玉米粉搅拌均匀,使成为糊状。

(3)倒入已铺好水果的模具之中,放入冰箱冰冻

(4)1 小时后,翻扣出来,在奶冻上浇上蜂蜜汁,即可。

风味特点:色泽艳丽,奶味果味浓郁。

第十三章　其他类饮品

1. 甘草盐茶

原料配方:甘草 10 克,茶叶 5 克,食盐 2 克,纯净水 1000 毫升。

制作工具或设备:煮锅,滤网,透明玻璃杯,茶匙。

制作过程:

(1)先将纯净水烧开,再将甘草、茶叶、食盐放入,浸泡 10 分钟左右。

(2)滤入玻璃杯中即可。

风味特点:色泽微黄,口味清新。

2. 荷叶甘草茶

原料配方:鲜荷叶 30 克,甘草 5 克,纯净水 1000 毫升,白糖 15 克。

制作工具或设备:煮锅,滤网,透明玻璃杯,茶匙。

制作过程:

(1)先将荷叶洗净切碎,把纯净水烧开,然后将甘草、荷叶放入水中煮 10 余分钟。

(2)滤去荷叶甘草渣,加白糖调味即可。

风味特点:色泽碧绿,口味微甜。

3. 荷叶瓜皮茶

原料配方:鲜荷叶 1 张,冬瓜皮 30 克,纯净水 1000 毫升。

制作工具或设备:煮锅,滤网,透明玻璃杯,茶匙。

制作过程:

(1)先将荷叶洗净切碎,把纯净水烧开,然后将冬瓜皮、荷叶放入水中煮 10 分钟。

(2)煮沸后去渣取汁,滤入玻璃杯中,即可。

风味特点:色泽浅绿,口味清淡。

4. 薄荷甘草茶

原料配方:鲜薄荷叶 10 片,甘草 5 克,绿茶 3 克,太子参 10 克,开水 1000 毫升,白糖 15 克。

制作工具或设备:滤网,透明玻璃杯,茶匙,开水瓶。

制作过程:

(1)将鲜薄荷叶洗净撕成碎片,加上甘草、绿茶、太子参,注入开水。

(2)冲泡 10 余分钟后,滤去茶渣,加白糖调味即可。

风味特点:色泽浅绿,口味微甜,口感清凉。

5. 甘草菊花茶

原料配方:白菊花 3 克,甘草 5 克,纯净水 1000 毫升,白糖 15 克。

制作工具或设备:煮锅,滤网,透明玻璃杯,茶匙。

制作过程:

(1)将白菊花和甘草放入煮锅中,加纯净水煮沸后,即用小火煎煮 10 余分钟。

(2)去渣取汁,加白糖调味即可。

风味特点:色泽浅黄,解暑明目。

6. 菊花茶

原料配方:白菊花 3 克,纯净水 500 毫升,冰糖 15 克。

制作工具或设备:煮锅,滤网,透明玻璃杯,茶匙。

制作过程:

(1)将白菊花放入煮锅中,加纯净水煮沸后,再用小火煎煮 10 余分钟。

(2)去渣取汁,加冰糖调味即可。

风味特点:色泽浅黄,清热解暑。

7. 苜蓿芽果汁

原料配方:苜蓿芽 25 克,牛奶 250 毫升,砂糖 15 克,香瓜 1/2 个。

制作工具或设备:粉碎机,滤网,透明玻璃杯,茶匙。

制作过程:

(1)苜蓿芽洗净;香瓜去皮去籽,切成块。

(2)加上牛奶和砂糖放入粉碎机中,搅打成汁。

(3)滤入玻璃杯中即可。

风味特点:色泽浅黄,口味鲜甜。

8. 荷叶饮

原料配方:绿茶粉 2 克,荷叶碎 15 克,开水 350 毫升。

制作工具或设备:透明玻璃杯,滤网,茶匙。

制作过程:

将绿茶粉和荷叶碎等放入玻璃杯中,加入开水泡制 3 分钟即可。

风味特点:色泽浅绿,口味清醇。

9. 甘草绿豆汁

原料配方:绿豆 50 克,红糖 15 克,甘草 15 克,纯净水 750 毫升。

制作工具或设备:煮锅,透明玻璃杯,滤网,茶匙。

制作过程:

(1)先煮绿豆与甘草,加纯净水煮到绿豆开花,放入红糖,再熬煮一下。

(2)滤入玻璃杯中即可。

风味特点:色泽浅红,口味甘甜。

10. 番薯红糖汁

原料配方:番薯 100 克,红糖 25 克,纯净水 750 毫升。

制作工具或设备:煮锅,粉碎机,透明玻璃杯,茶匙。

制作过程:

(1)番薯洗净削皮,切成块状或片状。

(2)将番薯与红糖一同下锅加纯净水煮,直到番薯煮软。

(3)放入粉碎机中搅打成汁后,滤入玻璃杯中即可。

风味特点:色泽浅红,口味甜润。

11. 玫瑰葡萄籽茶

原料配方:葡萄籽 15 克,玫瑰花蕾 5 克,开水 350 毫升,冰糖 5 克。

制作工具或设备:烤箱,透明玻璃杯,研钵,茶袋,茶匙。

制作过程:

(1)葡萄籽清洗干净;放入垫有锡纸的烤盘,进烤箱,150℃,烤制20分钟左右。

(2)将烤制过的葡萄籽研磨粉碎。

(3)葡萄籽粉装入茶袋中,加入玫瑰花蕾,加入冰糖,用开水冲泡即可。

风味特点:色泽浅黄,口味微甜,具有淡淡的花香。

12. 枸杞菊花茶

原料配方:枸杞10颗,菊花5朵,冰糖15克,开水350毫升。

制作工具或设备:茶壶,透明玻璃杯,茶匙。

制作过程:

枸杞菊花放漏网中小心冲洗干净,放入茶壶中,加开水冲开,盖上盖子闷10分钟后倒入杯中,放入冰糖调味即可。

风味特点:色泽艳丽,口味微甜,解暑去燥。

13. 金银花茶

原料配方:金银花10克,白糖15克,开水500毫升,冰块0.5杯。

制作工具或设备:茶壶,透明玻璃杯,茶匙。

制作过程:

(1)将金银花入茶壶中,冲入开水500毫升,待凉加适量白糖调味。

(2)加入冰块即可。

风味特点:清热解毒、解暑消热。

14. 桂花香茶

原料配方:桂圆肉15克,冰糖15克,糖桂花10克,开水500毫升。

制作工具或设备:茶壶,透明玻璃杯,茶匙。

制作过程:

(1)将桂圆肉、冰糖、糖桂花放入茶壶中,用开水冲泡10分钟。

(2)注入玻璃杯中即可。

风味特点:色泽浅红,具有桂圆和桂花的自然香气。

15. 核桃酪

原料配方：核桃仁 25 克，红枣 25 克，粳米 15 克，白糖 35 克，开水 500 毫升，纯净水适量。

制作工具或设备：煮锅，透明玻璃杯，茶匙。

制作过程：

(1)将核桃仁用开水浸泡后剥去外皮，再用凉水洗净。

(2)红枣放在开水锅中煮到膨胀时捞出，去皮、去核。

(3)粳米淘净，用纯净水泡 2 小时。

(4)核桃仁和红枣一起剁成碎末，加入泡好的粳米和纯净水，搅成稀糊状，再用粉碎机搅打成极细的核桃浆，加入白糖煮开，倒入杯中即成。

风味特点：色泽浅黄，口感浓稠，口味微甜。

16. 瓜仁桂花饮

原料配方：冬瓜子仁 25 克，桂花 20 克，橘皮 10 克，纯净水 350 毫升。

制作工具或设备：煮锅，透明玻璃杯，滤网，茶匙。

制作过程：

(1)将瓜子仁、桂花、橘皮共研成粉末，用纯净水调匀后煮开。

(2)滤入玻璃杯中即可。

风味特点：色泽浅黄，口味清甜。

17. 养颜茶

原料配方：生姜 50 克，红枣 25 克，盐 1 克，甘草 15 克，丁香 2 克，纯净水 500 毫升。

制作工具或设备：煮锅，透明玻璃杯，滤网，茶匙。

制作过程：

(1)将生姜、红枣、盐、甘草、丁香等，放入纯净水中，煮开，保持 3 分钟。

(2)滤入玻璃杯中即可。

风味特点：色泽浅黄，口味微甜。

18. 薏仁薄荷饮

原料配方:薄荷5克,薏仁50克,绿豆25克,冰糖15克,纯净水500毫升。

制作工具或设备:煮锅,透明玻璃杯,茶匙。

制作过程:

(1)将薏仁淘洗干净,泡约1小时;绿豆淘洗干净,泡约1小时,备用。

(2)煮锅置火上,放入适量的纯净水,倒入薏仁、绿豆,烧开后转中火煮约15分钟,再转小火煮约15分钟。

(3)待薏仁、绿豆熟烂后,放入薄荷稍煮,加冰糖,再煮3~5分钟,倒入杯中即可。

风味特点:色泽微黄,口感清凉。

19. 洛神茶

原料配方:洛神花15克,乌梅5克,果粒茶10克,冰糖15克,纯净水350毫升。

制作工具或设备:煮锅,透明玻璃杯,滤网,茶匙。

制作过程:

洛神花倒入纯净水中,再加入乌梅、冰糖、果粒茶,煮至水开,滤出茶汁即可饮用。

风味特点:色泽浅红,醒神明目。

20. 新鲜花草茶

原料配方:新鲜迷迭香5克,新鲜香蜂草5克,新鲜薰衣草5克,冰糖15克,开水750毫升。

制作工具或设备:茶壶,透明玻璃杯,茶匙。

制作过程:

(1)将迷迭香、薰衣草、香蜂草折成小段,放入茶壶中,再倒入开水。

(2)加入冰糖溶解,滤入玻璃杯中即可。

风味特点:口味微甜,具有各种香草的混合香气。

21. 青草茶

原料配方:咸丰草 3 克,鱼腥草 1 克,薄荷 3 克,车前草 2 克,甘草 5 克,冰糖 25 克,纯净水 500 毫升。

制作工具或设备:煮锅,透明玻璃杯,茶匙。

制作过程:

(1)将咸丰草、鱼腥草、薄荷、车前草、甘草配成茶包 1 个。

(2)将茶包放入煮锅,加入纯净水中煮开,改小火煮 15 分钟,再加入冰糖,煮至溶化。

(3)捞去茶包,让茶汁冷却,放入冰箱即可。

风味特点:色泽微绿,口味清香。

22. 快速提神茶

原料配方:淡竹叶 20 克,莲子心 5 克,莲子 30 克,纯净水 500 毫升,开水适量。

制作工具或设备:煮锅,透明玻璃杯,茶匙。

制作过程:

(1)原料用开水快速冲净。

(2)放入煮锅,加入纯净水煮开,改用小火煮制 20 分钟。

(3)倒入玻璃杯中即可。

风味特点:色泽微黄,清除烦热、清凉静心。

23. 百合舒心茶

原料配方:生姜 25 克,冰糖 50 克,百合 15 克,藕片 15 克,川芎 3 克,纯净水 500 毫升。

制作工具或设备:煮锅,透明玻璃杯,茶匙。

制作过程:

(1)药材洗净,生姜洗净切片。

(2)一起放入煮锅,加入纯净水烧开,改用小火煮制 20 分钟。

(3)倒入玻璃杯中即可。

风味特点:色泽浅黄,醒脑提神。

24. 洛神芳香茶

原料配方:新鲜山药 30 克,葡萄 10 粒,冰糖 50 克,黄芪 25 克,洛神花10克,纯净水500毫升。

制作工具或设备:煮锅,透明玻璃杯,茶匙。

制作过程:

(1)黄芪、洛神花加纯净水熬煮15分钟取汁。

(2)山药去皮,切成2厘米见方的块;葡萄用盐水洗净。

(3)将山药加入(1)中煮熟,放入冰糖煮至融化,再放入葡萄,倒入杯中即可。

风味特点:汤汁清新,气味芳香,清咽润喉。

25. 金菊茶

原料配方:金银花5克,菊花5克,薄荷5克,甘草3克,冰糖15克,纯净水500毫升。

制作工具或设备:煮锅,透明玻璃杯,茶匙。

制作过程:

所有原料均放入煮锅中,加入纯净水煮焖约15分钟,倒入杯中即可。

风味特点:色泽微黄,清心退火。

26. 黄芪白术茶饮

原料配方:黄芪10克,防风3克,白术5克,纯净水500毫升。

制作工具或设备:煮锅,透明玻璃杯,茶匙。

制作过程:

所有材料均放入煮锅中,加入纯净水以大火煮开,再转小火续煮约20分钟,倒入杯中即可。

风味特点:色泽微黄,补中益气。

27. 黄芪甘草茶

原料配方:红枣20克,甘草5克,黄芪10克,开水350克。

制作工具或设备:煮锅,透明玻璃杯,茶匙。

制作过程:

将红枣、甘草、黄芪放入杯中冲入开水,盖上盖子略闷约10分钟,至味道释出,即可。

风味特点:色泽微黄,口味甘甜,清热解毒。

28. 参芪益气茶

原料配方:黄芪 10 克,党参 10 克,枸杞 5 克,甘草 9 克,纯净水 350 毫升。

制作工具或设备:煮锅,透明玻璃杯,茶匙。

制作过程:

将黄芪、党参、枸杞、甘草洗净,放入煮锅,加入纯净水,以大火煮开,改小火煮 3 分钟即可,倒入杯中饮用。

风味特点:色泽微黄,滋润养颜、生津降火。

29. 双花饮

原料配方:金银茶 5 克,橘梗花各 5 克,板蓝根 4 克,杭菊茶 2 克,甘草 2 克,茶叶 2 克,冰糖 10 克,开水 500 毫升。

制作工具或设备:煮锅,透明玻璃杯,茶匙。

制作过程:

(1)所有材料均放入粉碎机中,搅打成粗末状,再以纱布袋布装成茶包。

(2)将茶包放入煮锅中,冲入开水,盖上锅盖,以小火煮约 10 分钟,倒入杯中,加入冰糖调味即可。

风味特点:色泽微黄,生津止渴。

30. 冬虫夏草养生饮

原料配方:冬虫夏草 1 支,冰糖 20 克,纯净水 350 毫升。

制作工具或设备:煮锅,透明玻璃杯,茶匙。

制作过程:

将所有原料洗净,放入煮锅内,加入纯净水,大火烧开后,改用小火煮制 10 分钟即可倒入杯中饮用。

风味特点:色泽微黄,口味甘甜滋养。

31. 黄芪红枣枸杞茶

原料配方:黄芪 20 克,红枣 15 克,枸杞 10 克,开水 350 毫升。

制作工具或设备:煮锅,透明玻璃杯,茶匙。

制作过程:

所有原料均放入煮锅中,冲入开水略闷约 15 分钟即可倒入杯中饮用。

风味特点:色泽微黄,具有消除疲劳的效果。

32. 陈皮茶

原料配方:橘子皮10克,白糖5克,开水250毫升。

制作工具或设备:茶壶,透明玻璃杯,茶匙。

制作过程:

(1)将干橘子皮洗净,撕成小块,放入茶壶中,用开水冲入,盖上杯盖闷10分钟左右。

(2)然后过滤去渣,倒入杯中,放入少量白糖调味,晾凉饮用。

风味特点:色泽微黄,口味微甜,消暑止咳。

33. 桂香荷叶茶

原料配方:荷叶半张,山楂50克,肉桂2克,冰糖15克,纯净水1000毫升。

制作工具或设备:煮锅,透明玻璃杯,滤网,茶匙。

制作过程:

(1)将荷叶剪碎,放入煮锅中,加入纯净水,放在炉上用小火煮至水开,放入山楂,煮约5分钟。

(2)再加入肉桂及冰糖,再煮3分钟即可。

(3)滤入玻璃杯中,晾凉饮用。

风味特点:色泽浅红,清热解暑。

34. 参须枸杞茶

原料配方:参须20克,枸杞10克,冰糖15克,纯净水500毫升。

制作工具或设备:煮锅,透明玻璃杯,茶匙。

制作过程:

将参须加入纯净水中煮开,再加入枸杞、冰糖用小火煮约1分钟即可倒入杯中饮用。

风味特点:色泽浅黄,生津安神。

35. 决明枸杞茶

原料配方:决明子10克,枸杞10克,冰糖15克,纯净水500毫升。

制作工具或设备:煮锅,透明玻璃杯,滤网,茶匙。

制作过程:

(1)决明子倒入纯净水中,煮至水开,再加入枸杞、冰糖。

(2)改小火煮10分钟,滤出茶汁即可饮用。

风味特点:色泽浅黄,口味微甜。

36. 玫瑰参片茶

原料配方:玫瑰3克,西洋参5克,冰糖15克,开水500毫升。

制作工具或设备:茶壶,透明玻璃杯,茶匙。

制作过程:

取开水放入茶壶中,再加入西洋参、玫瑰、冰糖,浸泡5分钟即可。

风味特点:色泽浅黄,口味微苦,具有玫瑰的淡淡香味。

37. 薏米美味茶

原料配方:薏米粉5克,冰糖10克,纯净水1000毫升。

制作工具或设备:煮锅,透明玻璃杯,茶匙,打蛋器。

制作过程:

(1)在煮锅中放入纯净水,烧开后,加入用纯净水搅匀的薏米粉,用打蛋器慢慢搅匀,再用小火煮开,再加入冰糖。

(2)用小火慢慢煮至微稠状,盛杯中即可。

风味特点:色泽浅黄,口感浓稠,口味甜糯。

38. 香杏可口茶

原料配方:杏仁粉15克,薏米粉15克,鲜牛奶500毫升,白砂糖15克。

制作工具或设备:煮锅,透明玻璃杯,茶匙。

制作过程:

鲜牛奶倒入煮锅中,再加入白砂糖、杏仁粉、薏米粉,用小火慢慢煮开即可。

风味特点:色泽浅黄,口感浓稠,美白润肤。

39. 菊花玫瑰蜜茶

原料配方:菊花5克,玫瑰2克,纯净水500毫升,蜂蜜15克。

制作工具或设备:煮锅,透明玻璃杯,茶匙,滤网。

制作过程：

(1)纯净水煮开，加入菊花、玫瑰，用小火煮2分钟，熄火，浸泡5分钟。

(2)将菊花、玫瑰滤出，加入蜂蜜即可。

风味特点：色泽浅黄，清热明目。

40. 芪枣枸杞茶

原料配方：红枣10颗，枸杞10克，黄芪15克，纯净水1000毫升。

制作工具或设备：煮锅，透明玻璃杯，滤网，茶匙。

制作过程：

(1)将黄芪、红枣放入纯净水中，煮沸后，改小火再煮10分钟。

(2)加入枸杞，再煮1～2分钟，滤出茶汁即可。

风味特点：色泽浅黄，滋养润滑。

41. 枸杞玫瑰茶

原料配方：玫瑰10粒，冰糖15克，枸杞10克，纯净水500毫升。

制作工具或设备：煮锅，透明玻璃杯，茶匙。

制作过程：

(1)纯净水煮开，加入玫瑰、枸杞，再煮大约5分钟。

(2)加入冰糖，煮至溶化即可。

风味特点：色泽浅红，生津滋补。

42. 绿豆菊花茶

原料配方：菊花10克，绿豆沙30克，柠檬汁10克，蜂蜜15克，纯净水500毫升。

制作工具或设备：煮锅，透明玻璃杯，茶匙。

制作过程：

将菊花放入纯净水中煮沸，将鲜榨的柠檬汁和绿豆沙注入菊花水中搅拌，放入蜂蜜即可饮用。

风味特点：色泽浅绿，口味甜酸，清香宜人。

43. 翡翠茶

原料配方：九品梅花茶3朵，绿茶3克，陈皮3克，开水500毫升。

制作工具或设备：茶壶，透明玻璃杯，茶匙。

制作过程：

(1)在茶壶中加入九品梅花茶、绿茶、陈皮，注入开水浸泡5分钟。

(2)滤入玻璃杯中即可。

风味特点：色如翡翠，具有清新的茶香和梅花香。

44. 薏仁决明茶

原料配方：薏苡仁15克，决明子10克，冰糖15克，纯净水500毫升。

制作工具或设备：煮锅，透明玻璃杯，茶匙。

制作过程：

(1)薏苡仁与决明子放入煮锅中。

(2)加入纯净水、冰糖煎煮3分钟。

风味特点：色泽浅黄，口味微甜。

45. 薰衣草玫瑰饮

原料配方：干燥玫瑰花3朵，干燥薰衣草2克，冰糖15克，开水500毫升。

制作工具或设备：茶壶，透明玻璃杯，茶匙。

制作过程：

(1)在茶壶中加入干燥玫瑰花、干燥薰衣草，注入开水。

(2)滤入玻璃杯中，加入冰糖泡溶即可。

风味特点：色泽浅黄，具有薰衣草和玫瑰的香味。

46. 薄荷薰衣草茶

原料配方：薰衣草3克，薄荷叶3~5片，开水500毫升。

制作工具或设备：茶壶，透明玻璃杯，茶匙。

制作过程：

(1)杯子先用开水温热。

(2)杯中依序放入薰衣草、薄荷叶，再冲入500毫升开水，浸泡至香味溢出。

(3)滤入玻璃杯中即可。

风味特点：色泽微绿，气味清香

47. 洋甘菊冰茶

原料配方:洋甘菊 3 ~ 5 克,蜂蜜 20 毫升,冰块 0.5 杯,热水(85℃)200 毫升。

制作工具或设备:茶壶,雪克壶,透明玻璃杯,茶匙。

制作过程:

(1)将洋甘菊、蜂蜜放到茶壶中倒入热水(85℃)200 毫升,静置 2 ~3 分钟,变为茶色。

(2)雪克壶中倒入蜂蜜、洋甘菊茶汤,再加入冰块。

(3)单手或双手持壶用力摇匀。

(4)滤入玻璃杯中,即可。

风味特点:色泽浅黄,口感清凉,口味微甜。

48. 柠檬大麦茶

原料配方:袋装大麦茶 1 包,柠檬汁 3 滴,冰糖 15 克,开水 350 毫升。

制作工具或设备:茶壶,透明玻璃杯,茶匙。

制作过程:

(1)先将杯子用开水烫热。

(2)然后放入茶包,冲入开水,盖上盖子闷 3 分钟。

(3)放入柠檬汁及冰糖调匀即可。

风味特点:色泽浅黄,去腥解腻。

49. 荷香茶

原料配方:干荷叶 10 克,生山楂 10 克,薏苡仁 5 克,橘皮 1 克,冰糖 15 克,纯净水 350 毫升。

制作工具或设备:煮锅,透明玻璃杯,滤网,茶匙。

制作过程:

(1)将所有原料洗净后放入煮锅中,加纯净水煮沸后熄火,加盖闷泡 10 ~ 15 分钟。

(2)滤除茶渣后,注入玻璃杯中加入冰糖即可。

风味特点:色泽浅绿,荷香四溢。

50. 菊花消暑茶

原料配方：菊花2克，金银花2克，决明子4克、枸杞1克，冰糖10克，开水500毫升。

制作工具或设备：茶壶，透明玻璃杯，茶匙。

制作过程：

(1)将所有原料放入茶壶中，冲入开水、闷泡5分钟。

(2)滤除茶渣后，注入玻璃杯中加入冰糖即可。

风味特点：金银花、菊花可清热解暑，为炎炎夏日带来一丝清凉。

51. 洛神荷叶茶

原料配方：洛神花20克，荷叶半片，蜂蜜25克，纯净水500毫升。

制作工具或设备：煮锅，透明玻璃杯，茶匙。

制作过程：

(1)将洗净的荷叶沿脉络剪切成小块，与洛神花一起放入盛有500毫升水的锅中，熬煮10分钟。

(2)加入蜂蜜调味，滤入玻璃杯中即可。

风味特点：色泽浅绿，清凉微甜。

52. 山楂荷叶茶

原料配方：山楂20克，荷叶15克，红枣2～3颗，纯净水500毫升。

制作工具或设备：煮锅，透明玻璃杯，滤网，茶匙。

制作过程：

将500毫升纯净水煮沸，放入所有原料，再煮滚约5分钟后，即可滤渣饮用。

风味特点：色泽浅红，口味清香。

53. 玫瑰荷叶茶

原料配方：荷叶3克，炒决明子3克，玫瑰花3朵，红枣2～3颗，开水500毫升。

制作工具或设备：茶壶，透明玻璃杯，茶匙。

制作过程：

将荷叶、炒决明子、玫瑰花、红枣洗净，放入茶壶中，冲入开水泡5

分钟后饮用。

风味特点：色泽浅红，具有玫瑰和荷叶的香味。

54. 桂花荷叶茶

原料配方：荷叶 3 克，绿茶 3 克，桂花 5 克，冰糖 15 克，纯净水 350 毫升。

制作工具或设备：煮锅，透明玻璃杯，滤网，茶匙。

制作过程：

(1)在煮锅中加水煮沸后，加入所有原料。

(2)煮约 5 分钟后即可熄火，滤渣后即可饮用。

风味特点：色泽浅绿，具有桂花和荷叶的香味。

55. 马蹄雪耳爽

原料配方：马蹄(荸荠)20 克，雪耳 10 克，红枣 5 颗，纯净水 350 毫升，炼奶 50 毫升，冰糖 10 克。

制作工具或设备：煮锅，透明玻璃杯，茶匙。

制作过程：

(1)马蹄去皮、切成 0.5 厘米的片状，备用。

(2)雪耳浸水约 30 分钟，去硬角，撕碎。

(3)红枣以热水煮开，除去苦味，剥掉硬皮，备用。

(4)将水煮滚，加入马蹄粒及雪耳，以小火煮 15 分钟后，再加入红枣、炼奶、冰糖续滚 5 分钟即成，冷热饮用皆可。

风味特点：色泽浅白，口感滑爽，口味微甜。

56. 西洋参莲子茶

原料配方：西洋参 5 克，莲子 10 粒，冰糖 10 克，纯净水 500 毫升。

制作工具或设备：煮锅，透明玻璃杯，滤网，茶匙。

制作过程：

(1)西洋参切片；莲子泡软备用。

(2)将所有原料，放入煮锅中，加纯净水炖煮 30 分钟。

(3)滤入玻璃杯中即可。

风味特点：色泽浅黄，口味微甜。

57. 人参核桃饮

原料配方:人参3克,核桃仁5个,冰糖15克,纯净水350毫升。

制作工具或设备:煮锅,透明玻璃杯,滤网,茶匙。

制作过程:

(1)将人参和核桃仁洗净。

(2)加上冰糖一起放入煮锅中,加纯净水大火烧开,小火煮制25分钟。

(3)滤入玻璃杯中即可。

风味特点:色泽浅黄,口味甜香。

58. 观音麦茶

原料配方:山药15克,藕粉15克,黑芝麻15克,粳米15克,白糖15克,开水350毫升。

制作工具或设备:透明玻璃杯,研钵,网筛,茶匙。

制作过程:

(1)黑芝麻、山药和粳米分别炒熟,研成细末,过筛后取细粉。

(2)将细粉、藕粉和白糖混匀,用开水冲匀。

风味特点:色泽浅褐,口味醇厚。

59. 玫瑰茶

原料配方:玫瑰5朵,炒决明子10克,陈皮5克,冰糖15克,纯净水350毫升。

制作工具或设备:煮锅,透明玻璃杯,茶匙。

制作过程:

(1)将所有原料放入煮锅的纯净水中,静置3分钟后,加热煮沸,转小火煮10分钟。

(2)再浸泡10分钟,去渣取汁,即可当茶饮用。

风味特点:色泽微红,气味芳香。

60. 紫罗兰花茶

原料配方:紫罗兰5克,丁香1粒,蜂蜜15克,葡萄汁15克,橘皮5克,开水350毫升。

制作工具或设备:茶壶,透明玻璃杯,茶匙。

制作过程:

(1)将橘皮切丝备用。

(2)将紫罗兰、丁香置入茶壶中,冲入开水闷约3分钟。

(3)加入蜂蜜、葡萄汁充分搅拌均匀,再加入橘皮丝即可。

风味特点:色泽淡紫,口感温润。

61. 枸杞黑芝麻汁

原料配方:黑芝麻15克,大米10克,糯米10克,枸杞5克,糖桂花10克,冰糖10克,纯净水350毫升。

制作工具或设备:煮锅,透明玻璃杯,茶匙。

制作过程:

(1)所有原料洗净,枸杞泡软,糯米要提前浸泡2小时。

(2)将纯净水煮开后,放入大米和糯米、黑芝麻。

(3)用小火将粥煮得黏糯后,放入冰糖和枸杞再煮约15分钟即可。

(4)饮用时浇上糖桂花。

风味特点:色泽艳丽,口感香糯。

62. 杞参枣茶

原料配方:枸杞10克,参须5克,红枣15克,冰糖15克,纯净水1000毫升。

制作工具或设备:煮锅,透明玻璃杯,茶匙,滤网。

制作过程:

(1)将所有原料放入煮锅中,加纯净水煮沸。

(2)将茶渣滤除后,注入玻璃杯中即可饮用。

风味特点:色泽浅黄,口味微甜。

63. 糯米芝麻黑豆浆

原料配方:干黑豆25克,干糯米15克,黑芝麻15克,白糖15克,纯净水500毫升。

制作工具或设备:煮锅,粉碎机,透明玻璃杯,滤网,茶匙。

制作过程:

(1)干黑豆泡10小时左右。

(2)干糯米、黑芝麻和泡好的黑豆混合放入粉碎机中,加入纯净水搅打成汁。

(3)放入煮锅中,加入白糖煮透,滤入玻璃杯中即可。

风味特点:色泽浅白,口感甜浓。

64. 桂圆莲子糖水

原料配方:桂圆肉 15 克,枸杞子 10 克,莲子 15 克,砂糖 15 克,纯净水 500 毫升。

制作工具或设备:煮锅,透明玻璃杯,茶匙。

制作过程:

(1)先把莲子泡软,放入煮锅,加纯净水烧开后,改小火煮半小时。

(2)再把桂圆、枸杞子放下去煮 10 分钟左右,最后放入砂糖调味即可。

风味特点:色泽微红,口味甘甜,口感温润,滋补安神。

65. 松子茶

原料配方:花生 15 克,核桃仁 15 克,松子仁 15 克,栗子 15 克,砂糖 25 克,开水 350 毫升。

制作工具或设备:粉碎机,透明玻璃杯,茶匙。

制作过程:

(1)将花生、核桃、松子、栗子放入粉碎机中,搅打成粉末状。

(2)放入玻璃杯中,加上砂糖,用开水冲泡即可。

风味特点:色泽浅白,口感甜浓细腻。

66. 银花薄荷饮

原料配方:金银花 15 克,薄荷 5 克,冰糖 15 克,纯净水 500 毫升。

制作工具或设备:煮锅,透明玻璃杯,茶匙,滤网。

制作过程:

(1)将金银花加纯净水 500 毫升,煮沸 15 分钟。

(2)起锅前 3 分钟加入薄荷煎煮,滤去渣,加适量冰糖。

(3)注入玻璃杯中即可。

风味特点:色泽浅绿,清热解毒。

67. 麦片红枣豆浆

原料配方:豆浆500毫升,红枣6粒,麦片10克,红糖15克。

制作工具或设备:煮锅,透明玻璃杯,茶匙。

制作过程:

(1)红枣洗净、去籽,加入豆浆煮滚后,转小火煮10分钟。

(2)再加入麦片,待麦片熟后,加入红糖和匀即成。

风味特点:色泽浅白,口感爽滑甘甜。

68. 枣仁杞子饮

原料配方:杞子30克,酸枣仁30克,冰糖10克,纯净水500毫升。

制作工具或设备:煮锅,透明玻璃杯,茶匙,滤网。

制作过程:

(1)杞子、酸枣仁分别洗净,置煮锅中,加纯净水500毫升、冰糖,急火煮开3分钟,改文火煮30分钟。

(2)滤渣取汁,注入杯中饮用。

风味特点:色泽浅黄,口味微酸甜。

69. 玫瑰陈皮饮

原料配方:玫瑰5克,陈皮5克,冰糖15克,开水500毫升。

制作工具或设备:煮锅,滤网,透明玻璃杯,茶匙。

制作过程:

在煮锅中,加入玫瑰、陈皮和500毫升开水冲泡,加入冰糖拌匀。滤入玻璃杯中即可。

风味特点:色泽浅红,气味芳香。

70. 柠檬香蜂茶

原料配方:香蜂草2枝,柠檬3片,蜂蜜15克,开水350毫升。

制作工具或设备:茶壶,透明玻璃杯,茶匙,滤网。

制作过程:

(1)在茶壶中加入香蜂草、柠檬和蜂蜜,用开水冲泡放凉。

(2)滤入玻璃杯中即可。

风味特点:色泽浅黄,香味浓郁。

71. 黑芝麻蜜饮

原料配方:黑芝麻粉 15 克,蜂蜜 10 克,开水 350 毫升。

制作工具或设备:透明玻璃杯,茶匙。

制作过程:

黑芝麻粉和蜂蜜放入玻璃杯中,用开水冲泡即可。

风味特点:色泽浅黑,具有芝麻的香甜味。

72. 薏仁豆浆

原料配方:黄豆 25 克,薏仁 15 克,砂糖 15 克,纯净水 500 毫升。

制作工具或设备:煮锅,粉碎机,滤网,透明玻璃杯,茶匙。

制作过程:

(1)黄豆和薏仁洗净之后,泡水 4 ~ 5 小时。

(2)加入冷开水,放入粉碎机中,搅打成汁,滤入到煮锅中煮透,加入砂糖调味即可。

风味特点:色泽浅白,口味香甜。

73. 山楂金银菊茶

原料配方:菊花 5 克,山楂 15 克,金银花 5 克,纯净水 350 毫升。

制作工具或设备:煮锅,透明玻璃杯,茶匙,滤网。

制作过程:

(1)将山楂拍碎,将所有原料加纯净水煮沸 3 分钟。

(2)滤入玻璃杯中即可。

风味特点:色泽浅红,消脂明目。

74. 薰衣紫苏香茶

原料配方:齿叶薰衣草叶 1 克,紫苏 1 克,葡萄干 5 克,橘皮丝 5 克,冰糖 15 克,开水 500 毫升。

制作工具或设备:茶壶,透明玻璃杯,茶匙。

制作过程:

(1)将所有原料置入茶壶中,冲入开水,静置约 3 分钟。

(2)加入冰糖搅拌至溶化,倒入杯中时加少许橘皮丝即可饮用。

风味特点:色泽浅绿,具有各种香草和水果的香味。

75. 紫苏茶

原料配方:晒干紫苏5克,砂糖5克,开水350毫升。

制作工具或设备:茶壶,透明玻璃杯,茶匙。

制作过程:

取适量的紫苏,放入茶壶,用开水冲泡出味后饮用。

风味特点:色泽浅黄,口味微甜。

76. 桂花茶

原料配方:桂花10克,甘草9克,开水350毫升。

制作工具或设备:茶壶,透明玻璃杯,茶匙。

制作过程:

(1)将所有原料放入杯中,冲入开水。

(2)静置5分钟后即可饮用。

风味特点:色泽浅黄,具有桂花的香味。

77. 薏黄姜枣参茶

原料配方:薏仁15克,黄芪10克,生姜5克,党参5克,红枣5克,开水500毫升。

制作工具或设备:炒锅,研钵,茶壶,滤网,透明玻璃杯,茶匙。

制作过程:

(1)薏仁、生姜、红枣洗净。

(2)煮锅中放入薏仁、黄芪、生姜干炒至黄后,入研钵磨碎备用。

(3)茶壶中加入所有原料与开水,闷泡5~10分钟后,滤除茶渣即可饮用。

风味特点:色泽浅黄,口味清淡。

78. 三花保健茶

原料配方:薰衣草5克,菩提子花5克,洋甘菊2克,冰糖15克,纯净水500毫升。

制作工具或设备:煮锅,滤网,透明玻璃杯,茶匙。

制作过程:

(1)将薰衣草、菩提子花、洋甘菊放入纯净水中煮沸2分钟。

(2)过滤后放冰糖即可饮用。

风味特点:色泽浅黄,三花香味浓郁。

79. 清爽茶

原料配方:洋甘菊5克,苹果花5克,枸杞10克,柠檬2片,纯净水350毫升。

制作工具或设备:粉碎机,茶袋,透明玻璃杯,茶匙。

制作过程:

(1)洋甘菊、苹果花、枸杞放入粉碎机中粉碎,装入袋中绑紧成茶包。

(2)将茶包放入杯中,冲入开水,静置3~5分钟让其出味。

(3)再挤入几滴柠檬汁即可,可连续冲泡3~4次。

风味特点:色泽浅黄,具有柠檬的清香。

80. 玫瑰薄荷茶

原料配方:粉红玫瑰花2~3朵,薄荷叶1~2片,蜂蜜15克,开水350毫升。

制作工具或设备:茶壶,透明玻璃杯,茶匙。

制作过程:

(1)在茶壶中,冲泡粉红玫瑰花2~3朵,浸泡10分钟。

(2)加入1~2片薄荷叶和蜂蜜调匀。冷饮、热饮皆宜。

风味特点:色泽浅红,薄荷清凉。

81. 玫瑰蚕豆花茶

原料配方:玫瑰花6克,蚕豆花10克,蜂蜜15克,开水350毫升。

制作工具或设备:茶壶,滤网,透明玻璃杯,茶匙。

制作过程:

(1)将玫瑰花、蚕豆花分别洗净,沥干,一同放入茶壶中,加开水冲泡,盖上茶杯盖,闷10分钟即成。

(2)滤入玻璃杯中,加入蜂蜜调匀即可。

风味特点:色泽微红,口感清新。

82. 佛罗里达

原料配方:橙汁30毫升,柠檬汁15毫升,砂糖5克,橙皮苦酒2滴,冰块0.5杯。

制作工具或设备:雪克壶,鸡尾酒杯,吧匙。

制作过程:

(1)将所有原料倒入雪克壶中用单手或双手摇和均匀。

(2)然后将摇和好的酒倒入鸡尾酒杯中。

风味特点:色泽浅黄,口味清香微苦。

83. 潜行者

原料配方:橙汁30毫升,柠檬汁10毫升,石榴糖浆2毫升,蛋黄1个,冰块0.5杯。

制作工具或设备:雪克壶,鸡尾酒杯,吧匙。

制作过程:

(1)将所有原料倒入雪克壶中用单手或双手持壶反复摇20~30下。

(2)然后将摇和好的饮料倒入鸡尾酒杯中。

风味特点:色泽橙黄,味道淳厚丰满。

84. 凤梨霜汁

原料配方:白薄荷糖浆30毫升,凤梨汁1听,冰块0.5杯,红樱桃与凤梨各1片。

制作工具或设备:哥连士杯,吧匙,吸管,调酒棒,杯垫。

制作过程:

(1)哥连士杯中加入八分满冰块,倒入白薄荷糖浆,再加入凤梨汁至八分满,用吧匙轻搅几下。

(2)插红樱桃与凤梨片于杯口,放入吸管与调酒棒,置于杯垫上。

风味特点:色泽浅白,在凤梨的清香中透露着薄荷的清凉。

85. 灰姑娘

原料配方:橙汁30毫升,柠檬汁30毫升,凤梨汁30毫升,冰块0.5杯。

制作工具或设备:雪克壶,鸡尾酒杯,吧匙。

制作过程:

(1)将所有原料倒入雪克壶中摇和。

(2)然后将摇和好的饮料倒入鸡尾酒杯中。

风味特点:色泽浅黄,口感清凉。

86. 薄荷宾治

原料配方:绿薄荷蜜 30 毫升,橙汁 60 毫升,凤梨汁 60 毫升,冰块 0.5 杯,橙角 1 只,樱桃 1 只,薄荷叶 1 枝。

制作工具或设备:鸡尾酒杯,吧匙。

制作过程:

(1)在杯中加入冰块,依次加入绿薄荷蜜、橙汁和凤梨汁,用吧匙搅拌均匀。

(2)最后把橙角、樱桃卡在杯沿,薄荷叶斜放杯中装饰。

风味特点:色泽浅绿,清凉浪漫。

87. 含羞草

原料配方:无糖香槟 30 毫升,柳橙汁 350 毫升,冰块 0.5 杯,薄荷 1 枝。

制作工具或设备:香槟杯,吧匙。

制作过程:

(1)在香槟杯中,加上冰块,加入无糖香槟,注入柳橙汁。

(2)薄荷叶漂浮于上,一边搅拌一边饮用。

风味特点:色泽橙黄,香味清新,风味独特。

88. 纯真可乐达

原料配方:椰子糖浆 30 毫升,莱姆汁 30 毫升,凤梨汁 1 听,凤梨 1 片,冰块 0.5 杯。

制作工具或设备:果汁杯,吧匙。

制作过程:

(1)在果汁杯中,加入冰块,依次加入椰子糖浆、莱姆汁和凤梨汁。

(2)最后加入凤梨 1 片。

风味特点:色泽浅白,口味馨香。

89. 窈窕淑女

原料配方:芒果汁 40 毫升,凤梨汁 40 毫升,蜜桃 1 片,石榴糖水 2 毫升,碎冰 0.5 杯。

制作工具或设备:三角杯,吧匙。

制作过程:

(1)在三角杯中,加入冰块,再加入芒果汁、凤梨汁搅拌均匀,

(2)最后加入石榴糖水。

(3)使用蜜桃片装饰即可。

风味特点:橙黄与浅红相错分层,口味微甜。

90. 椰林月色

原料配方:凤梨汁220毫升,椰奶30毫升,石榴糖水5毫升,鲜草莓1个,冰块0.5杯。

制作工具或设备:粉碎机,果汁杯,滤网,吧匙。

制作过程:

(1)将凤梨汁、椰奶、石榴糖水、冰块放入粉碎机中,搅打成汁。

(2)滤入玻璃杯中,用草莓夹在杯口装饰即可。

风味特点:色泽浅红,具有椰子的香味。

91. 南洋椰香汁

原料配方:凤梨汁250毫升,柠檬汁15克,椰香粉5克,蜂蜜15克,冰块0.5杯。

制作工具或设备:雪克壶,果汁杯,吧匙。

制作过程:

(1)在雪克壶中,加入凤梨汁、柠檬汁、椰香粉、蜂蜜、冰块摇混均匀。

(2)滤入果汁杯中,稍作装饰即可。

风味特点:色泽浅白,椰香浓郁。

92. 椰林清风

原料配方:凤梨汁90毫升,椰奶60毫升,朗姆酒5毫升,青柠汁30毫升,椰茸3克,冰0.5杯,凤梨角1块,樱桃1颗。

制作工具或设备:雪克壶,高脚杯,吧匙。

制作过程:

(1)将各种原料加冰摇匀,倾入高脚杯,椰茸撒在面上。

(2)杯边再饰以凤梨角块、樱桃即成。

风味特点:色泽纯白,口味甜香,装饰雅致。

93. 夏夜柔情

原料配方:青柠汁 60 毫升,伏特加酒 5 滴,蓝柑汁 5 毫升,白糖浆 15 克,冰块 0.5 杯,兰花 1 朵。

制作工具或设备:雪克壶,高脚杯,吧匙。

制作过程:

(1)将上述原料依次加入加冰的雪克壶内,摇动混合均匀。

(2)然后慢慢注入狭长玻璃高脚杯中。

(3)在液面飘上 1 朵兰花装饰即可。

风味特点:蓝色的酒液仿佛是湖泊,边上的兰花,送来阵阵幽香,让人有劳累尽消的感受。

94. 热带风情

原料配方:甘蔗汁 30 毫升,香橙酒 5 滴,柳橙汁 60 毫升,凤梨汁 60 毫升,柠檬汁 15 毫升,碎冰块 0.5 杯。

制作工具或设备:雪克壶,高脚杯,吧匙。

制作过程:

(1)在雪克壶中,加入所有原料,摇匀。

(2)滤入高脚杯中,装饰即可。

风味特点:色泽浅黄,具有热带水果的口味与香味。

95. 夏季库勒

原料配方:黑加仑子糖浆 20 毫升,橙汁 200 毫升、安格斯图拉苦酒 3 大滴,冰块 0.5 杯。

制作工具或设备:雪克壶,高脚杯,吧匙。

制作过程:

将原料倒入雪克壶中摇匀后,注入盛有冰块的高脚杯中,即可。

风味特点:口味清凉,甜中有苦,口味醇厚。

96. 冰金橘茶

原料配方:新鲜柑橘汁 90 毫升,柠檬汁 30 毫升,话梅汁 2 毫升,糖浆 15 毫升,冰水 0.5 杯。

制作工具或设备:雪克壶,高脚杯,吧匙。

制作过程:

(1)在雪克壶中放入少量冰块,放入全部材料摇和均匀。

(2)将果汁倒入高脚杯中,再放上装饰即可。

风味特点:色泽金黄,口感清凉。

97. 情人马提尼

原料配方:覆盆子伏特加 2 滴,覆盆子果汁 30 毫升,青柠汁 30 克,糖浆 10 毫升,青柠旋花 1 朵,冰块 0.5 杯。

制作工具或设备:雪克壶,马提尼杯,吧匙。

制作过程:

(1)将全部原料放入雪克壶中,加入一些冰块摇匀,倒入冰镇马提尼杯。

(2)用 1 朵青柠旋花装饰即可。

风味特点:色泽艳丽,口味甜酸。

98. 桂圆姜枣茶

原料配方:大红枣 5 颗,桂圆肉 5 颗,姜 5 克,枸杞 5 克,红糖 10 克,纯净水 350 毫升。

制作工具或设备:煮锅,滤网,透明玻璃杯,茶匙。

制作过程:

(1)红枣洗净,去核后切成小粒;姜切细细丝;桂圆去壳去核。

(2)除红糖外,所有原料放煮锅里,加纯净水煮 5 分钟。

(3)滤入玻璃杯中,加入红糖调味即可。

风味特点:色泽茶红,口味甜浓。

99. 桂圆红枣茶

原料配方:红枣 40 克,桂圆 20 克,冰糖 15 克,纯净水 1000 毫升。

制作工具或设备:煮锅,透明玻璃杯,茶匙。

制作过程:

(1)将红枣和桂圆加入纯净水中,煮至水开。

(2)加上冰糖,改小火煮 10 分钟即可。

风味特点:色泽浅红,口味甘甜。

100. 枸杞红枣茶

原料配方:红枣 15 颗,枸杞 10 粒,冰糖 15 克,纯净水 350 毫升。

制作工具或设备:煮锅,粉碎机,滤网,透明玻璃杯,茶匙。

制作过程:

(1)将红枣去核,洗净;枸杞洗净,略泡一下。

(2)将泡过的红枣和枸杞放入粉碎机中,加入纯净水搅打成红枣枸杞混合汁。

(3)用滤网滤去果肉渣,加入冰糖,加热煮沸。

(4)注入玻璃杯中即可。

风味特点:色泽浅红,口味甜香。

101. 红糖生姜大枣茶

原料配方:红糖 15 克,纯净水 500 毫升,大枣 50 克,生姜 10 克。

制作工具或设备:煮锅,透明玻璃杯,茶匙。

制作过程:

(1)煮锅内放纯净水加入洗净的大枣一起煮开,继续煮 10 分钟。

(2)放入姜片盖盖煮 3 分钟。

(3)调入红糖调味后,注入玻璃杯中即可。

风味特点:色泽枣红,口味微甜。

102. 红枣姜楂茶

原料配方:金丝枣 30 克,去皮生姜 10 克,山楂干 20 克,纯净水 1000 毫升,红糖 15 克。

制作工具或设备:煮锅,透明玻璃杯,茶匙。

制作过程:

(1)煮锅中放 1000 毫升纯净水烧开后,放入姜片。

(2)水再次滚沸之后放入金丝枣、山楂,大火煮开,小火熬 20 分钟。

(3)加入红糖再熬 20 分钟即可。

风味特点:色泽浅红,口味甜浓。

103. 菊花桑葚茶

原料配方:桑葚子 12 克、菊花 4 克,开水 500 毫升。

制作工具或设备:茶壶,透明玻璃杯,吧匙。

制作过程:

(1)先将桑葚子放入壶中,冲入开水,闷泡5~8分钟。

(2)再放入菊花,闷泡出香味后即可饮用。

风味特点:色泽浅红,菊花飘香。

104.甘麦红枣茶

原料配方:红枣20颗,甘草3克,麦芽3克,纯净水500毫升。

制作工具或设备:煮锅,滤网,透明玻璃杯,吧匙。

制作过程:

(1)将所有原料放入煮锅中,加水煎煮。

(2)煮至约剩一半的水量时,熄火滤除渣后即可饮用。

风味特点:色泽茶红,口味微甜。

105.麦芽山楂茶

原料配方:山楂30克,生麦芽15克,陈皮3克,蜂蜜15克,纯净水500毫升。

制作工具或设备:煮锅,滤网,透明玻璃杯,吧匙。

制作过程:

(1)将所有原料先浸泡1小时,再煮半小时。

(2)晾凉后滤汁加入蜂蜜饮用。

风味特点:色泽暗红,口味微甜,有助消化。

106.四红汤

原料配方:枸杞25克,红豆80克,花生仁60克,红枣10颗,纯净水1000毫升,蜂蜜15毫升。

制作工具或设备:煮锅,透明玻璃杯,吧匙。

制作过程:

(1)枸杞、红枣洗净用温开水浸泡片刻;红豆、花生仁均清洗干净,红豆用水浸泡1小时。

(2)将红豆、花生仁放入煮锅内,加纯净水用小火慢煮约1小时。

(3)放入红枣、枸杞、蜂蜜,继续煮约30分钟即可。

风味特点:色泽红艳,口味微甜。

107.毛豆豆浆

原料配方:毛豆3500克,白砂糖150克,纯净水1000毫升。

制作工具或设备:煮锅,粉碎机,滤网,透明玻璃杯,吧匙。

制作过程:

(1)把毛豆粒洗净,加入适量纯净水用粉碎机搅打豆浆。

(2)用滤网将豆浆过滤,加适量纯净水搅匀。

(3)放锅内加热,烧开后改用文火煮 10 分钟,加糖即可饮用。

风味特点:色泽浅白,口味爽洁。

108. 补血养生茶

原料配方:绿豆 30 克,红枣 30 克,血糯 15 克,纯净水 1000 毫升,红糖 15 克。

制作工具或设备:煮锅,透明玻璃杯,滤网,吧匙。

制作过程:

(1)将绿豆、红枣、血糯洗净,沥干后和纯净水一起放入锅中。

(2)以大火煮滚后转小火,煮至豆烂后,调入红糖拌匀,滤渣取汁后即可饮用。

风味特点:色泽暗红,补血养颜。

109. 芋茸西米露

原料配方:芋头 1 个,西米 100 克,冰糖 100 克,椰奶 100 毫升,纯净水 1000 毫升。

制作工具或设备:蒸锅,粉碎机,透明玻璃杯,吧匙。

制作过程:

(1)芋头去皮洗净后切成丁放入煮锅内蒸 20 分钟至熟,然后取 1/3 熟芋头丁留起来备用,剩下的 2/3 放入粉碎机进一步加工成芋茸。

(2)煮锅内烧一锅沸水,沸腾时倒入西米,煮 10 分钟至中间只剩一个小白点后熄火,盖上锅盖闷 10 分钟,待西米熟透,捞出后入纯净水中过凉。

(3)在煮锅内倒入 200 毫升纯净水放入冰糖煮溶,然后将芋茸放入锅内搅拌均匀后放入之前的 1/3 份芋头丁一起煮,再倒入椰奶搅拌均匀,煮开后放入煮好的西米拌匀即可。

风味特点:色泽洁白,西米透明软糯,具有椰汁的香味。

110. 银耳水晶绿豆爽

原料配方:银耳10克,绿豆15克,冬瓜50克,枸杞5克,盐0.5克,白糖15克,蜂蜜10克,纯净水350毫升。

制作工具或设备:煮锅,透明玻璃杯,吧匙。

制作过程:

(1)将冬瓜切成丁,放入开水中煮透,再捞出放入凉水中浸泡。

(2)将泡发好的银耳蒸熟,绿豆煮熟去皮备用。

(3)锅中加入纯净水,烧开后放入银耳、绿豆、冬瓜丁、枸杞,调入盐、蜂蜜、白糖略煮即可。

风味特点:香甜爽口,清凉解暑。

111. 芋头西米露糖水

原料配方:西米25克,芋头50克,椰汁250毫升,纯牛奶100毫升,白糖25克,纯净水适量。

制作工具或设备:煮锅,透明玻璃杯,吧匙。

制作过程:

(1)先淘洗西米,然后放置在纯净水中浸泡半小时;将芋头去皮洗净,切成丁备用。

(2)起锅煮纯净水,水开时把泡过的西米倒入锅中,慢慢沿着顺时针方向和西米,当其乳白色慢慢变得晶莹剔透时,西米即熟,熄火后过纯净水,沥干。

(3)将切成丁的芋头煮熟,捞起沥干。

(4)另起锅倒入适量的椰奶和牛奶,放入西米和芋头,煮开后加入白糖,搅拌均匀即可。

(5)晾凉后装入玻璃杯中,即可。

风味特点:西米晶莹剔透,有韧性,芋头甘香,糖水中带有奶香,椰汁香,回味无穷。

112. 绿豆沙饮

原料配方:绿豆50克,冰糖25克,白砂糖10克,纯净水1000毫升。

制作工具或设备:煮锅,粉碎机,滤网,透明玻璃杯,吧匙。

制作过程:

(1)将水放入锅中,煮开,倒入洗净的绿豆,盖上盖,等绿豆煮开后,将盖拿开,继续煮大概30分钟,绿豆即煮开花。

(2)将粉碎机洗干净,把煮开的绿豆连同水一起(可分多次)倒入粉碎机内打碎,再倒入锅内,煮开后放入冰糖和白砂糖,搅拌均匀。

(3)晾凉放入冰箱冷藏,即可。

风味特点:色泽暗绿,口感细腻,口味绵甜。

113. 红豆沙饮

原料配方:红豆50克,冰糖25克,白砂糖10克,纯净水1000毫升。

制作工具或设备:煮锅,粉碎机,滤网,透明玻璃杯,吧匙。

制作过程:

(1)将水放入锅中,煮开,倒入洗净的红豆,盖上盖,等红豆煮开后,将盖拿开,继续煮大概30分钟,红豆即煮开花。

(2)将粉碎机洗干净,把煮开的红豆连同水一起(可分多次)倒入粉碎机内打碎,再倒入锅内,煮开后放入冰糖和白砂糖,搅拌均匀。

(3)晾凉放入冰箱冷藏,即可。

风味特点:色泽暗红,口感细腻,口味绵甜。

114. 综合绿豆饮

原料配方:绿豆25克,山楂糕50克,莴笋15克,冰糖25克,纯净水1000毫升,冰块10块。

制作工具或设备:煮锅,粉碎机,滤网,透明玻璃杯,吧匙。

制作过程:

(1)将绿豆泡凉水4小时泡涨;放入煮锅中,加纯净水煮制熟烂。

(2)把山楂糕切成小丁,莴笋切成菱形块。将切好的莴笋和煮烂的绿豆连汤一起放入粉碎机,搅打成汁,过滤后放入玻璃杯中。

(3)最后在打好的绿豆汁中放入山楂糕和冰块即可。

风味特点:色泽暗绿,清热解毒,止渴利尿。

115. 综合红豆饮

原料配方:蜜红豆150克,鲜奶250毫升,砂糖15克,冰块0.5

杯,纯净水1000毫升。

制作工具或设备:煮锅,粉碎机,滤网,透明玻璃杯,吧匙。

制作过程:

(1)将蜜红豆洗净,放入煮锅中加纯净水煮开,用小火炖煮1小时。

(2)晾凉后,将红豆连汤带水,加入鲜奶、砂糖放入粉碎机中,搅打均匀。

(3)滤入玻璃杯中,加入冰块即可。

风味特点:色泽暗红,口感细腻,口味香甜。

116. 菊花绿豆汁

原料配方:绿豆50克,白菊花10克,纯净水350毫升。

制作工具或设备:煮锅,纱布袋,透明玻璃杯,吧匙。

制作过程:

(1)绿豆去杂,洗净。白菊去杂放入纱布袋中,扎口,与绿豆同入煮锅。

(2)加纯净水,用旺火煮沸,改用小火煮30分钟,等绿豆酥烂时,取出纱布袋。

(3)晾凉后注入玻璃杯中即可。

风味特点:色泽浅绿,清热解暑。

117. 豆浆香芋饮

原料配方:白豆浆350毫升,香芋粉10克,白砂糖15克。

制作工具或设备:煮锅,透明玻璃杯,吧匙。

制作过程:

(1)将香芋粉用少量热白豆浆充分溶解为香芋浆待用。

(2)将白豆浆、香芋浆、白糖加入煮锅中煮开晾凉,倒入杯中即可。

风味特点:色泽洁白,具有香芋的香味。

118. 菊花佛手饮

原料配方:佛手9克,菊花3克,白糖15克,纯净水350毫升。

制作工具或设备:煮锅,透明玻璃杯,滤网,吧匙。

制作过程:

(1)佛手洗净,切片;菊花洗净。

(2)在煮锅内加入纯净水,放入佛手片、菊花,烧开后煮制3分钟,滤渣取汁,倒入杯中即成。

风味特点:色泽浅黄,口味微甜。

119. 陈皮大麦饮

原料配方:大麦茶2小包,陈皮1片,盐0.5克,纯净水750毫升。

制作工具或设备:煮锅,透明玻璃杯,滤网,吧匙。

制作过程:

(1)陈皮洗净,撕成片备用。

(2)在煮锅内加入纯净水,放入大麦茶、陈皮、盐,烧开后再煮3分钟后,滤渣取汁,倒入杯中即成。

风味特点:色泽浅黄,醒脑提神。

120. 清纯莲子茶

原料配方:干莲子10克,冰糖15克,纯净水1000毫升。

制作工具或设备:煮锅,透明玻璃杯,吧匙。

制作过程:

(1)将干莲子加纯净水泡软。

(2)放入煮锅加纯净水,加入冰糖煎成莲子茶。

风味特点:清心健脾,色泽浅黄。

121. 紫苏茶饮

原料配方:干紫苏3克,砂糖15克,开水350毫升。

制作工具或设备:透明玻璃杯,吧匙。

制作过程:

取紫苏3克,加入砂糖,用开水冲泡出味后即可饮用。

风味特点:色泽浅黄,清新宁神。

参考文献

[1]李祥睿. 调酒师手册[M]. 北京:化学工业出版社,2007.

[2]吴锡文. 健康鲜果汁[M]. 沈阳:辽宁科学技术出版社,1997.

[3]日本旭屋出版社书籍编辑部. 美味咖啡[M]. 凌凌,译. 上海:上海译文出版社,2001.

[4]陈宗懋. 中国茶经[M]. 上海:上海文化出版社,1998.

[5]双长明,李祥睿. 饮品知识[M]. 北京:中国轻工业出版社,2000.

[6]李祥睿. 饮品与调酒[M]. 北京:中国纺织出版社,2008.

白菜香芹苹果汁

蜂蜜柚子茶

佛罗里达（Florida）

灰姑娘（Cinderella）

鸡蛋柠檬饮

辣椒生姜胡萝卜汁

辣椒生姜汁

蓝色妖姬

绿香蕉汁

柠檬可乐

潜行者（Pussyfoot）

清凉世界

石榴凤梨汁

栗子奶露

西蓝花胡萝卜辣椒汁

秀兰·邓波儿（Shirly Tample）